部品形状の急所を見抜いて最適化

プレス 工法選択 アイデア集

山口文雄 著

日刊工業新聞社

はじめに

この本は、月刊雑誌「プレス技術」において、「見る、知る、解く　プレス製品の加工と工程」のタイトルで連載していたものを改めて見直すとともに、一部加筆をしてまとめたものである。

プレス成形に関わるいろいろな事柄は、話を聞くよりもまず見ることで多くの情報が瞬時に得られ、理解を早めることができる。そこにポイントを置いて、できるだけ写真や図で理解が得られるように工夫したつもりである。

また、1つのテーマとする内容を、細かくいくつかの項目に分けて掘り下げ、広がりと関連をまとめて解説することを心がけた。このようにすることで内容の理解を深めるとともに、関連する要素についても知ることができるようにしたものである。内容としては、プレス加工の基本事項から、製品の作り方のチョッとしたノウハウや、工法の発想に関するヒントまでを紹介している。

プレス加工は、主に板材から形を作る加工と言われている。工法を決めるために何が必要かと考えると、個々の加工技術とともに知恵を働かせた方案の工夫も大切である。知恵を引き出すコツは、1つのことから面へ広げて、連想して可能性を探ることにある。

筆者は、プレス加工の基本について綴られた書を、よく引っ張り出してきて参考にする。何十年も前に見たものを、当たり前として使ってきたものを、である。そうして眺めていると、違った面が見えてくる。なぜ、今まで気がつかなかったのだろうと感じるのである。例えばブランク抜きのさん幅は、プレス加工でおそらく最初に学ぶものだろう。さん幅が狭くなるとどうなるのかということと、抜き加工でのマッチングのバリ発生が、同じ原因で発生することに気づいたのである。

また、しごき加工では、材料をこすり上げて板厚を均一にするとともに、面をきれいにする。このときの、こすり上げられた材料はどこへ行くのか、材料はどのような動きをしているのかと考えたとき、しごき加工を抜き加工に応用したらどうなるかというような、新たな興味を沸かせることもある。基本を忘れないようにすることと、発想の種をいろいろな加工の基礎・基本に求めているわけである。

プレス加工法は「せん断」「圧縮」「引張」応力の中で行われる。その中で「抜き」「曲げ」「絞り」「張出し」の加工に工夫され、活用されている。新たに工夫された加工法は、そう簡単に現れることはない。既存の加工方法を利用して、今までと違った加工法に使うことができれば、それが新しい付加価値を生むことにつながる。

私たちはプレス加工の制約の中で仕事をしている。抜き加工には、「打抜き（ブランク）（穴）」「切欠き」「分断」「切断」「切込み」の5種類しか使えない。この中で、いろいろな抜き加工を成立させている。無意識の中で、この制約の中で仕事をしていることになる。そのような制約に気がつくと、いろいろと見えてくるものがあるのではないだろうか。この本が、そのための参考資料となれば幸いである。

発行に当たって、日刊工業新聞社書籍編集部の矢島俊克さんには、いろいろなアドバイスなどをいただき、大変お世話になった。ここに感謝とお礼を申し上げる。

2016年6月

山口 文雄

部品形状の急所を見抜いて最適化

プレス工法選択アイデア集

目　次

第3章 これだけは知っておきたい曲げ加工の最適化

第4章　曲げの応用で絞り形状を引き出す成形加工の最適化

第5章　複雑な3次元形状を実現する絞り加工の最適化

第6章　塑性理論を応用したその他の加工

第1章
最適な工法を見抜くアプローチ

ここでは、プレス加工での製品の作り方（工程設計）における基本形の紹介と、そこで使われる金型の種類と特徴を説明する。効率良い加工を求めるための、生産の自動化方法についても解説している。プレス加工の基本を、まずつかんでいただくための内容となっている。曲げ製品を例にとり、加工内容の変化や考え方を説明して、工程設計の成り立ちの概要を理解しよう。

1.1 曲げ製品から学ぶ プレス加工の標準的な工程

ここでのねらい プレス加工製品で最も多い曲げ製品を例として、プレス加工での標準的な形状処理と工程の作り方を示す

製品の特徴

写真 1.1.1 の製品は、3 カ所の曲げとバーリングから構成されている（**図 1.1.1**）。曲げ 3 は中央の穴が曲げに接近していることから、形状が工夫されている。形状としては、難しいものはない。

抜き部の角は写真、製品図からわかるように丸みのない角（ピン角）となっている。バリ対策と製品の外観向上を考えると、**図 1.1.2** のように、板厚程度の半径で丸み（R）を角につけるとよい。

写真 1.1.1　製品

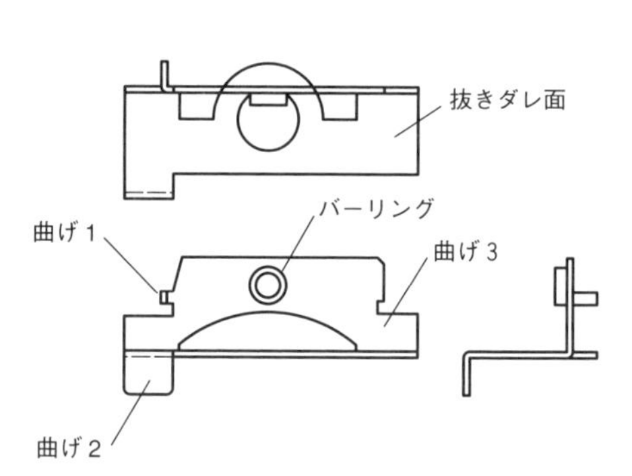

図 1.1.1　製品図

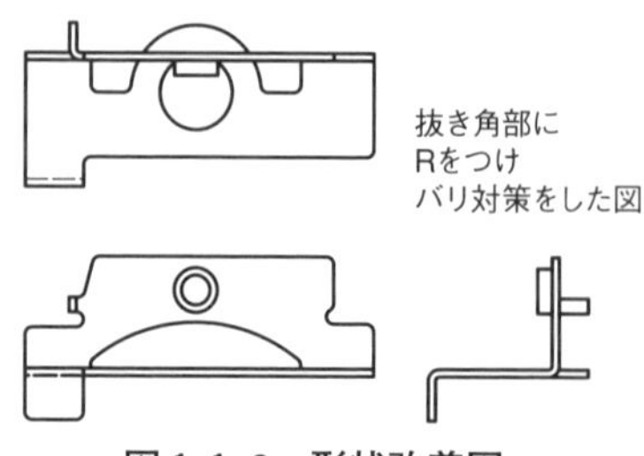

図 1.1.2　形状改善図

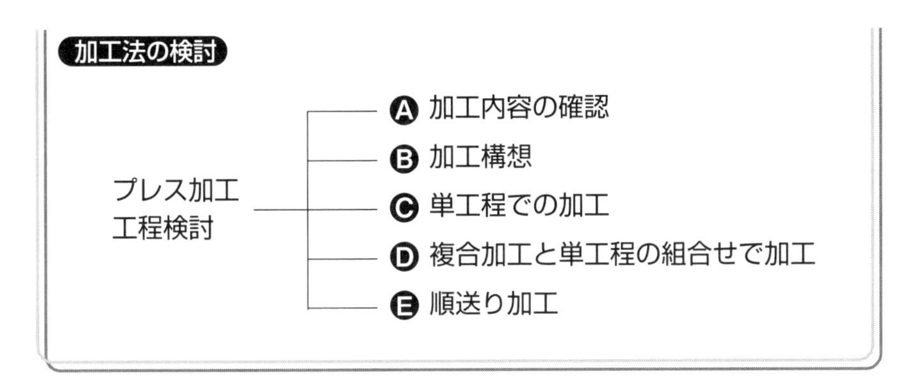

A 加工内容の確認

製品を展開してブランクを作ると、加工の内容を知ることができる。この製品では、ブランク、穴および曲げ1～3、バーリングの加工要素から構成されている。

展開されたブランク形状を見ると、A部の加工はブランク抜きとした場合、金型強度に少し迷いが生じる部分である（**図1.1.3**）。

曲げ1, 2は曲げ方向が同じなので一緒に加工ができる。バーリングの方向が曲げ1、曲げ2と逆になるため、加工工程の組み方に工夫が必要である。曲げ3は別工程となる（**図1.1.4**）。

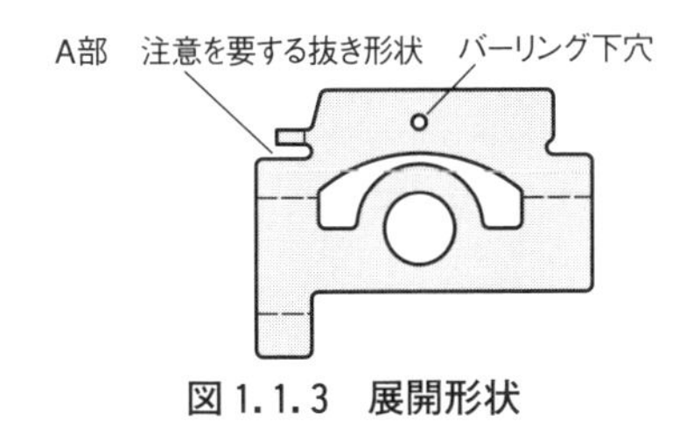

図1.1.3　展開形状

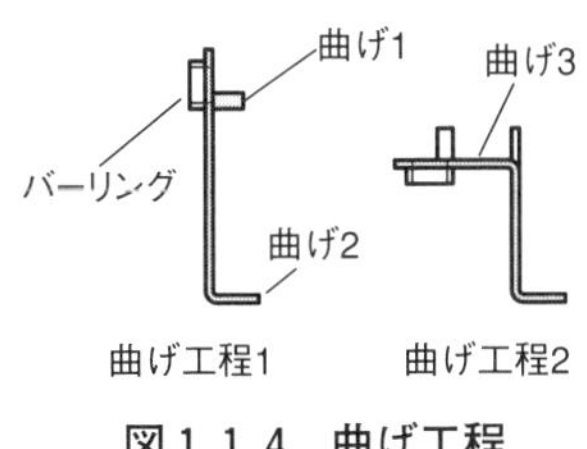

図1.1.4　曲げ工程

B 加工構想

加工構想は、加工形状を見て、加工を工夫することである。内容としては、加工要素形状の実現を考える。加工に必要な構造の検討と決定をする。

Ⓒ 単工程での加工

製品に含まれる加工要素ごとに金型を作り、加工する方法である。

①単工程：抜き加工の検討

図 1.1.5 にブランク抜き、穴抜きでの加工を示す。最も基本となる工程設計である。

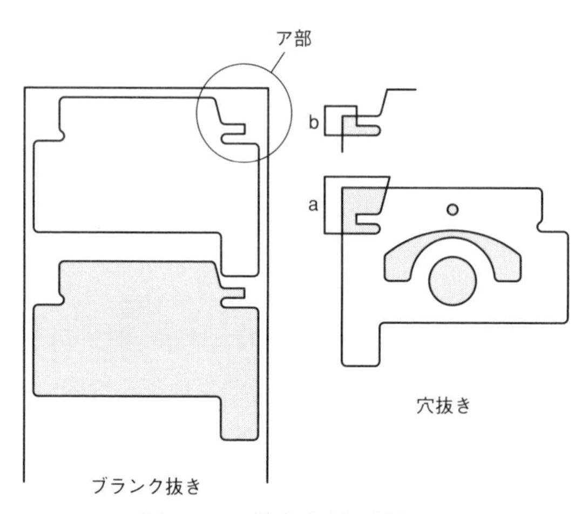

図 1.1.5　抜きの単工程加工

加工に必要な構造を**図 1.1.6、1.1.7** に示す。

ブランク抜きは穴抜きとバリ方向を合わせるため、反転した形状で加工するのが一般的である。

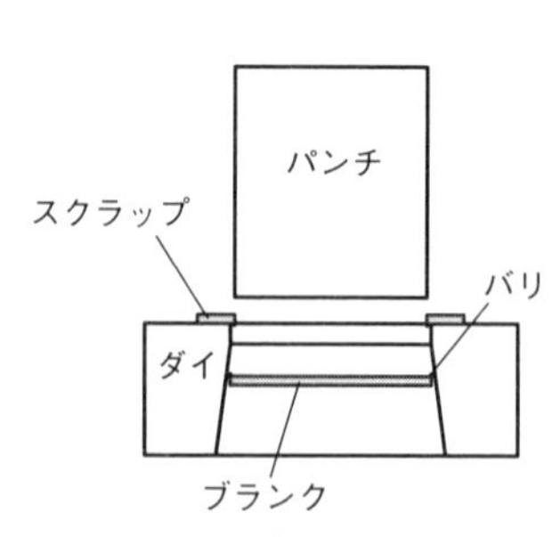

図 1.1.6　ブランク抜き構造

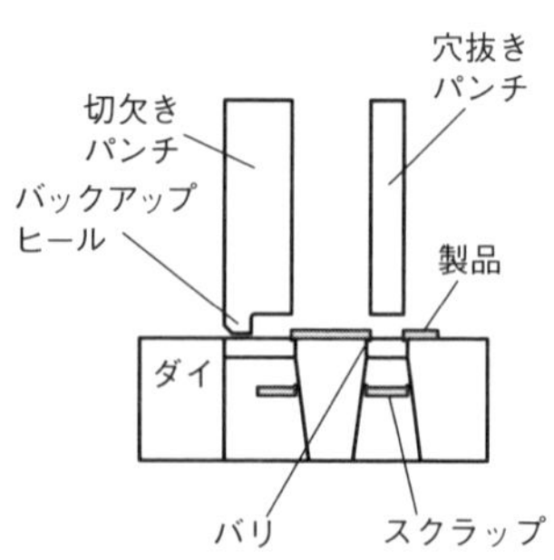

図 1.1.7　穴抜き、切欠き構造

図中のア部がブランク抜きで強度的に気になるときは、a または b のように切欠きで穴加工と一緒に処理する方法もある。切欠きとしたときには、切欠きの側方力対策としてパンチにバックアップヒールを作る。

②単工程：バーリング加工の検討

バーリング加工は、穴の縁を立てる加工で穴フランジ成形とも呼ばれる（**図1.1.8**）。この製品の例では、ねじ用タップの山数（3 山以上必要）を確保するために使われている。バーリングでは形状はパンチに倣い、外形は板厚減少で形が崩れる（普通バーリングの場合）。

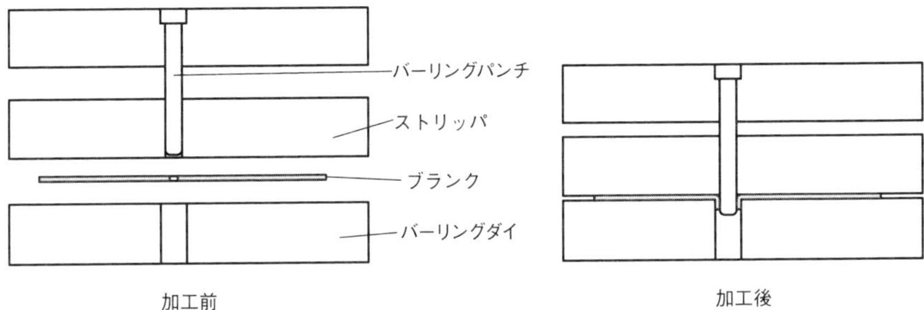

図1.1.8 バーリング構造

③単工程：曲げ加工の検討

曲げ加工では、同一方向の形状をまとめると加工が容易になる。その理由としては、ブランクの反転が容易に行えるところにある。この製品の場合、曲げ 1, 2 が同方向であるため同一工程で加工ができる（**図1.1.9**）。曲げ 3 は工程を分ける必要がある。曲げ 3 は単工程加工であれば、V 曲げが金型製作面からも適している（**図1.1.10**）。L 曲げとすることも可能である。

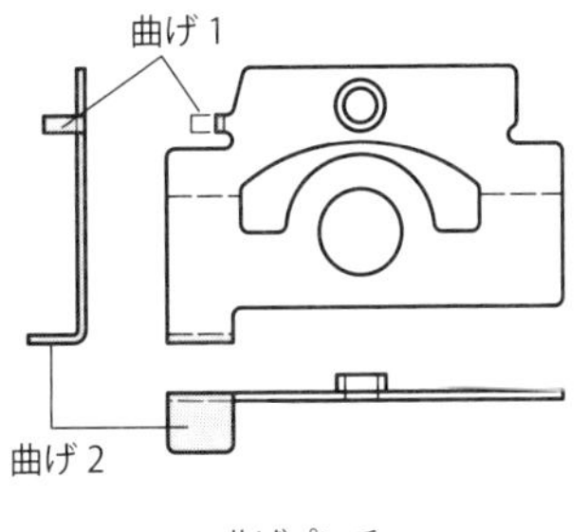

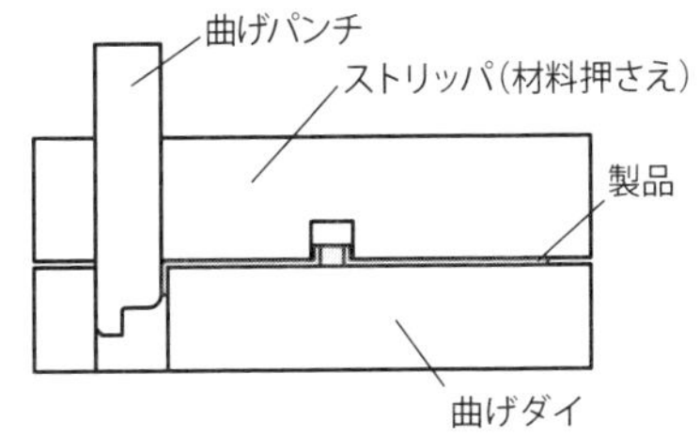

図1.1.9 下曲げ加工と構造

④単工程加工のまとめ

単工程加工で検討した場合、要素ごとの工程となり、①ブランク抜き、②穴抜き、③バーリング、④下曲げ、⑤V 曲げの 5 工程加工となる。このように、1 つの内容のみの加工を行う金型を単能型と呼ぶ。

この加工では工程ごとに金型を変え、逐次加工を進める方法を単工程加工と呼び、その作業を人が行う場合を単発加工と呼ぶ。単発加工の対となる加工は自動加工である。

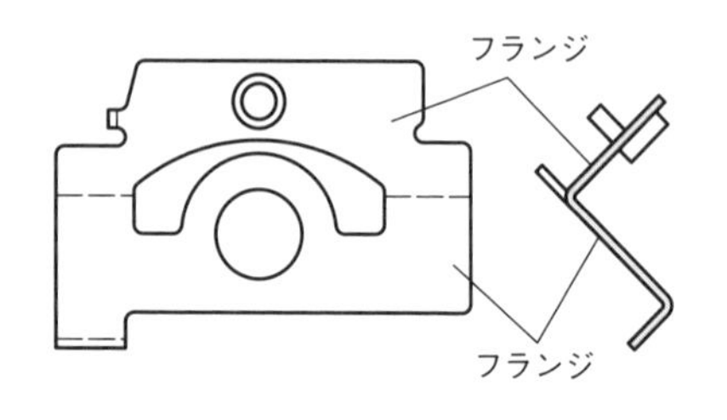

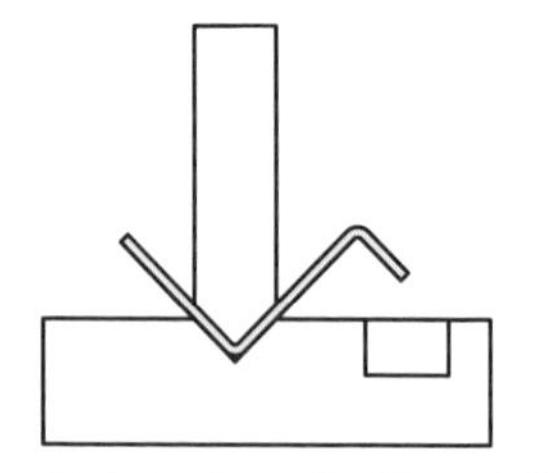

図 1.1.10 V 曲げ加工と構造

D 複合加工の検討：総抜き加工、曲げ・バーリング加工

複合加工は、プレス機械の 1 ストロークで複数の異なった加工を行うことを言う（**図 1.1.11〜1.1.14**）。複合することによって工程を短縮できる。総抜き加工（外形と穴を

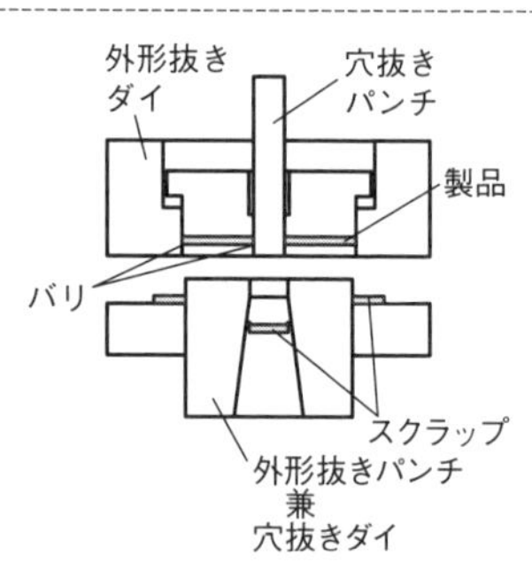

図 1.1.12 総抜き構造

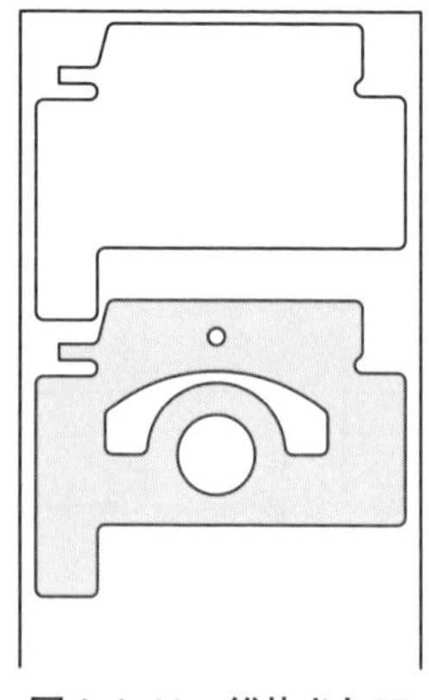

図 1.1.11 総抜き加工

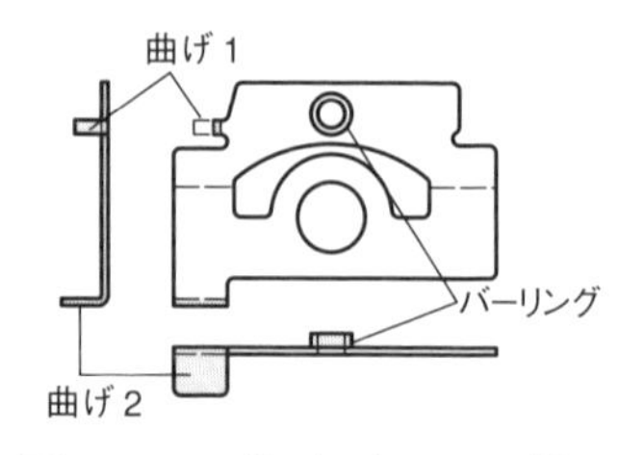

図 1.1.13 曲げ・バーリング加工

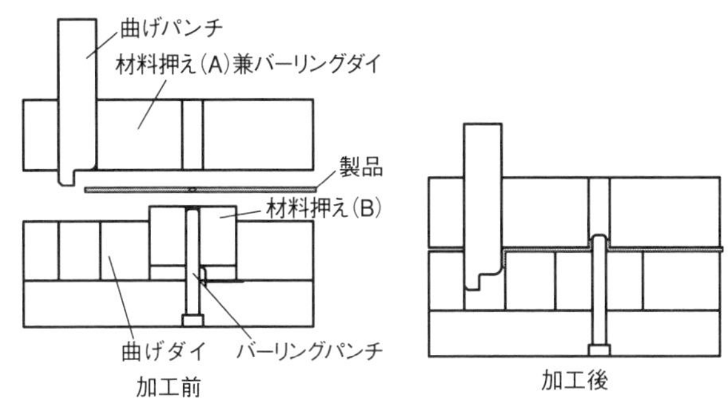

図1.1.14　下曲げ・バーリング構造

同時加工する）の場合は、外形と穴の関係精度を高めることもできる。欠点は金型構造が複雑になることである。

複合加工を加えた工程は、次のような工程が考えられる
A：①総抜き、②曲げ・バーリング、③V曲げ…①、②が複合加工
B：①総抜き、②バーリング、③曲げ、④V曲げ…①が複合加工
C：①ブランク、②穴抜き、③曲げ・バーリング、④V曲げ…③が複合加工

E 順送り加工での検討

順送り加工は、1工程で製品を完成させることができる。プレス加工の中で最も生産性の良い加工法である。その半面、金型の設計・製作が難しいことが欠点である。製品によっては、加工が容易なところまで順送り加工で行い、難しい部分を単工程加工で行う組合せも考えられる（**図1.1.15**）。

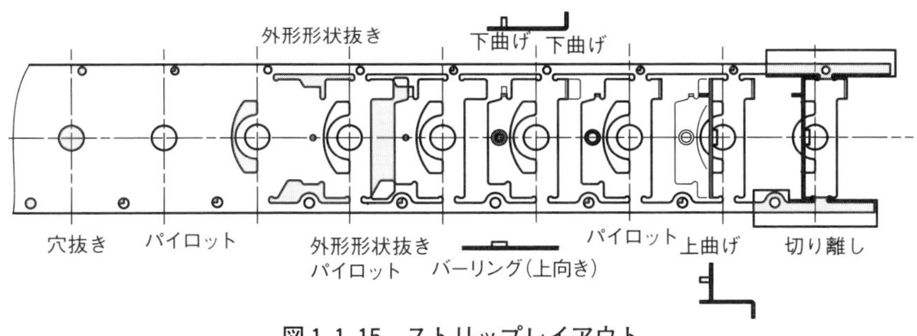

図1.1.15　ストリップレイアウト

1.2 工程短縮や同時組立を実現する複合加工の活用

ここでのねらい　プレス加工での複合加工の特徴について解説する

複合加工の特徴

プレス加工ではいくつかの工程を経て製品を作るが、その方法としては、最も単純化した内容に製品の加工工程を分けて加工する単能加工と、単純化した工程を複数同時に加工する複合加工、および工程をすべて1工程で加工する順送り加工がある。

今回取り上げるものは複合加工である。これは、製品加工工程を複合してプレス機械の1ストロークで複数内容を同時に加工し、工程短縮などをねらいとするものである（**写真1.2.1**）。このほかに、組立をねらいとした複合加工がある。これは、順送り加工をベースにして他部品をその中に取り込み、一体化するものである。

写真1.2.1　複合加工例（総抜き加工）

加工法の検討

複合加工
- Ⓐ 抜きの複合（総抜き加工）
- Ⓑ 抜きと曲げの複合
- Ⓒ 抜きと絞りの複合（抜き絞り）
- Ⓓ 抜き・絞り・穴抜きの複合
- Ⓔ 順送り加工に部品の組込み
- Ⓕ 順送り・順送りの組込み

Ⓐ 抜きの複合（総抜き加工）

外形抜きと穴抜きを同時に加工する内容を総抜き加工、またはコンパウンド加工と呼ぶ。加工方法は、**図1.2.1**に示すように外形を下から上に抜き、穴は上から下に抜く。金型はパンチが下、ダイが上となる逆配置構造となる。

パンチ、ダイの関係を示したものが**図1.2.2**である。穴抜きのスクラップ処理を容易にした構造と言える。総抜き加工は、工程短縮の目的だけではなく精度面から採用されることもある。外形と穴のバリ方向が同じとなり、平坦度も良い。

外形と穴の関係は金型で作り込まれるため、外形抜きと穴抜きを別工程としたときの位置決めによる変動がなく、**図1.2.3**に示す関係精度はプレス加工中最も良いものが得られる。欠点としては、上型に入り込んだ製品をノックアウト（排出）された後に回収するのが面倒な点である。

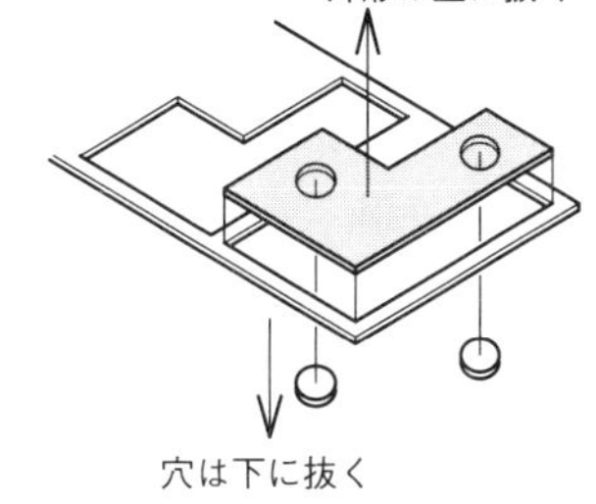

図1.2.1　総抜き加工の方法

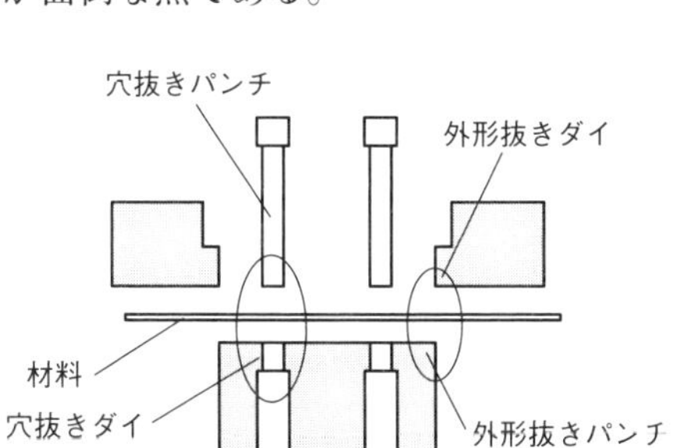

図1.2.2　総抜きのパンチ・ダイの関係

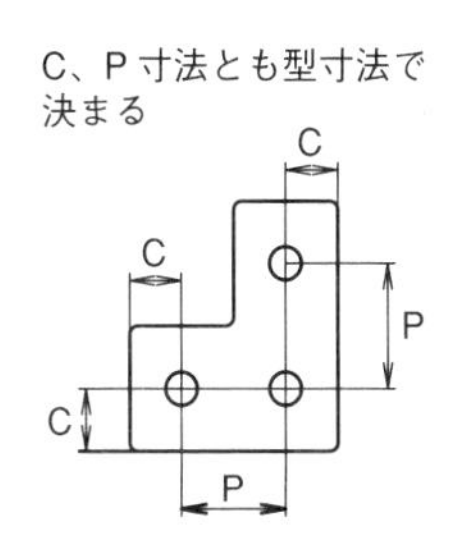

図1.2.3　総抜きの加工精度

Ⓑ 抜きと曲げの複合

抜きと曲げの複合は、ブランク抜きと曲げの組合せは難しく、使用されている例は少ない。材料幅をそのまま使い、切断または分断でブランクを作り曲げる内容とすることが多い。

図1.2.4はV曲げによる複合加工の方法を示している。切断されたブランクがフリーになる瞬間があり、寸法変動要因となる欠点がある。図1.2.5はU曲げの複合加工を示している。V、U曲げともに下曲げでの加工例を示したが、上向きでの加工も可能である。

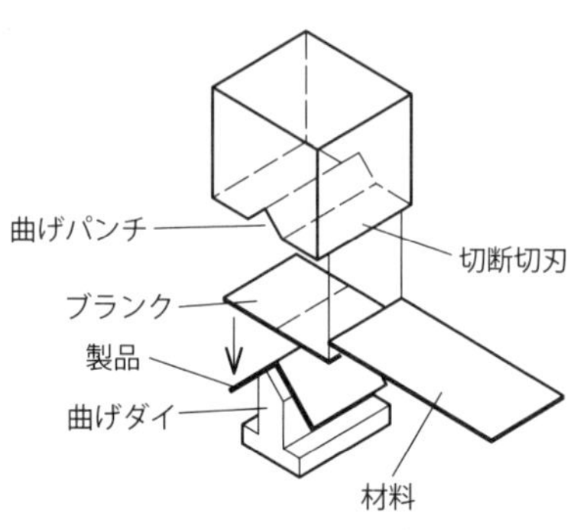

図1.2.4　切断－曲げ加工

図1.2.6はZ曲げとの組合せ加工である。ブランク加工は分断の例を示した。曲げの複合加工での欠点は、切断または分断のパンチがダイの中に深く入り込むことである。金型のメンテナンスがやりにくく、金型寿命も短くなる。

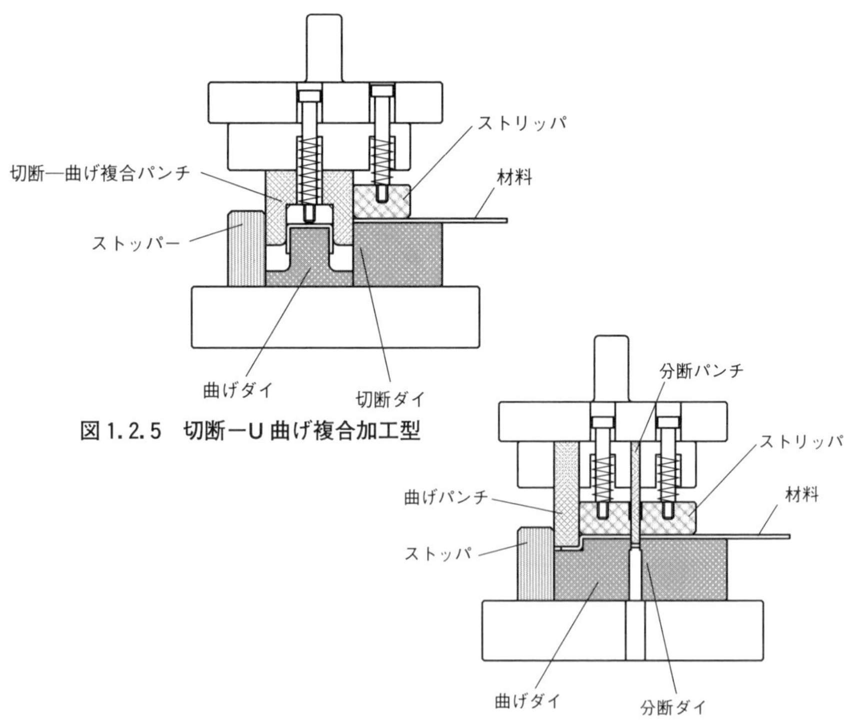

図1.2.5　切断－U曲げ複合加工型

図1.2.6　分断－Z曲げ複合加工型

Ⓒ 抜きと絞りの複合（抜き絞り）

絞り加工との複合は、ブランク抜きと絞りとなる(**図 1.2.7**)。加工方法は、**図 1.2.8** に示すように上向き絞りと下向き絞りがある。多くは上向き絞りで加工されるが、フランジのない絞りでは下向きとして絞り落としてしまう方法が取られることもある。

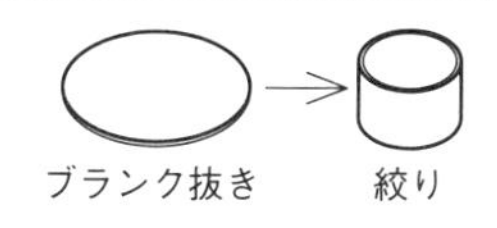

図 1.2.7 加工内容

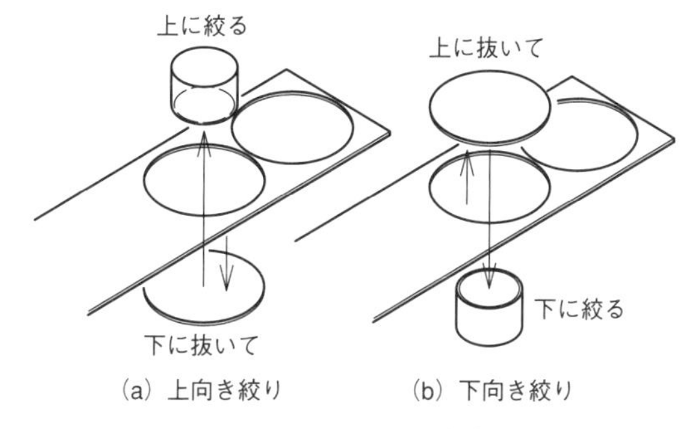

図 1.2.8 加工の方法

絞りの複合加工は、工程短縮を目的として採用されるのがほとんどである。**図 1.2.9** は上向き絞りの構造例、**図 1.2.10** は下向き絞りの構造例示している。欠点はブランクにバリが発生して再研磨したときに、絞りのダイRを作り直す必要があることである。

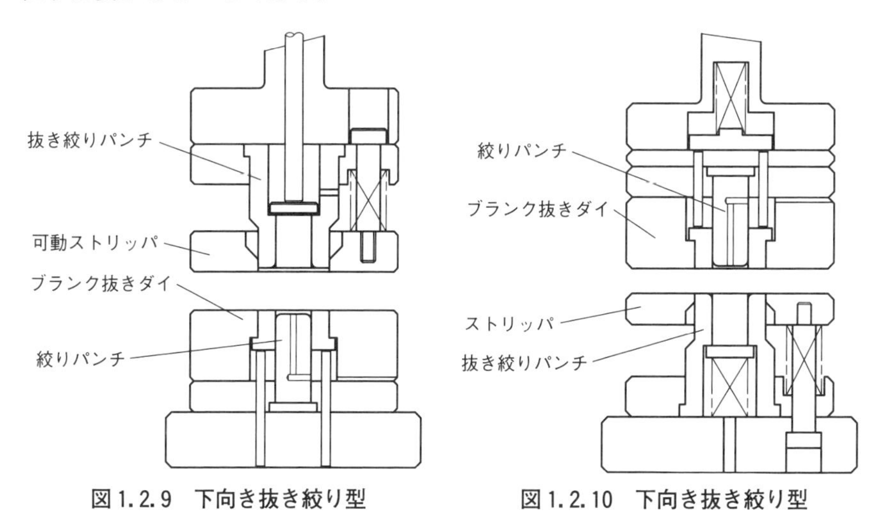

図 1.2.9 下向き抜き絞り型　　**図 1.2.10 下向き抜き絞り型**

D 抜き・絞り・穴抜きの複合

絞りの複合加工では、**図 1.2.11** に示すように穴抜きまでの複合が可能である。金型の構造は複雑になるが、**図 1.2.12** に示すような形で加工することができる。

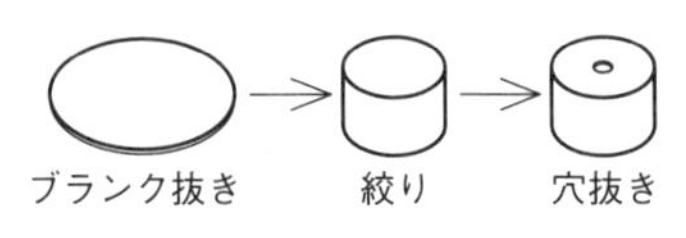

図 1.2.11　加工内容

穴抜きのスクラップ処理の関係から上向き絞りとして、穴は上から下向きに加工する。例図では固定ストリッパ構造としたが、可動ストリッパ構造でも問題はない。欠点は再研磨の都度パンチ、ダイのRを作り直す必要があることである。

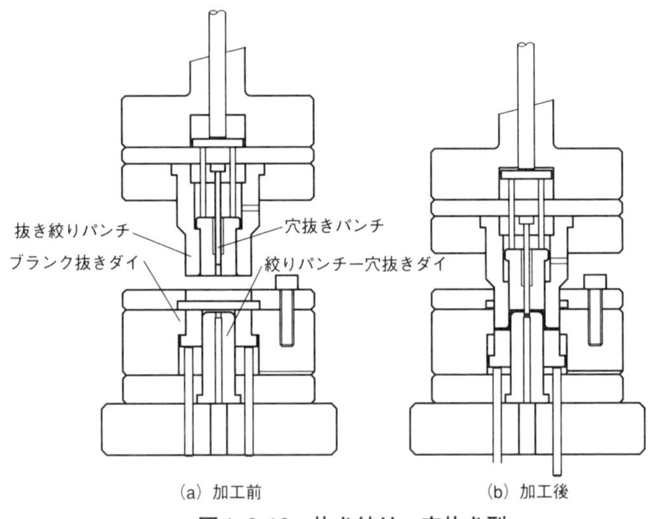

図 1.2.12　抜き絞り－穴抜き型

E 順送り加工に部品の組込み

順送り加工の途中ステージに、別部品を投入して組み込むことも行われている。ここではナットの組込みを紹介する。**図 1.2.13** が加工の内容を示したものである。

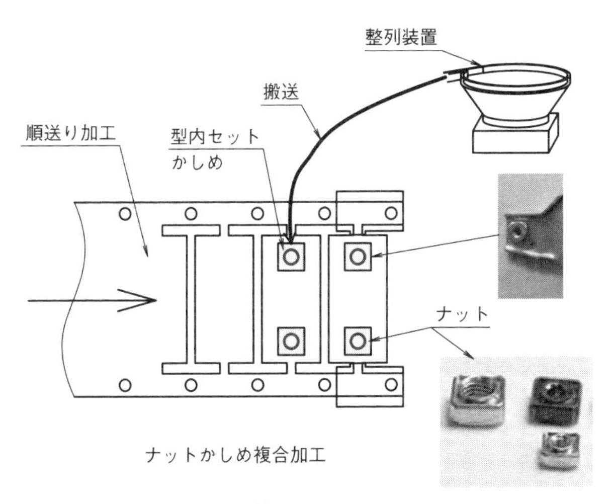

図 1.2.13 順送り加工でのナットかしめ

製品を順送り加工で作りながら、途中ステージに外部の整列装置で整列されたナットを、チューブ状の搬送具を用いて金型内に送り込み、**図 1.2.14** に示す工程でナットを製品にかしめ、一体化するものである。

ナットをパンチ代わりにして材料を打ち抜き、製品の所定位置に組み込み、ダイの縁で材料をかしめ（鍛造的方法もある）、固定して分離しないようにするものである。ナットで穴抜きを行うことから、このような方法はピアスナットと呼ばれ、多く採用されている。

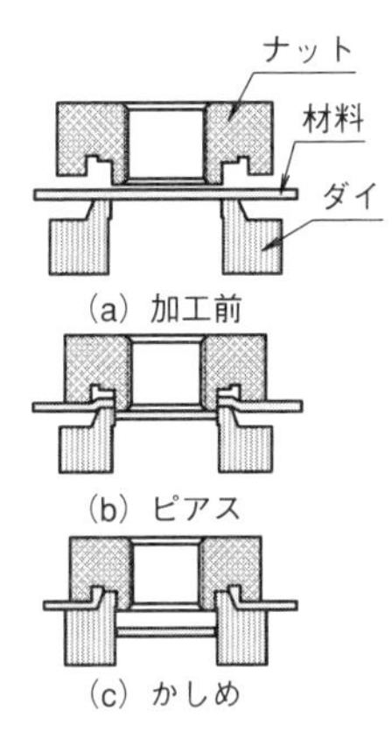

図 1.2.14 かしめ工程

F 順送り・順送りの組込み

複数の順送り加工の組合せ加工もある。接合にダボと穴を使ったものもあるが、ここではバーリングを利用した加工例を紹介する（**図 1.2.15**）。

順送りＡを本体、順送りＢを接合部品として直交するように加工し、交

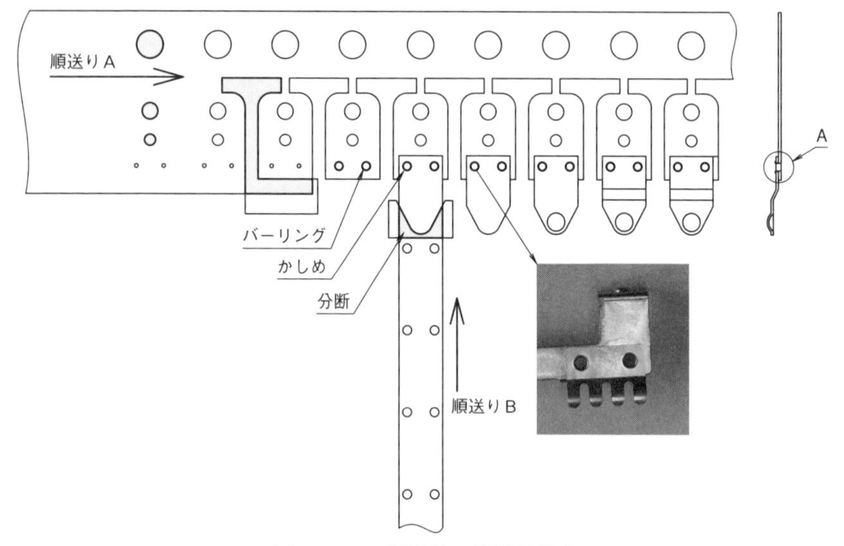

図 1.2.15　順送り・順送り複合

差するところで、バーリングの凸に副材の穴を合わせ、合体後にバーリングをつぶして結合しながら、副材を切り離す。その後は本体の一部として必要な加工を加え、完成させる。

ここで使われているバーリングは、しごきバーリングで作られたものである（図 1.2.16）。

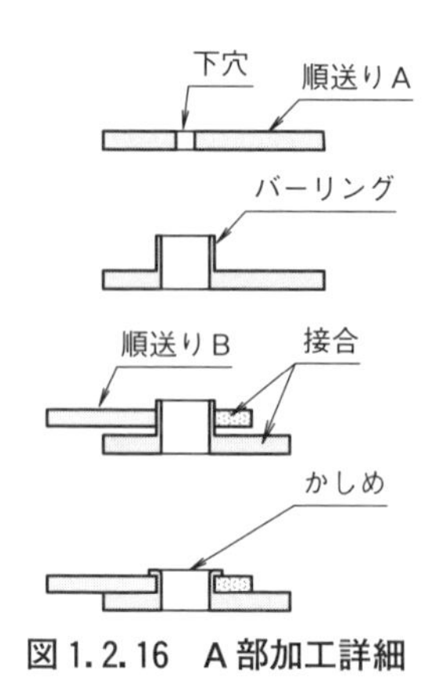

図 1.2.16　A 部加工詳細

1.3 ブランクを材料でつなぎ加工する順送り加工の基礎

ここでのねらい プレス加工で最も効率的な生産手段である、順送り加工の特徴を知る

順送り加工の特徴

順送り加工は**図 1.3.1** に示すように、材料から製品を1工程で作り出す加工法である。加工の特徴は、ブランクを材料でつなぎ、送り長さ分材料を移動させ、加工する。この繰り返しを行い、加工を進め製品を作り上げていく。順送り加工ではブランクをキャリアでつなぐことから、単工程加工とブランクの作り方が異なるところが大きな特徴となっている。

順送り加工のもう1つの特徴として、**写真 1.3.1** に示すような多数個取りができることで、他の加工方法では難しい内容をこなせるところもある。

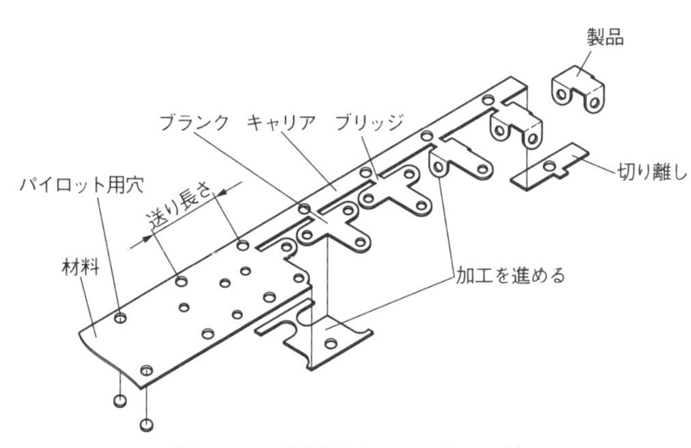

図 1.3.1 順送り加工のイメージ

加工法の内容

順送り加工で、材料送りのために使われる材料部分をキャリアと呼ぶ。キャリアとブランクをつないでいる部分をブリッジと呼ぶ。材料送り誤

差を修正するために、パイロットが使われる。

順送り加工ではブランクをキャリアでつなぐことから、単工程加工とブランクの作り方が異なるところが大きな特徴となっている。順送り加工では、材料送りの安定、確実な加工、加工した製品の取り出しが必要要件となる。加えて、スクラップの処理やかす上がり対策などが求められる。

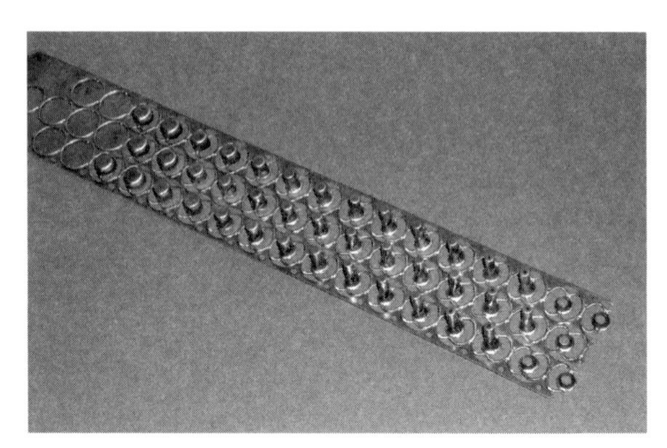

写真 1.3.1　多数個取りの順送り加工例

加工内容の区分

順送りレイアウト
- Ⓐ抜き落としレイアウト
- Ⓑ両キャリアレイアウト
- Ⓒ片キャリアレイアウト
- Ⓓ中央キャリアレイアウト
- Ⓔ変化するレイアウト

Ⓐ 抜き落としレイアウト

抜き落としの順送りレイアウトは、ブランク抜きをベースとしたものである（**写真 1.3.2**）。基本的にはブランク内部に穴や成形を加工して、最終工程でブランク抜きを行い、製品を回収する。材料幅が最終工程まで残るので、材料のガイドは比較的容易に行うことができる。

欠点としては、穴と外形のバリ方向が逆になること、ブランク抜き同様に製品に湾曲が出やすく、平面度を必要とする製品には加工に工夫を必要とする点が挙げられる。

材料歩留りは、ブランク抜きに比べ多少の安全を見て、さん幅を広めにとることの変化を除けば、ブランク抜きに近い歩留りが得られる。

写真 1. 3. 2　抜き落としレイアウト例

B 両側キャリアのレイアウト

両側キャリアはブランクの保持も安定し、材料のガイドも行いやすく順送り加工の基本レイアウトと言える（**写真 1. 3. 3**）。欠点は、キャリアを両側に持つことからの材料歩留りの悪化である。

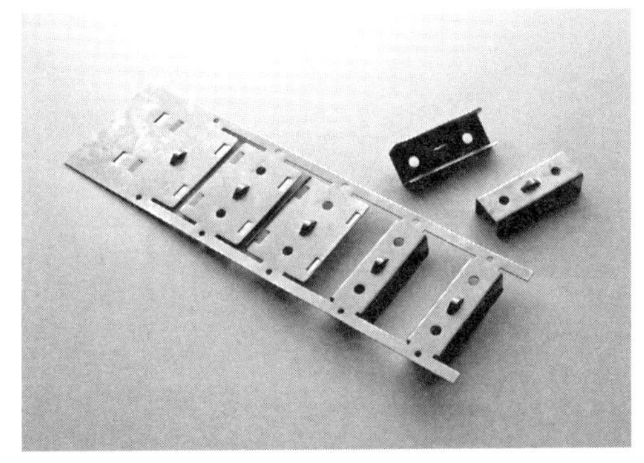

写真 1. 3. 3　両キャリアレイアウト例

順送り加工はコイル材からの自動加工を前提として金型を作ることが多い。自動加工では材料の安定が生産性を左右する。順送り加工の要点はここにあり、材料の送り誤差修正（幅ガイド、パイロット）、上下動の安定（リフター）といった材料の位置決めの善し悪しが決め手となることが多い。このことからも、キャリアの取り扱いは大事であり、送りの安定に重点を置き、決めるとよい。

順送り加工での製品の回収の基本的なものは、**図 1. 3. 2** に示す 2 方法が挙げられる。キャリアをカットして製品を回収するものは、すべてのバリ方向を揃えたいときに用いるものである。切り離された製品はダイ上に残るため、取り出しに工夫が必要となる。

抜き落とし方式は、製品の回収の容易さを優先したときに採用される方法である。最後の切り離し部分が、他の部分とバリ方向が逆となる点が欠点である。

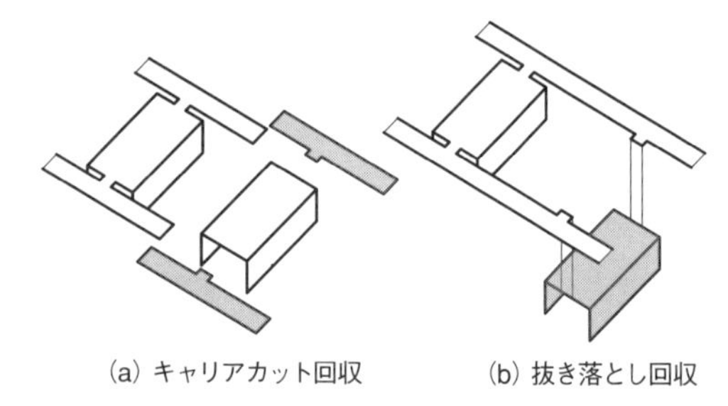

図 1.3.2 製品回収の方法

Ⓒ 片キャリアのレイアウト

製品形状の関係から、両側キャリアで最後まで加工できない形状も多くある。このようなときに使われることが多いのが、片側キャリアである。

この片側キャリアは無駄がなく、材料歩留りを良くできるが、**写真 1.3.4** でわかるようにキャリアが横曲り（キャンバ）を起こしやすく、これが原因となって加工ミスや寸法不良につながることがある。横曲がり対策として、横曲り修正構造を採用することも多くある。

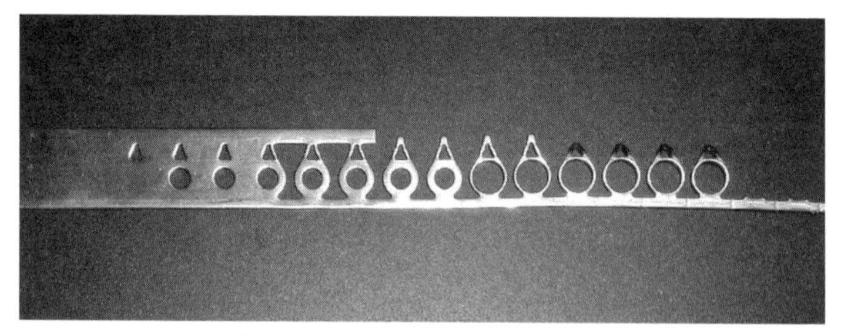

写真 1.3.4 片側キャリアと横曲がり

片キャリアの加工事例（写真とレイアウト図は内容が異なる）を以下に示す。この製品は、ヘミング加工と先端のつぶし加工があるため、片側キャリアが適したものとなる（**写真 1.3.5**）。

加工での注意点として、ヘミング加工ではすきまなく、うまく密着させる

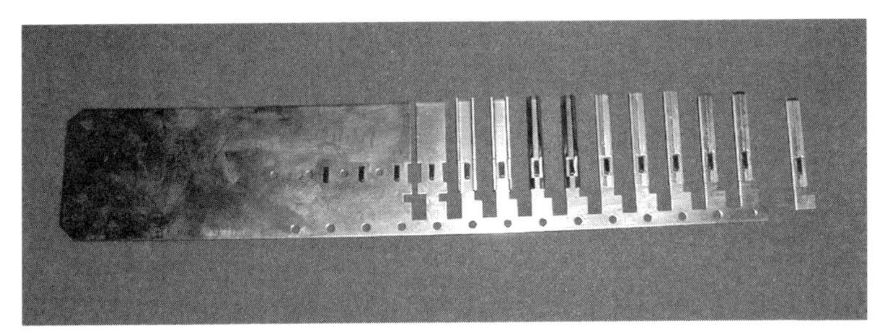

写真 1.3.5　片側キャリアでのヘミング加工例

ことが挙げられる。アイデアとして、ヘミング先端をぶつけ、圧縮が働くように加工することを考えた。

先端つぶしは、ヘミング後の2枚の材料が重なった状態でのつぶし加工となり、ブランクを作ってのヘミングではズレが発生してうまくいかないと判断し、ヘミング後に形状カットとつぶしを行う工程とした。

片側キャリアでは、写真のように、すべての形状を作ってしまうと横曲がりが発生しやすくなるので、**図 1.3.3**のように材料強さを少しでも後工程まで保つレイアウトに工夫することが望ましい。

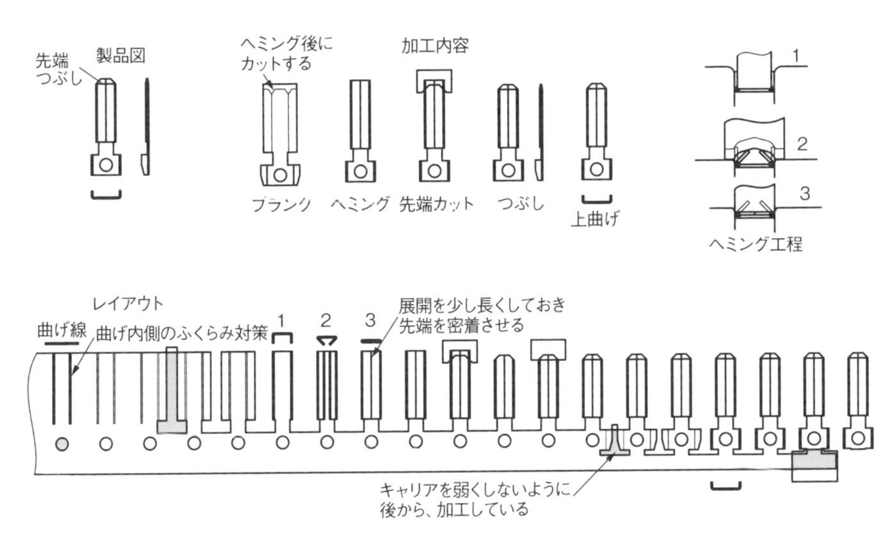

図 1.3.3　ヘミングとつぶしのある製品

Ⓓ 中央キャリアのレイアウト

この例では、両端に曲げがあるため、中央部分でキャリアとのつなぎをとることになる（**図 1.3.4**）。形としては両キャリアか中央キャリアとなる。切り曲げのある曲げの送りの容易さを考えると、中央キャリアの方がよいと判断してこのレイアウトとなった。

中央キャリアも横曲がりが発生しやすいので、つなぎ幅をできるだけ大きく（広く）取る工夫をしたい。

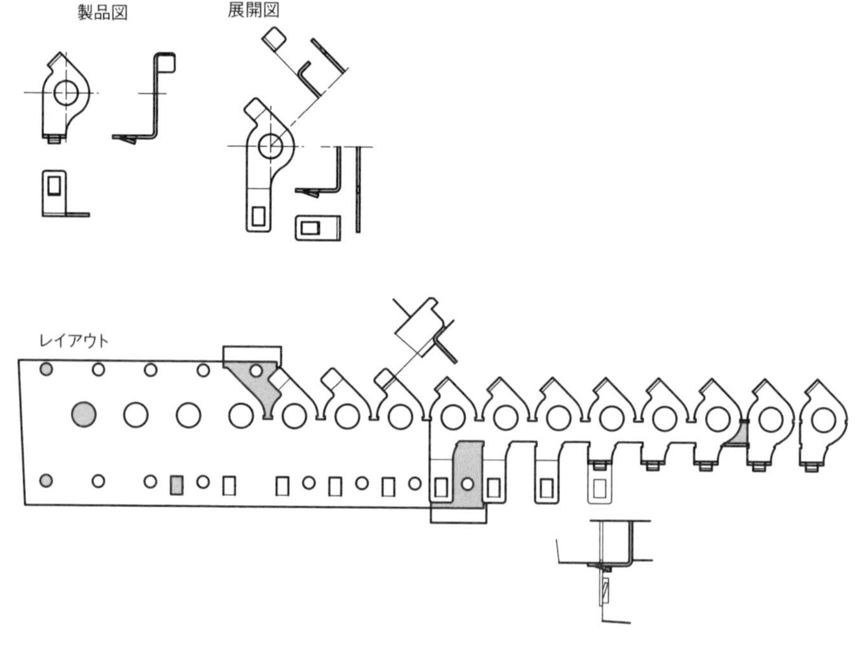

図 1.3.4　中央キャリアのレイアウト

Ⓔ 変化するレイアウト

順送り加工では、加工ステージのパンチ・ダイを入れ替えるか、ステージの加工内容をそっくり入れ替えることで、**写真1.3.6**に示すような変化のある類似製品を加工することができる。

簡単な内容からいけば、パンチを抜くことで穴のある・なし製品ができる。間欠機構を利用することで、数回おきに穴を加工するといったことも可能である。

この写真の製品では、曲げパンチのある・なしと曲げパンチの交換で、曲げ角度の変化もつけたものである。加工ステージのいくつかを入れ替えることで、かなり変化のある製品とすることも可能である。このような場合では、交換するステージをユニット化して交換する方法がとられる。

また、2つの順送り金型を直行するように作り、交点で接合加工と切り離しを行うことで、部品加工と組立まで行うこともできる。順送り加工には、プレス加工と組立加工を兼ね備えたような加工までの可能性を秘めている。

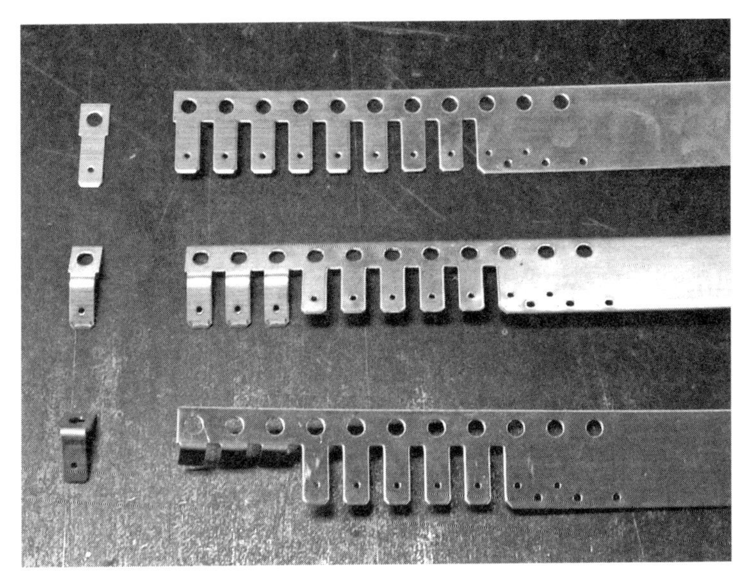

写真1.3.6　変化するレイアウト

1.4 高生産性と品質安定に寄与するプレス自動加工の形

ここでのねらい プレス自動加工の種類と特徴をつかむ

プレス自動加工の特徴

自動加工は生産性を高めることを目的として使われる。同時に、品質の安定を期待する部分もある。それは、プレス機械が連続運転することでスライドの挙動が安定する、人のポカミスによる不安定さがなくなる、などが期待できることにある。

プレス加工の自動化は、単工程型（タンデム型）による方法と順送り型を中心とした方法がある。

タンデム型での自動化では、材料はブランクかスケッチ材となる。材料の搬送はつかんで、次工程に送る形となる（**写真 1.4.1**）。

順送り型での自動化では、コイル材を送り装置を用いて送り、ブランクはつなげておき、加工を進め、切り離したときが製品の完成である（**写真 1.4.2**）。

コイル材を使う方法は加工スピードを上げることができる。多数個取りが可能といったメリットがあるが、ブランクの途中での反転が難しい。

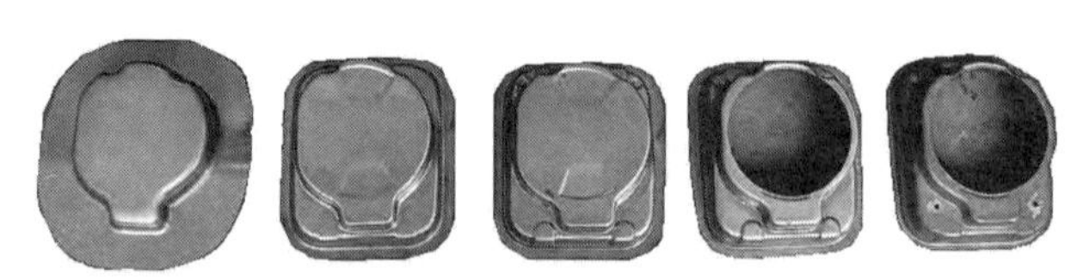

写真 1.4.1　ブランクからの加工

写真 1.4.2　コイル材からの連続加工

ブランクまたはスケッチ材を用いての自動化はつかむ、送る、置くの動作があるため、むやみに早くすることができない。しかし、切り離された状態であるため、加工途中でブランクの反転は容易である。大きな形状の製品に対応できる利点がある。

加工法の検討

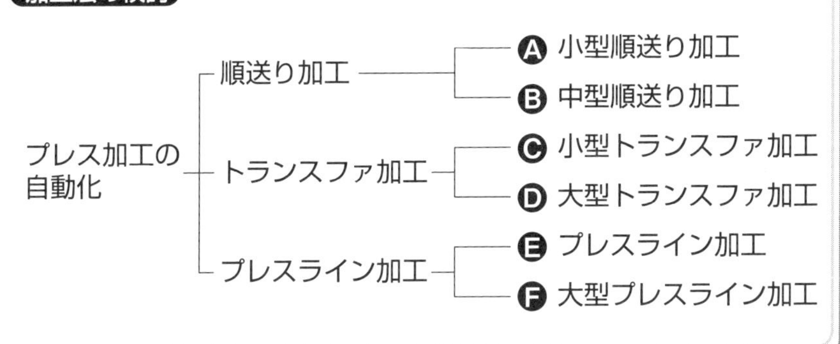

A 小型順送り加工

プレス機械が60トンくらいまでのイメージである。比較的小さい製品が対象となる。金型が小さいので、製作は比較的容易である（**写真1.4.3**）。この分野にはコネクターや端子加工が入るため、加工スピードは1,000 spm

写真1.4.3　小型順送り金型

を超えるものもある。コネクターや端子加工は高速、長時間運転が行われることが多く、金型とプレス機械には高い信頼性が要求される。

一般加工では、加工設備は容易に整えることができる。**写真1.4.4**に示すように、リールスタンドと送り装置を準備するだけでよい。加工材料は薄板が多いため、必要スペースもそれほど必要としない。最も多く採用されている自動化手段と言える。

写真1.4.4　小型順送り加工

Ⓑ 中型順送り加工

加圧能力が100〜300トンくらいまでを中型、それ以上を大型とイメージした（**写真1.4.5〜1.4.7**）。

材料重量も増加することから、アンコイラも剛性のあるものが必要となる。コイルの巻き癖を除くためのレベラーも必要となるなど、装備面が変わってくる。材料の対象板厚、幅によってプレス機械だけでなく、レベラーやフィーダの対応能力を検討することが必要となり、小型の順送り加工と比べると設備コストは大きく違ってくる。

金型も、小さなものでも送り方向長さは1mを超えてくる。大きなものでは2mを超える。金型の取扱いにクレーンなどが必要となる。

手のひらサイズを超える大きさの順送り加工が増えていることから、プレス機械も大型になる傾向がある。また、ハイテン材の加工では、製品の大き

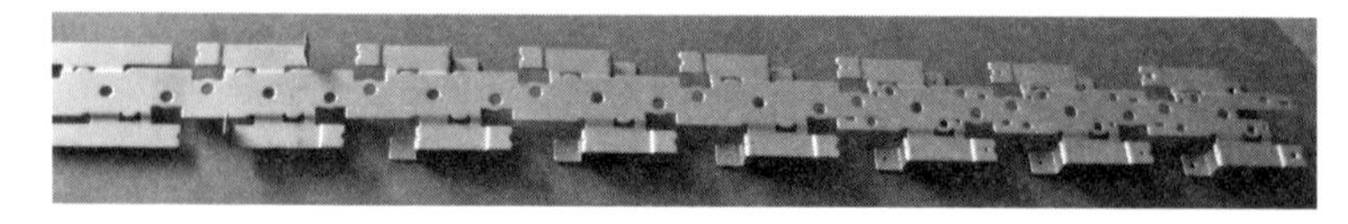

写真1.4.5　順送りスケルトン

写真 1.4.6　中型順送り金型

アンコイラ　レベラーフィーダ

写真 1.4.7　中型順送り加工

さは変化しなくとも材料強度が上がることから、加圧能力の大きなプレス機械を必要とする傾向もある。

順送り加工の大型化は進んでおり、1,000 トンを超えるプレス機械を使っての順送り加工も珍しくなくなってきている。

Ⓒ 小型トランスファ加工

小型のトランスファ加工は、小さな絞り加工製品に採用されるケースが最も多いのではないだろうか（**写真 1.4.8**）。順送り加工での位置決めの苦労がなく、材料歩留りも高められることがポイントとなっている。ブランクをつかみ、送るフィードバーやフィンガーなどの装置が必要になるが、順送りの設備がトランスファプレスに置き換わったイメージである（**写真 1.4.9**）。

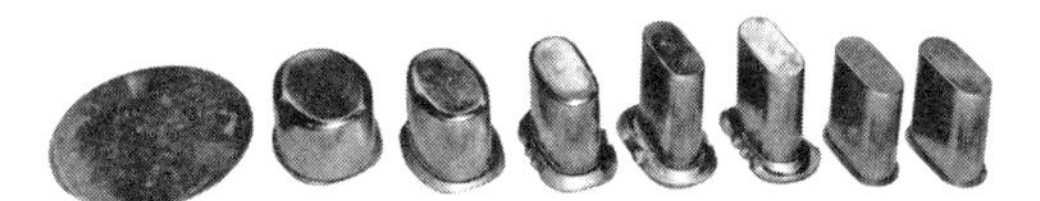

写真 1.4.8　小型トランスファ加工例①

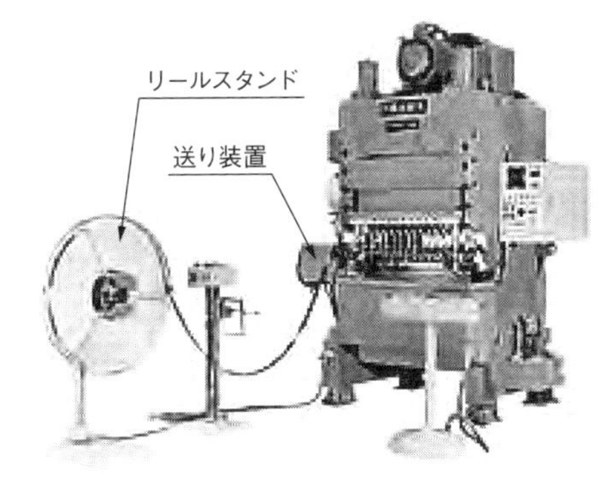

写真 1.4.9　小型トランスファ加工

写真 1.4.10　トランスファ金型例①

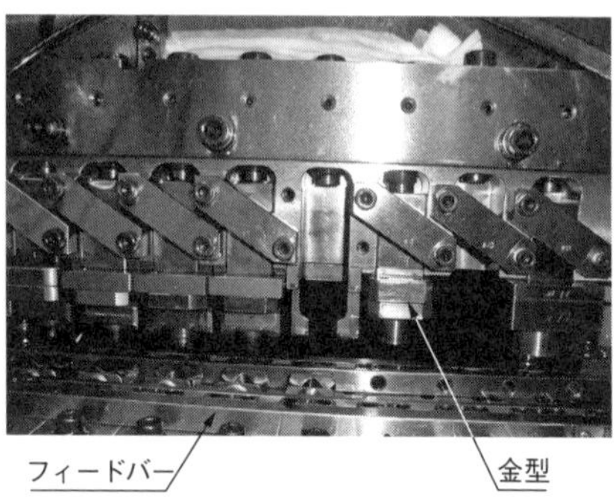

写真 1.4.11　トランスファ金型例

金型は、普通の単工程金型に近い形のものを取り付けて使用する形と（**写真 1.4.10**）、独特な金型設計となるものとがある（**写真 1.4.11**）。

D 大型トランスファ加工

製品が大きくなると（**写真 1.4.12**）、加工面積が大きくなるため、プレス機械はストレートサイドを採用したものが中心となる（**写真 1.4.13**）。金型

写真 1.4.12　トランスファ加工例

写真 1.4.13　大型トランスファ加工①

製作とともに、アームやフィンガーの作りも難しくなる(**写真1.4.14**)。

金型はダイクッションを使っての加工が必要となることも多く、トリミングでのスクラップ処理、搬送時の材料落下防止や位置決めなど難しさは増加する。

写真1.4.14 大型トランスファ加工例②

E プレスライン加工

トランスファの範疇を超えたものの自動化手段である。工程の数だけプレス機械を並べ、その間を材料搬送して行う自動化である。

材料はスケッチ材か打抜き加工されたブランクである。ストッカーに積まれたものを搬送する(**写真1.4.15**)。プレス機械間の搬送は全プレス機械間を通るフィードバー(**写真1.4.16**)を用いて搬送するものと、プレス機械の間に個別に配置する形のものとがある。プレス機械間をダイレクトに搬送するものと、プレス機械間に中間

写真1.4.15 スケッチ材からの加工

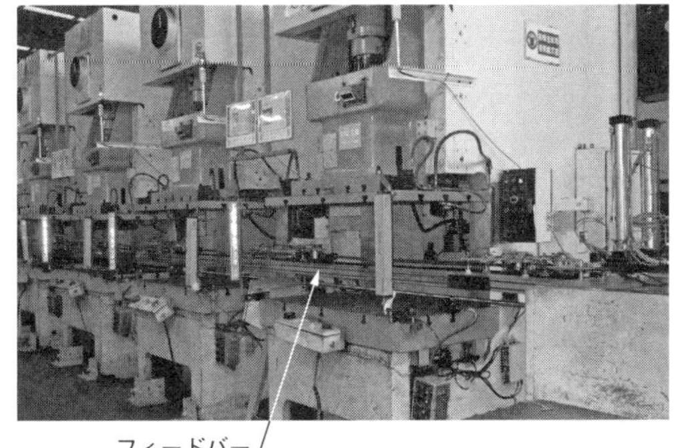

写真1.4.16 プレスライン加工

テーブルを置き、搬送するものがある。中間テーブルで材料の反転を行うこともある。

大型化してくると、段取り時間の短縮が重要となる。一連の金型およびアームなどの付属装置を含めた交換時間が作業性を左右する。

Ⓕ 大型プレスライン加工

製品が大きくなると（**写真 1.4.17**）、対応するプレス機械も大型化してくる（**写真 1.4.18**）。このようになると、プレスラインの送り装置では搬送が難しくなり、多軸ロボットを使って複雑動作での材料のセッティングや取り出しとなるケースが出てくる（**写真 1.4.19**）。

プレス機械間にロボットを配置して作業を行う。写真のプレス機械は設備例として示したもので、タンデムラインである。ロボットでの搬送を行うときには、ロボットのアームの旋回半径に立ち入れないように柵を設け、安全対策が必要になる。

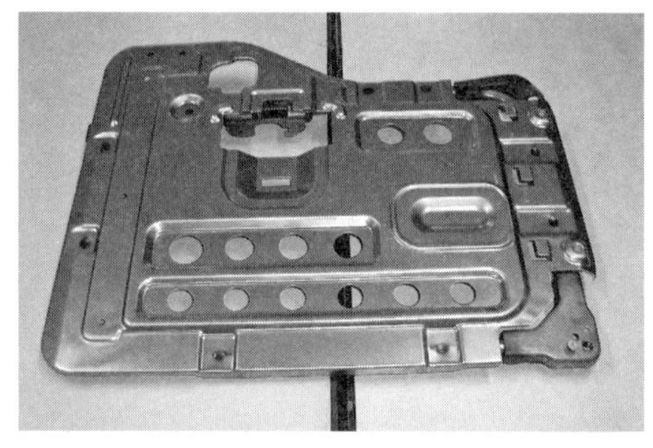

写真 1.4.17　ベンチシート部品

写真 1.4.18　大型プレス機械

写真 1.4.19　搬送ロボット

第2章
これだけは知っておきたい抜き加工の最適化

プレス製品で、抜き加工の伴わない製品はない。ここでは、抜き加工の基本から抜き加工での注意すべき内容、および応用的な使い方とバリなし抜きを説明する。抜き加工がうまくできないと、他の成形加工もうまくいかない場合が多い。それは、抜き加工がプレス加工の中で最も小さな数値をクリアランスとして扱い、それを金型構造の中に作り込むためである。また、打痕やキズの原因の多くが、抜きにより発生するバリが影響していることが多いからである。

2.1 プレス加工の基本とされる抜きの工程設計

ここでのねらい 抜き形状から派生する問題点を拾い出し、支障のない加工法を決める

抜きの特徴

抜きは、プレス加工製品すべてに関わるものと言える。そのため、プレス加工の基本と捉えられている。しかし、抜きはプレス加工の中でも単純な加工に見え、軽視されることも多い。

不適切な抜き加工は製品品質に影響を与える。打痕やキズの原因の多くは、抜きに起因していることが多い。抜きの問題点を知り対策を知ることは、プレス加工の工程設計に欠かせない要因である。**写真 2.1.1** は抜きの主な問題点を示したものである。

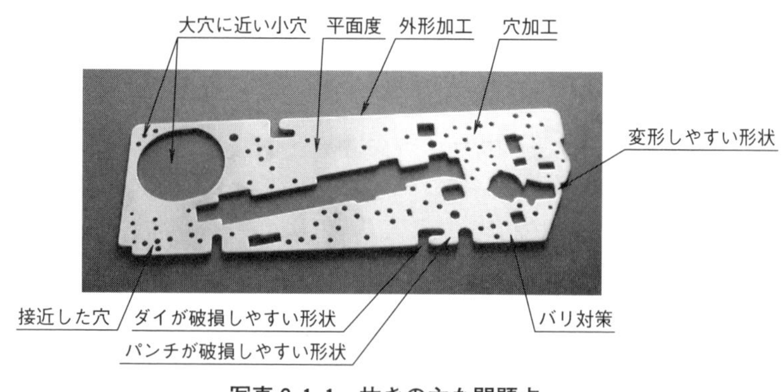

写真 2.1.1　抜きの主な問題点

加工法の検討

抜きの工程設計
- Ⓐ 型が破損しやすい形状対策
- Ⓑ 形状の変形対策
- Ⓒ 平面度対策
- Ⓓ 穴加工（関係精度・金型強度）対策
- Ⓔ 材料歩留り対策
- Ⓕ バリ対策

Ⓐ 型が破損しやすい形状対策

抜き外形形状に**写真 2.1.2** のような幅が狭い凸形状があると、外形抜きパンチが破損しやすくなる。細い溝加工（スロット）ではダイが破損しやすくなる。対策としては、2工程加工として問題ない形状にして外形抜きを行い、2工程目で弱い部分を切欠き形状を作る（**写真 2.1.3**）。

ダイ形状が弱い場合には、**図 2.1.1** のように入れ子として作り、破損しても容易に修理が行えるようにする方法もある。

穴加工では、大きな穴に接近した小穴を同時に加工すると、大きな穴加工の振動の影響で小穴抜きパンチが破損しやすくなる（**写真 2.1.4**）。大小穴を工程分けして加工することがよいが、それができないときは**図 2.1.2** に示

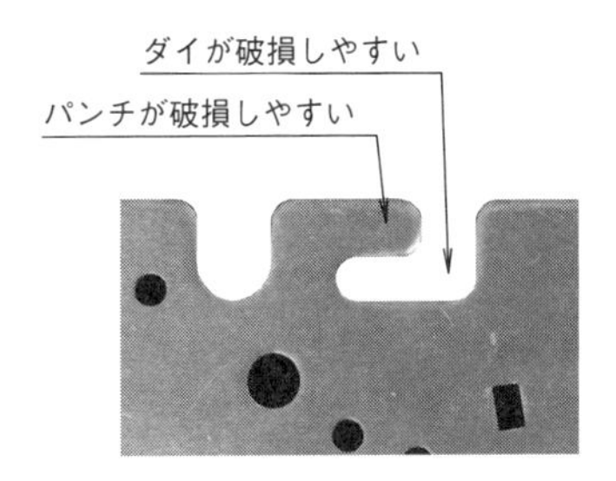

写真 2.1.2　破損しやすい形状

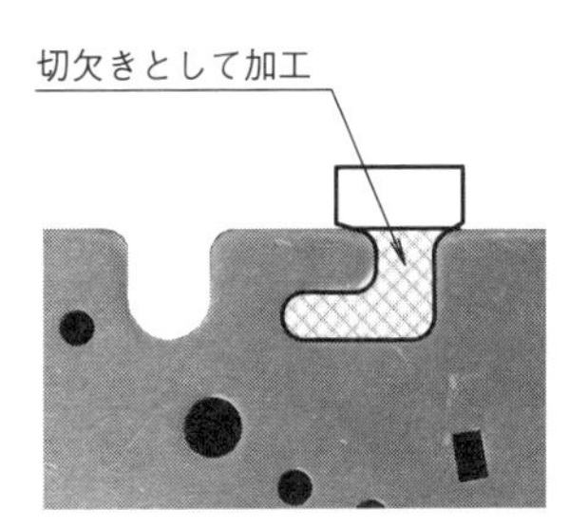

写真 2.1.3　破損対策

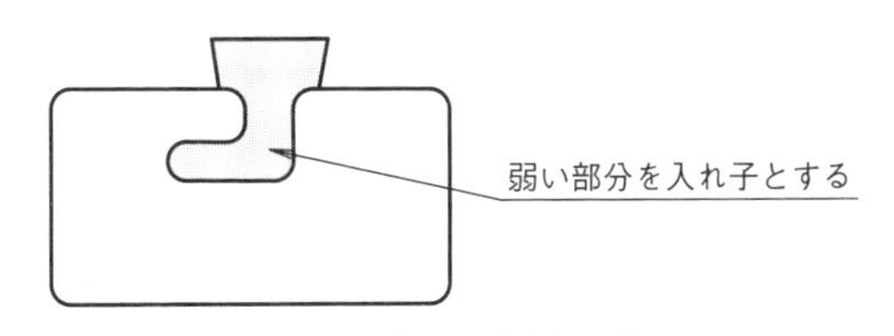

図 2.1.1　修理を容易にする

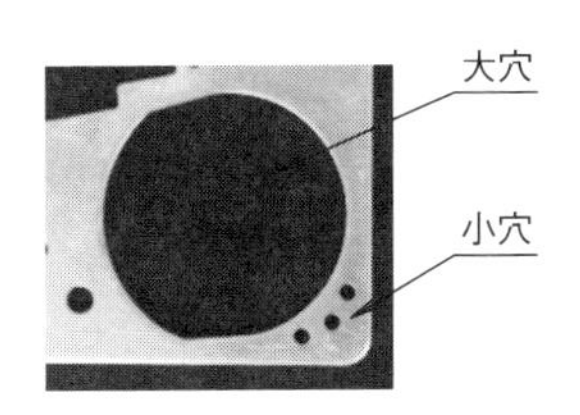

写真 2.1.4　大穴に近い小穴の破損

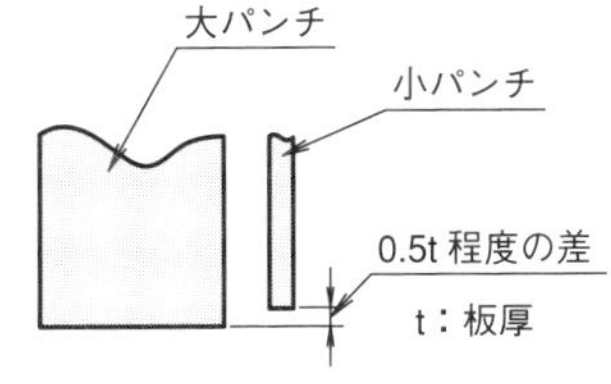

図 2.1.2　大穴に近い小穴の破損対策

すように、小穴パンチを加工材料の板厚の1/2程度短くすることで大きなパンチ振動の影響が軽減でき、小穴パンチの破損防止ができる。

Ⓑ 形状の変形対策

外形抜き、穴抜きに伴う形状の変形がある。**写真2.1.5**に穴抜きとの関係で現れる狭い部分では、ねじれや膨らみが発生することがある。外形や穴寸法に影響が出ることもある。幅を材料板厚の2倍以上取れば、問題は軽減する。同時に、狭い部分を強く押さえて加工することもよい。

凸形状の先端はだれが大きくなる。凸形状の先端部分の加工クリアランスを通常値より小さくすることで、ある程度改善できる。

図2.1.3のような狭い幅を残す切欠きでは、開きとねじれが出る。根元にRをつけて丈夫にする。根元に近い部分の抜きクリアランスを大きくするとともに、材料押さえを強くすることが対策として有効である。

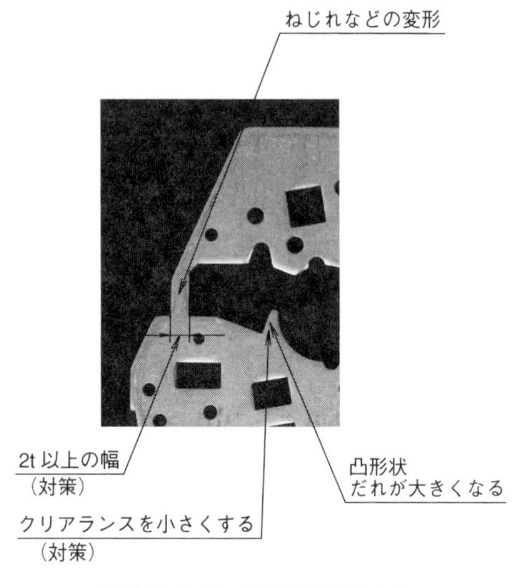

写真2.1.5　抜き形状の変形

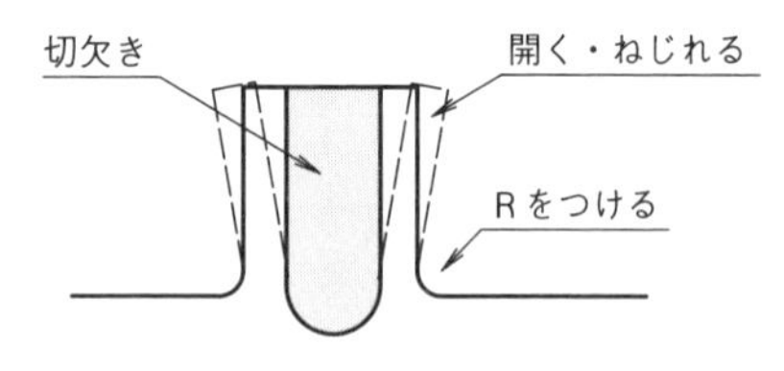

図2.1.3　狭い幅残しの切欠き

Ⓒ 平面度対策

打抜き加工では、**写真2.1.6**に示すような反りが出やすい。これは**図2.1.4**のような加工レイアウトを採用して、**図2.1.5**のような固定ストリッパ構造の金型を用いて加工したときに発生する。

平坦度を必要とする製品では、反り対策として押さえながら加工することを原則とする。**図 2.1.6** のようなレイアウトを用いて、**図 2.1.7** の可動ストリッパ構造の金型で加工するか、固定ストリッパ構造を使いたいときには、ダイ内に材料押さえ（パッド）を組み込んで押さえながら打抜き加工する。

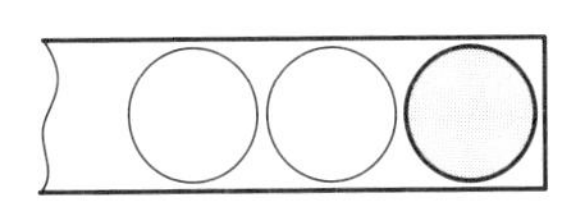

図 2.1.4　打抜き加工

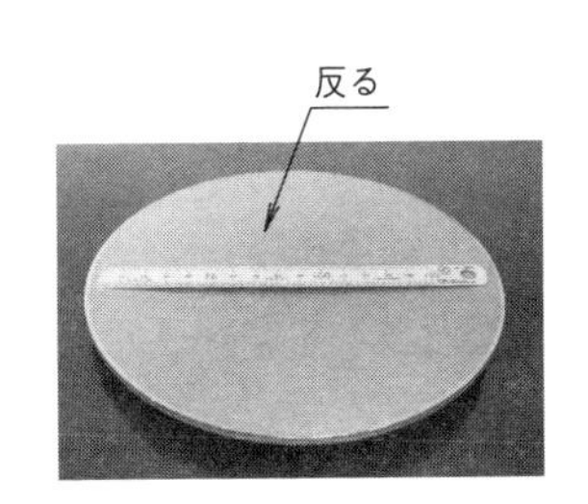

写真 2.1.6　抜き落とし加工の反り

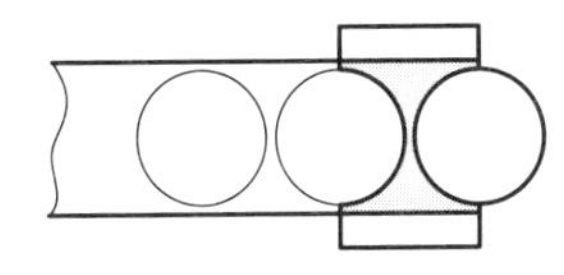

図 2.1.6　分断加工

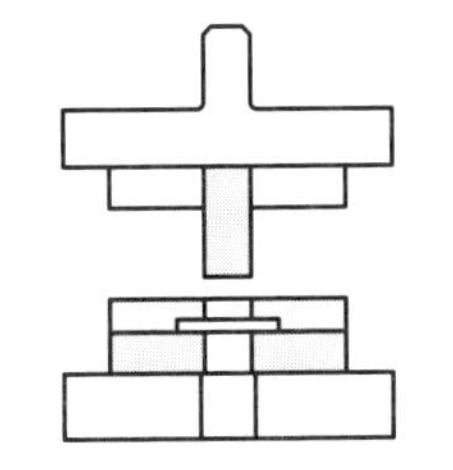

図 2.1.5　固定ストリッパ構造

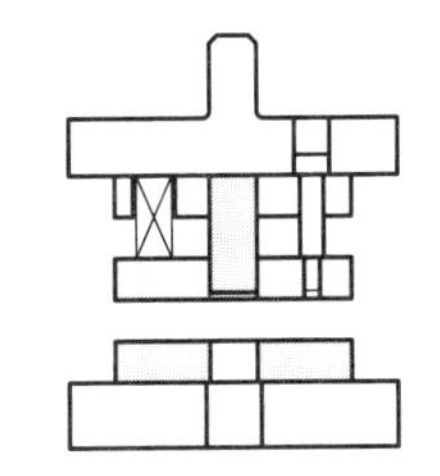

図 2.1.7　可動ストリッパ構造

Ⓓ 穴加工（関係精度対策・金型強度）

穴抜き加工では、複数の穴を同時に加工する形がイメージされ、単独の穴加工は比較的少ない（**写真 2.1.7**）。穴数が多くなったとき、すべての穴を同時に加工することが金型強度の関係などから難しい場合がある。工程を分けるときの注意と考え方は以下の通りである。

①関係精度が必要な穴は同一工程で加工する。金型は転写加工であるため、同一工程であれば金型精度で製品精度が仕上がる。工程を分けると位置決め誤差による変動が出る。

②近接して金型強度がもたないものは分ける。穴が接近すると、かす落とし穴を共通にしなければならないため、陥没事故が起きやすくなる。

③丸穴と角・異形穴が混在するものは、丸グループと角・異形グループに分けた方が金型が作りやすい。混在しても問題ないが、丸と角・異形を分けた方が金型加工および組立が容易になる。

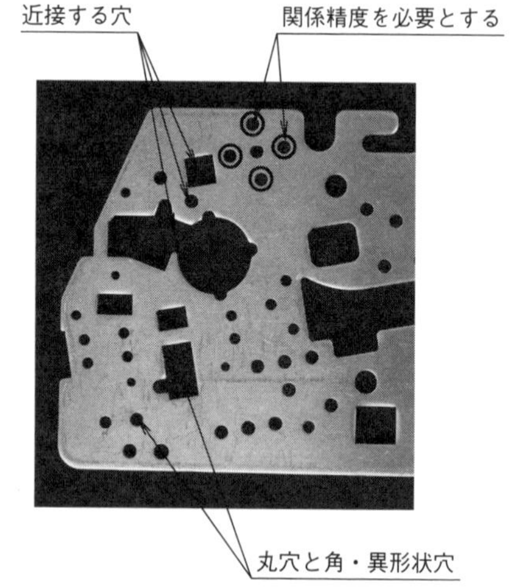

写真 2.1.7　穴加工

Ⓔ 材料歩留り対策

外形抜き形状もしくはブランク展開した形状が、**図 2.1.8** のようにわずかな違いのブランクレイアウトで歩留りが悪くなることがある。このような形状を変更することで、**図 2.1.9** のように歩留りを改善できることがある。例図ではブランク抜きをイメージしているが、形状が合えば切断加工とすることもできる。

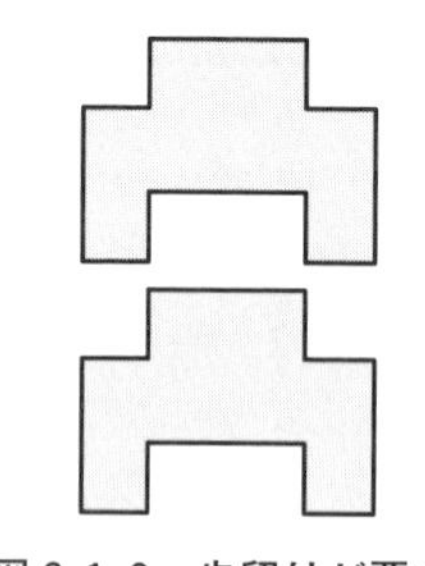

図 2.1.8　歩留りが悪い

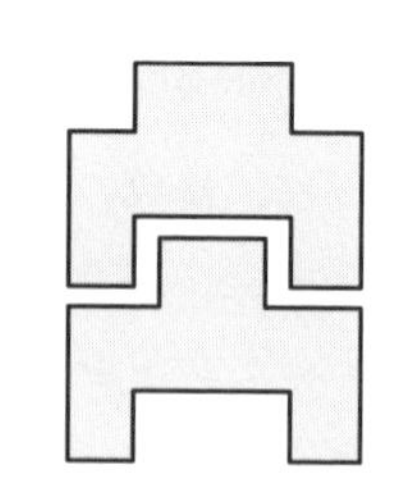

図 2.1.9　歩留りが良い

Ⓕ バリ対策

抜き加工で工具摩耗が早い部分は角部である。**写真 2.1.8** に示すようなピン角部分が最も早い。角に丸みをつけることで抜き状態が緩和され、直線部と同じような抜け状態とすることができる。できるだけ大きな丸みづけがよいが、最小値は材料板厚の 1/2 程度である。丸みづけが困難なときは、角部のクリアランスを通常値より大きく設定するとよい。

図 2.1.10 はマッチング部の形状を表している。複数工程で加工する場合や切欠き、分断および切断加工を行うと、抜きが交差する部分が必ず現れる。この部分がマッチング部と呼ばれる部分であるが、バリが発生しやすい部分でもある。

交差する部分では、交差角度が 90 度に近いほどバリ発生が少ない。最小でも 30 度くらいがよい。直線部分にマッチングがくることもある。この場合はクリアランス以上の段差をつけるか、逃がし溝をつけて、同一ライン上で切らないようにする。マッチング箇所はできるだけ少なくなるようにすることが、工程を作る上での基本と言える。

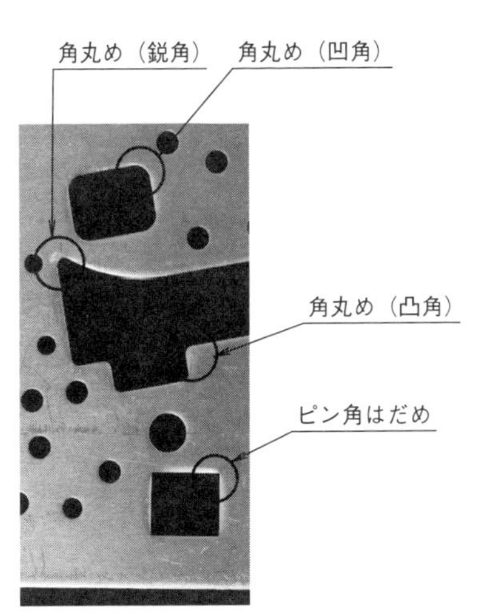

写真 2.1.8　抜き角のバリ対策

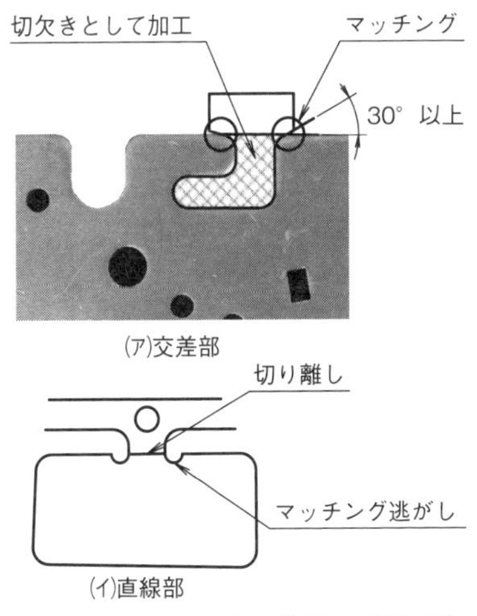

図 2.1.10　マッチング部のバリ対策

2.2 製品形状と歩留りを左右するブランクレイアウトの急所

ここでのねらい　ブランクレイアウトとその変化に伴う加工の変化も知る

ブランクレイアウトの特徴

ブランクは製品に必要な形状を有した板である。素板（そばん）と呼ぶこともある。曲げ製品では展開された形状がブランクとなる。

ブランクを材料から切り出すときに、材料に無駄がないように配列を考えることを、ブランクレイアウトまたは板取りと呼ぶ。

ブランクレイアウトは、ブランクをいろいろな配列に並べて検討する。**写真 2.2.1** はブランク配列の基本的な形である。配列で材料幅と送り長さ（送りピッチ）が決まるが、材料幅がある程度広く送り長さが短いものが良く、材料幅が狭く送り長さの長いものはあまり良くないとされている（写真 2.1.1(a)がよい）。また、ブランク形状のパンチで1回で抜くのか、ブランク形状を残すように、スクラップとなる部分を抜くのかによってもブランク配列が変わってくるので、事前に加工方法を決めて検討する。

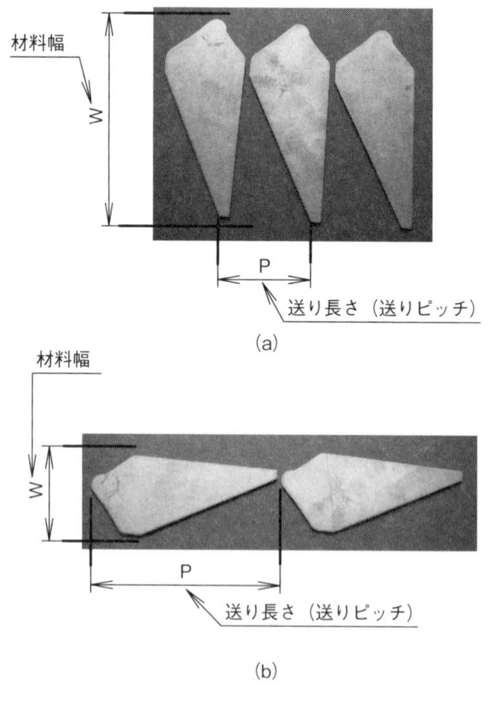

写真 2.2.1　ブランク並べ方の注意

加工法の検討

ブランクレイアウト
- Ⓐブランク抜き
- Ⓑ返しブランク抜き
- Ⓒ切断、分断活用抜き
- Ⓓ穴抜き、切欠き、分断活用抜き

Ⓐ ブランク抜き

このブランクレイアウトが標準的なものである。**図 2.2.1** の直列配列が基本で、**写真 2.2.2** の傾斜取りは材料歩留りを考慮して採用されることが多い配列である。ブランク輪郭はきれいに仕上がる。

図 2.2.2 は 2 個取りの配列である。**写真 2.2.3** のような配列となることもある。材料歩留りと加工量から判断して、適したものを採用する。

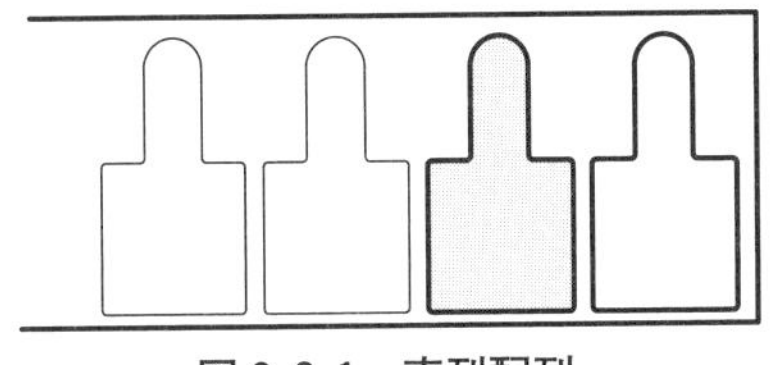

図 2.2.1 直列配列

写真 2.2.2 傾斜配列（斜め取り）

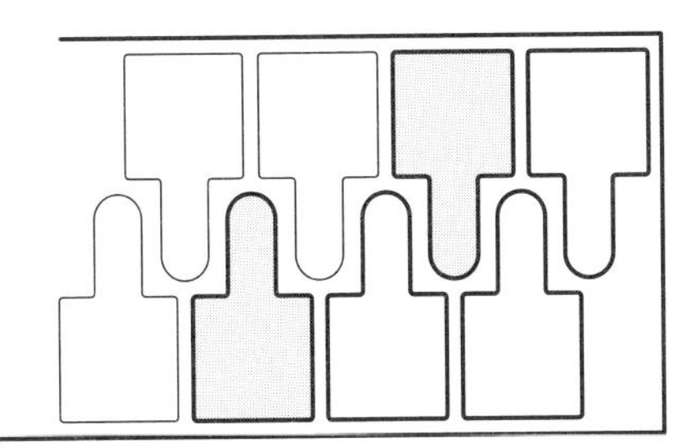

図 2.2.2 2 個取り配列①

写真 2.2.3 2 個取り配列②

B 返しブランク抜き

返し抜き配列は、材料歩留りを優先させたブランクレイアウトである（**図2.2.3**）。

2個取りの配列と同じとなる。2個取りでは2つのパンチ・ダイを用意する必要があり、金型コストがかかる。少量生産の場合、金型コストを下げるために1つのパンチ・ダイで加工する。2個取りの片面を加工して反転させ、残り片面を加工する方法を取る。

作業効率は単列のブランクレイアウトと同じ（実際は多少悪くなる）であるが、材料歩留りが改善できるところに重点を置いた配列である。さん幅は送り誤差による半欠け抜きに配慮し、普通のブランク抜きよりも大きくとる。

材料にコイル材を使用することは少なく、定尺材から作られた短冊材から加工することが多い。

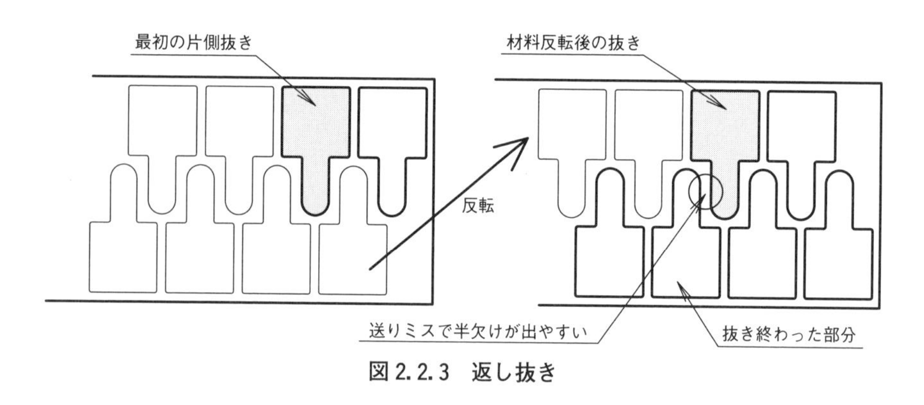

図2.2.3　返し抜き

C 切断、分断活用抜き

材料幅をそのまま利用して、ブランクを加工するブランクレイアウトである（**図2.2.4**）。材料歩留りを高める目的で採用される。

加工方法は、スクラップを出さずに加工するか、さん幅部分（スクラップとなる部分）を分断や切欠きを用いて加工する（**図2.2.5～2.2.7**）。

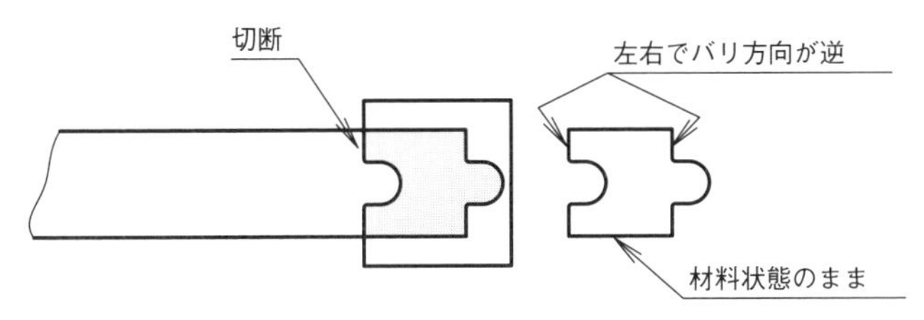

左右の形状が同じときに採用できる。スクラップレス加工と呼ばれる。最も歩留りが良い。ブランク外観は劣る

図 2.2.4　切断によるブランク加工（スクラップレス加工）

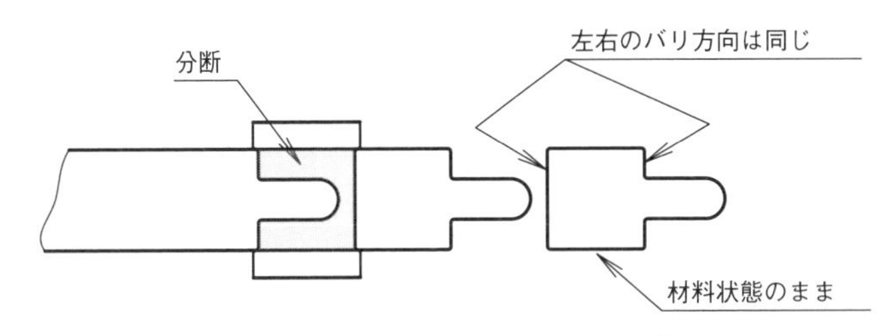

左右の形状が異なっても加工ができる。材料歩留りが良い。加工が容易であるが、バリ方向が一定しない（材料幅部分）

図 2.2.5　分断によるブランク加工

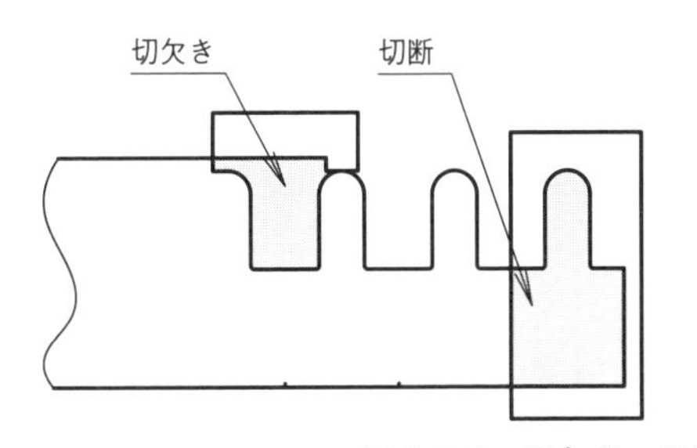

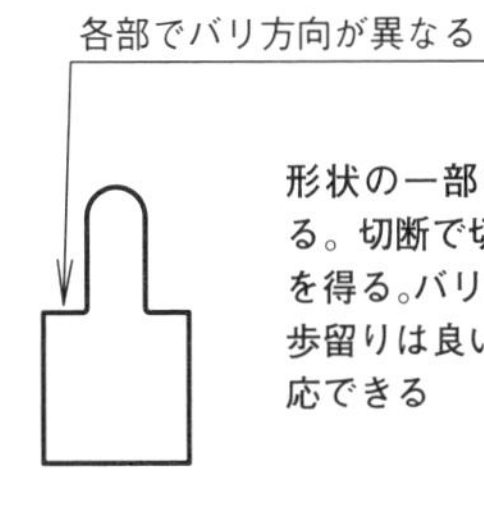

形状の一部を切欠きで処理する。切断で切り離し、ブランクを得る。バリ方向は一定しない。歩留りは良い。多くの形状に対応できる

図 2.2.6　切欠き、切断によるブランク加工

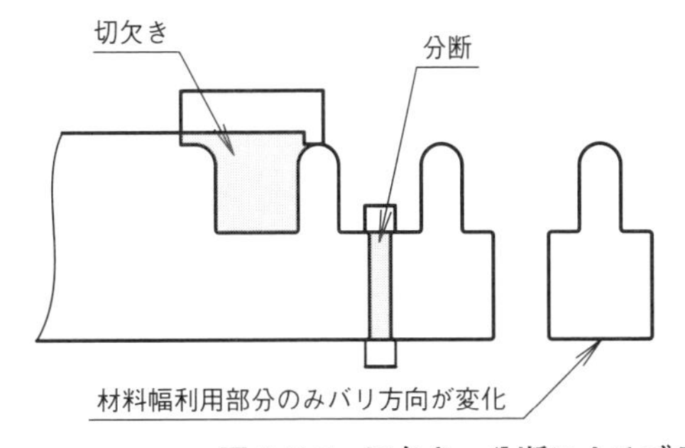

歩留り改善効果は小さい。多くの形状に対応できる。外観の仕上がりは比較的良い

図 2.2.7　切欠き、分断によるブランク加工

D 穴抜き、切り欠き、分断活用抜き

全周のバリ方向は同じとなり、平坦も確保しやすい（図2.2.8～2.2.11）。

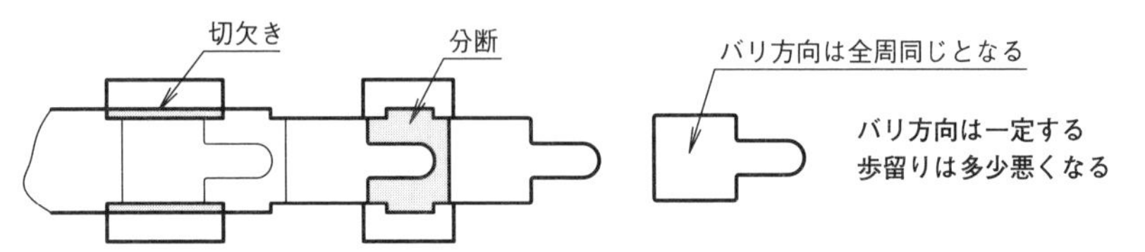

図2.2.8　切欠き、分断によるブランク加工

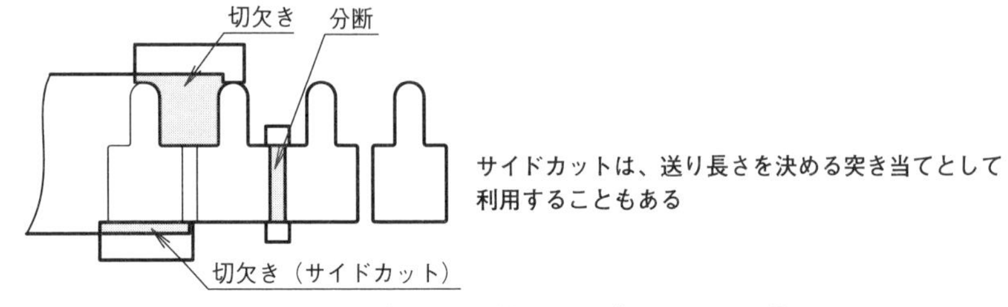

図2.2.9　切欠き、分断によるブランク加工②

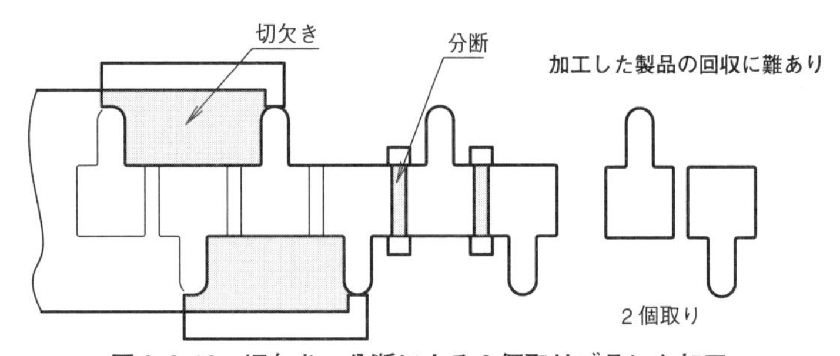

図2.2.10　切欠き、分断による2個取りブランク加工

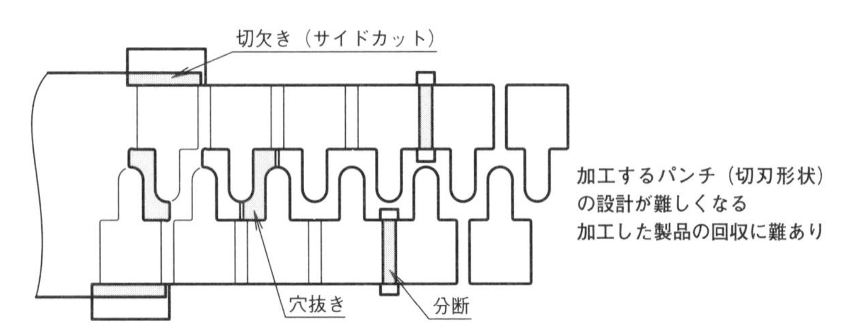

図2.2.11　穴抜き、切欠き、分断によるブランク加工

2.3 抜き内容を加味して構造を選択 ブランク加工用の金型

ここでのねらい ブランク加工はプレス加工の基本と言える。この加工で使える金型構造は3タイプで、その使い分けを解説する

製品の特徴

ブランクはプレス製品のすべてにある。その作り方の代表的なものがブランク抜きである。

ブランクは、一般的には**写真2.3.1**に示すように一筆書きの形で加工される。このときのブランクを利用した製品加工方法は、単工程加工（タンデム加工）かトランスファ加工のときであり、順送り加工（**図2.3.1**）

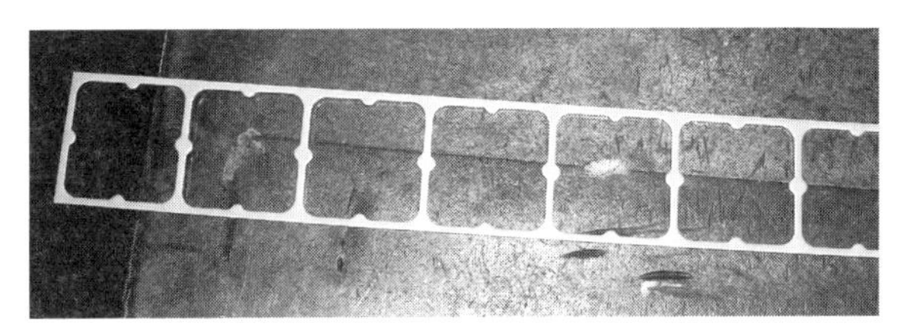

写真2.3.1 ブランク抜きのスケルトン

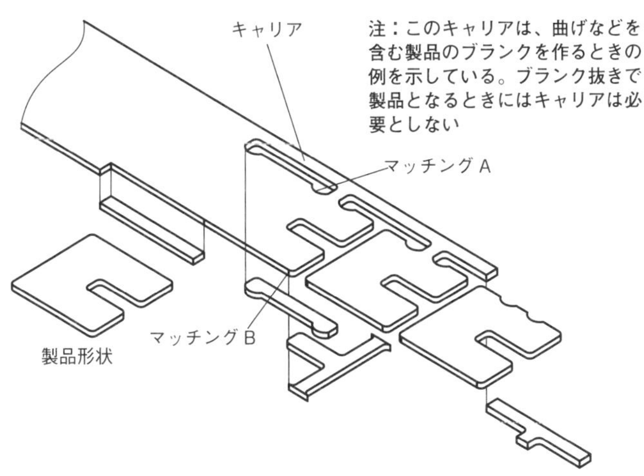

図2.3.1 順送り加工のブランクの作り方

ではブランクをキャリアでつなぎ加工を進めるため、数工程に分けて形状を作る。

この場合には、形状のどこかにマッチングと呼ばれる切りつなぎ形状が現れる。実際のイメージが**写真 2.3.2, 2.3.3** である。マッチングは加工上やむを得ないものであるが、外観を悪くする。ときには、バリで悩まされることがあり、できるだけ少なくしたいものである。

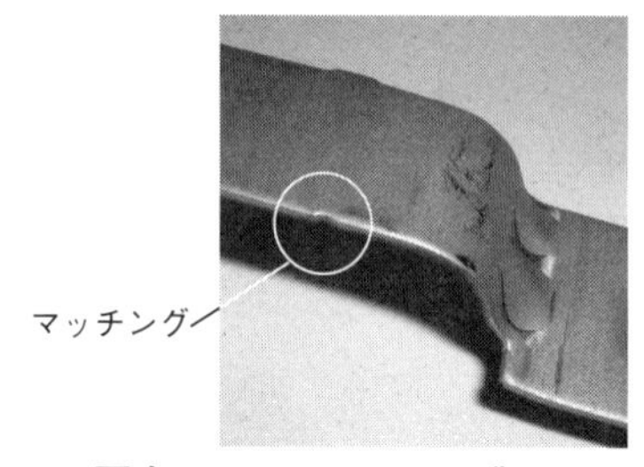

写真 2.3.2　マッチング A

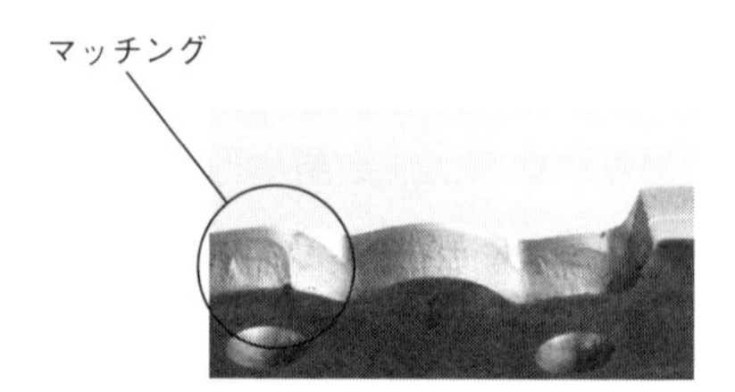

写真 2.3.3　マッチング B

加工法の検討

ブランク抜き（外形抜きとも呼ばれる）について精査する。ブランク抜きの欠点は、抜き反りの発生と製品形状から派生する金型破損対策が、時として起こる。このことが主な欠点であり、特徴と言える。

加工法の決定フロー

ブランク抜き型であっても、加工上の問題点を判断して工程と金型構造を選択する。

加工形状に
- 問題がない
  - Ⓐ薄板材：固定ストリッパ構造で加工
  - Ⓑ厚板材：可動ストリッパ構造で加工
- 問題がある
  - Ⓒ要強度対策：マッチング可……2工程加工
  - Ⓓ要強度対策：マッチング不可……逆配置構造
  - Ⓔ反り低減要求……可動ストリッパ構造・逆配置構造

Ⓐ 薄板材のブランク加工

①ブランク形状のチェック

図 2.3.2 に示すようブランク形状に問題がなく、1工程加工が可能で材料厚さが1mm前後のブランク加工がイメージである。

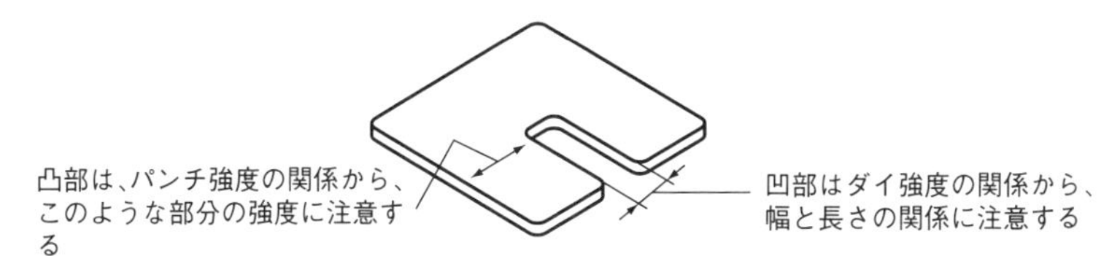

図 2.3.2 ブランク形状例

②ブランクレイアウトと金型構造

ブランク形状に問題のないブランク加工は特に注意するものはなく、**図 2.3.3** に示す材料歩留りを考えたブランクレイアウトを作成し、**図 2.3.4** に示すような固定ストリッパ構造で金型を作成することが、最も標準的なスタイルと言える。

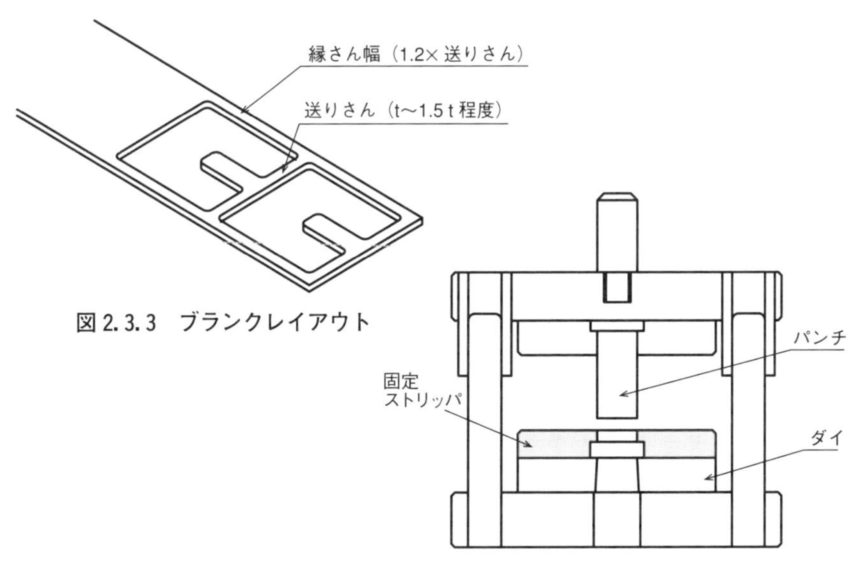

図 2.3.3 ブランクレイアウト

図 2.3.4 固定ストリッパ構造のブランク抜き型

Ⓑ 厚板材のブランク抜き

ブランク抜き（打抜き）加工では、材料は**図 2.3.5** に示すように上反りする。薄板の場合は、この現象が起きても材料の自重で戻され、特に問題となることはない。

しかし、厚板材（おおよそ 3 mm 以上）になると上反りがそのまま残り、固定ストリッパ構造の金型では、ダイとストリッパ間のすきまに材料が突っ張る形となり、動かなくなってしまう。そのため、上反りを押さえる必要ができ、金型構造は可動ストリッパ構造（**図 2.3.6**）を採用して強力なスプリングで押さえ込む形を取る。

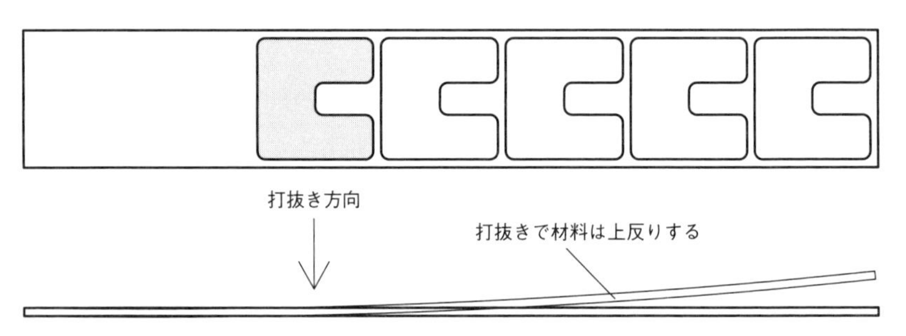

図 2.3.5　ブランク抜きの上反り現象

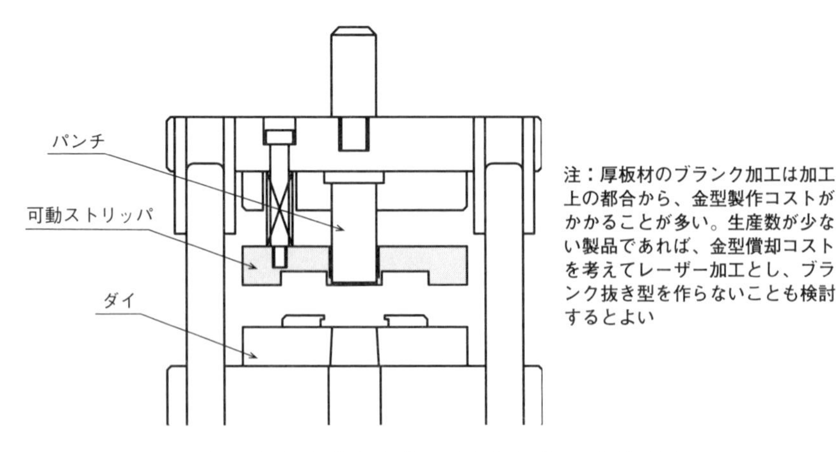

図 2.3.6　可動ストリッパ構造のブランク抜き型

C 強度対策の必要なブランク（マッチング可の製品）

通常のブランク抜きでは金型強度に問題が出るブランク形状である（**図2.3.7**）。このようなブランクは、**図2.3.8**に示すような2工程加工とすることが多い。

仮ブランクの加工は、問題のない形になっていることから、板厚から判断して金型構造を決める。2工程目の切欠き加工はマッチングが発生するため、多少外観が悪くなる。金型構造は押さえ抜きとする必要から、可動ストリッパ構造とすることが多い。

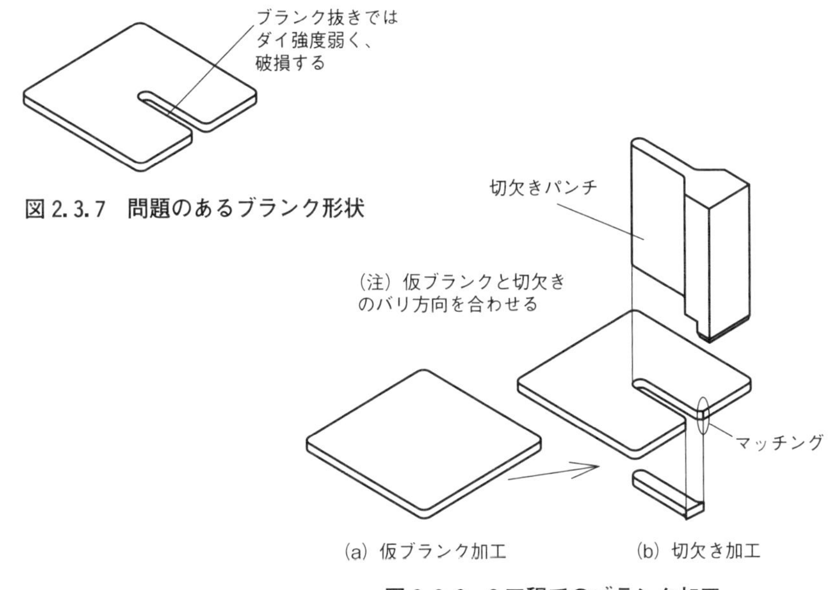

図2.3.7　問題のあるブランク形状

図2.3.8　2工程でのブランク加工

D 強度対策の必要なブランク（マッチング不可の製品）

図2.3.7の問題のあるブランクを、マッチングなしで加工する。通常の抜き落とし加工では、ダイを通過させて下に抜き落としするための空間を作るため、ダイの弱い部分のバックアップが不十分となり、金型破損が起きる。

その対策として逆配置構造の金型（**図2.3.9**）を採用し、**図2.3.10**に示すようにダイの弱い部分を入れ子として金型構造を作り、マッチングの出ない加工方法もある。

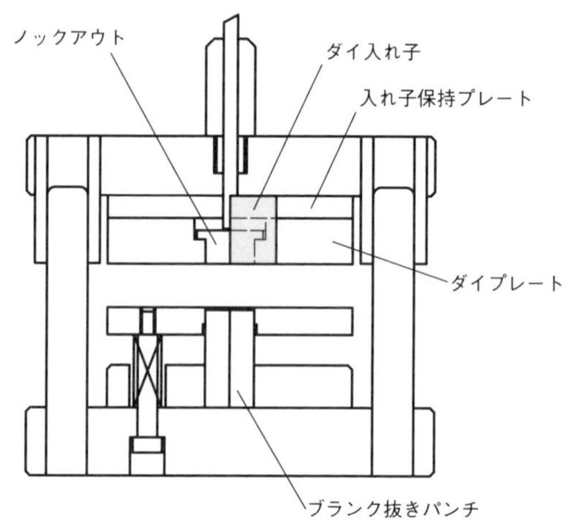

図 2.3.9　逆配置構造のブランク抜き型

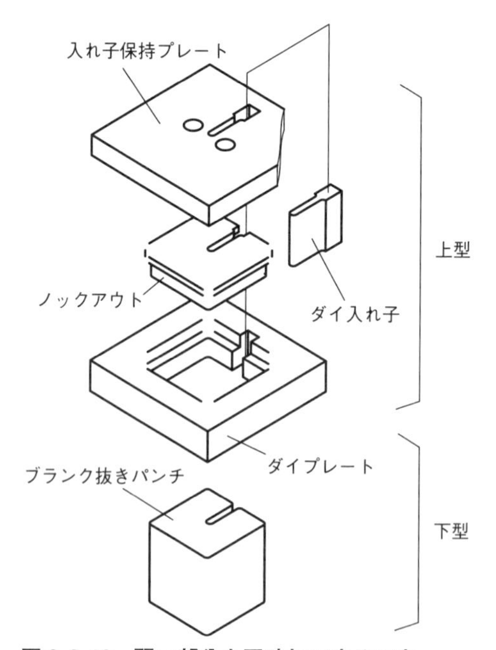

図 2.3.10　弱い部分を同時加工する工夫

Ⓔ ブランク抜きでの反り低減対策

ブランク抜きの反りは、**図 2.3.11** に示すような形に出る。クリアランスの影響が大きく、クリアランスを小さくすることで多少改善できる。反りのあるブランクはダイを通過すると、スプリングバックで多少平坦に戻る。ダイでの拘束時間が長いと、反りの戻りは少なくなる。軟質材料ほど、反りの戻りは少ない。

図 2.3.12 は、さん部分をストリッパで材料押さえを働かせたときの状態を示している。押さえにより、多少、反りを軽減できる。

図 2.3.13 は逆配置構造での加工を示している。ノックアウトで材料が押さえられているため、反りを軽減できる。

ブランク抜きでの反りは、加工時に発生する曲げモーメントと影響で発生する。上記で示した内容によって、ある程度の改善は見込めるが、切刃の摩耗などでも反りは増加するから、安心できる対策とは言えない。

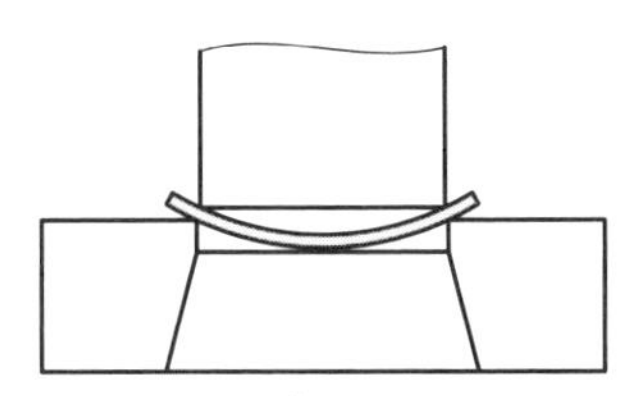

図 2.3.11　ブランク抜きの反り

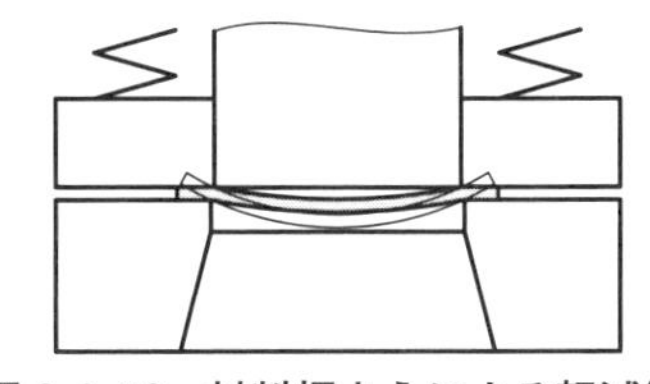

図 2.3.12　材料押さえによる軽減策

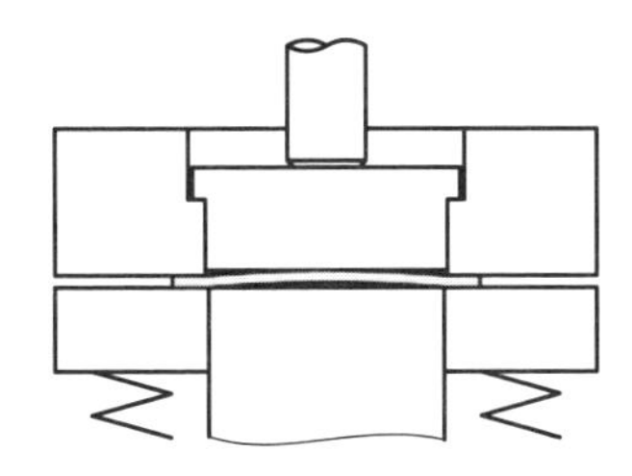

図 2.3.13　逆配置構造での軽減策

2.4 クリアランスがカギを握る 抜き形状設計・加工の工夫

ここでのねらい　抜き加工の特徴を知り、形状設計や加工に活かす

抜き加工品の特徴

抜き加工はせん断応力によって分離する（切る）加工で、分離加工とも呼ばれる。**写真 2.4.1** は抜き製品の加工例である。**図 2.4.1** は加工状態を表したものである。通常、シャープな角を持った一対の工具に適当なすきま（これをクリアランスと呼ぶ）を設けて材料を加工する。

加工過程で「だれ」「せん断面」と経過し、その後に、破断が発生して分離する。破断に伴い「バリ」の発生と「破断面」が作られる。この流れはせん断力によるものであるが、この際に、曲げモーメントも働いており、反りやねじれといった現象を引き起こす。

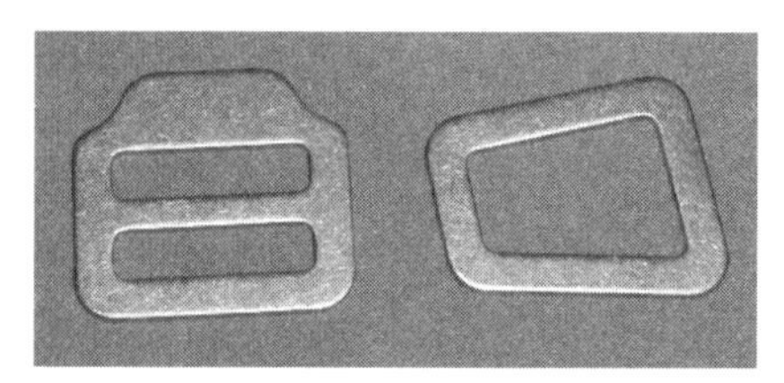

写真 2.4.1　抜き製品加工例

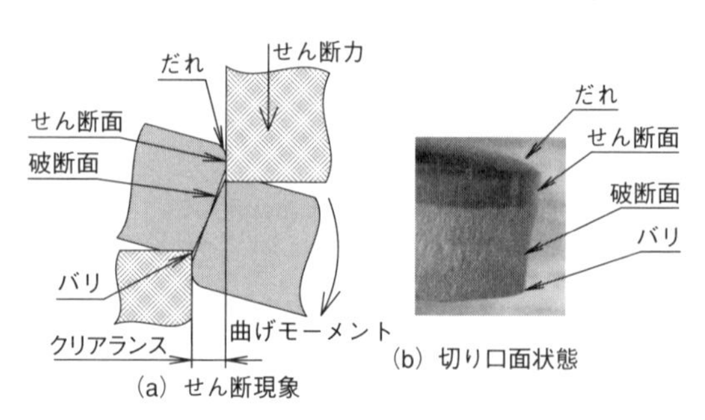

図 2.4.1　せん断現象と切り口面状態

クリアランスは、加工する材料の材質および板厚によって異なる。クリアランスは2つの工具の角から発生した破断（割れ）が、うまくぶつかる状態のものを適正クリアランスと呼ぶ。このとき、工具への負担が少なく、工具寿命が長い状態が得られる。

図 2.4.2 は抜き加工の種類を表している。製品加工では、ここに示したものを組み合わせて、さまざまな形状加工をしている。写真 2.4.1 の製品は、ブランキングと穴抜きの組合せで作られている。

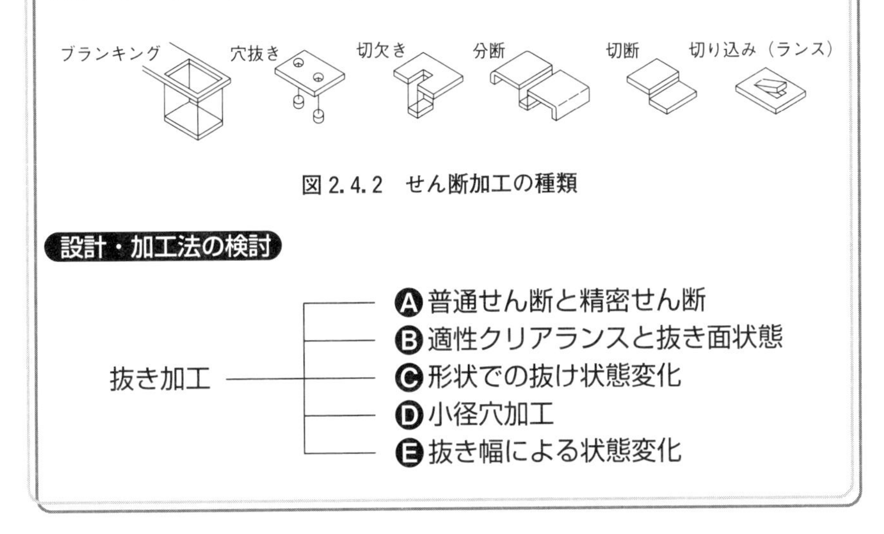

図 2.4.2　せん断加工の種類

Ⓐ 普通せん断と精密せん断

抜き加工の特徴で示した、図 2.4.1 の切り口面状態の加工を「普通せん断」という。**写真 2.4.2** の外観となる。

それに対して、**写真 2.4.3** の切り口面を「精密せん断」と呼ぶ。切り口面の多くの部分が、せん断面となるような加工で、切削面に近い状態を求めたものである。

精密せん断とは、切り口面の改善を行うもので、抜き寸法精度に重点を置いたものではないことに注意したい。

写真 2.4.2　普通せん断加工面

写真 2.4.3　精密せん断加工面

Ⓑ 適性クリアランスと抜き面状態

抜き加工では、加工数の増加とともにバリが成長する。バリの成長の遅い抜き条件が、適正クリアランスでの加工である。そのときの切り口面はきれいな面かと言えばそうでもなく、**写真 2.4.4** に示すような面のイメージとなる（材料の材質や硬さで変化する）。

せん断面が長い方が外観が良くなる。普通せん断でせん断面を長くするには、クリアランスを適正値より多少小さくすることで、**写真 2.4.5** に示すように板厚の半部程度までせん断面を長くすることができる（硬質材では無理）。

写真 2.4.6 は厚板材の抜き面を示している。一般に言われるクリアランス値は 1 mm 程度の薄板材を対象としたもので、4 mm 以上の厚板材になると薄板材のクリアランスの 5 割増し程度が適正値となる。

厚板抜きで、クリアランスが小さいときの抜き面を示したものが**写真 2.4.7** である。刃先から発生した割れがうまく一致せず、ずれて分離したため、破断面にうろこ状の 2 次せん断（写真のものは非常に軽いもの）が発生する。外観も悪くなるが、欠落の心配もある。

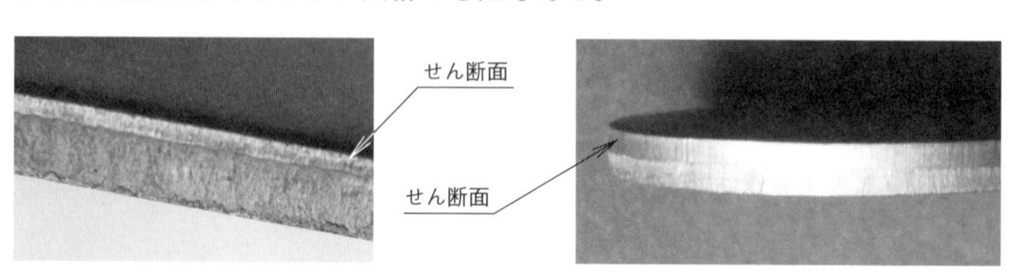

写真 2.4.4　適正クリアランス

写真 2.4.5　クリアランス小

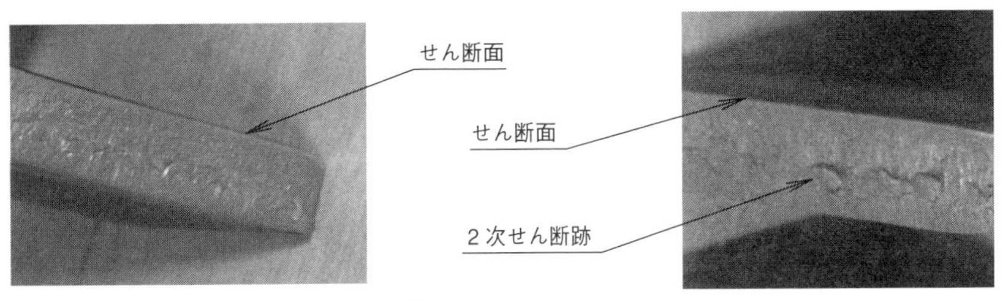

写真 2.4.6 厚板材（クリアランス適）

写真 2.4.7 厚板材（クリアランスやや小）

Ⓒ 形状での抜け状態変化

抜き形状で注意すべきは、ピン角部でバリの発生が早いため、できるだけなくしたい（**写真 2.4.8**）。角部に板厚程度（最小でも板厚の 1/2）の丸みをつけることで、直線部と同じ抜け状態にすることができる（**写真 2.4.9**）。

適正クリアランスを採用していても、抜き形状によって状態が変化する。それを示したものが**写真 2.4.10** である。凹部ではだれが小さく、せん断面

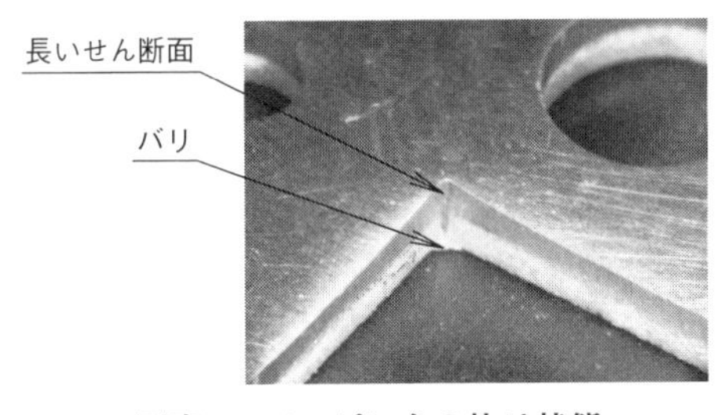

写真 2.4.8 ピン角の抜け状態

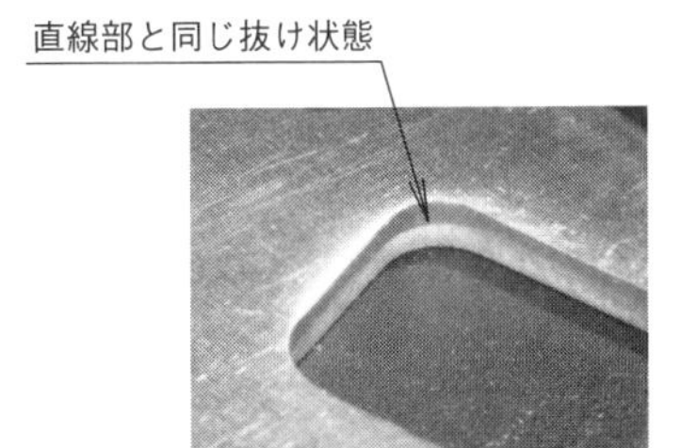

写真 2.4.9 角部のバリ対策

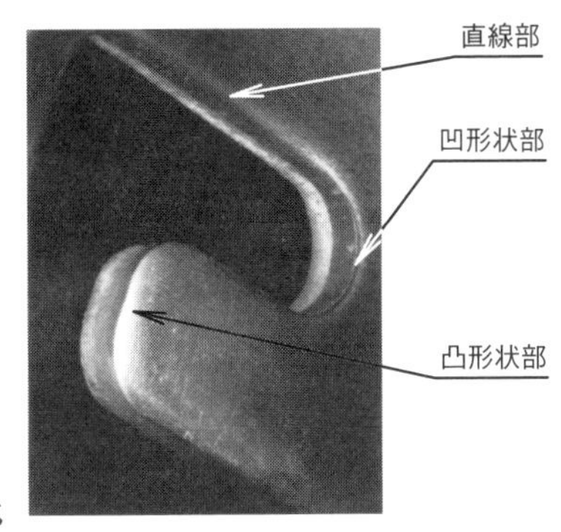

写真 2.4.10
形状での変化

が長くなる。凸部は逆に、だれが大きく、せん断面は短くなる。

穴抜き加工では、外形抜きに比較して、だれが小さくなる(**写真 2.4.11**)。

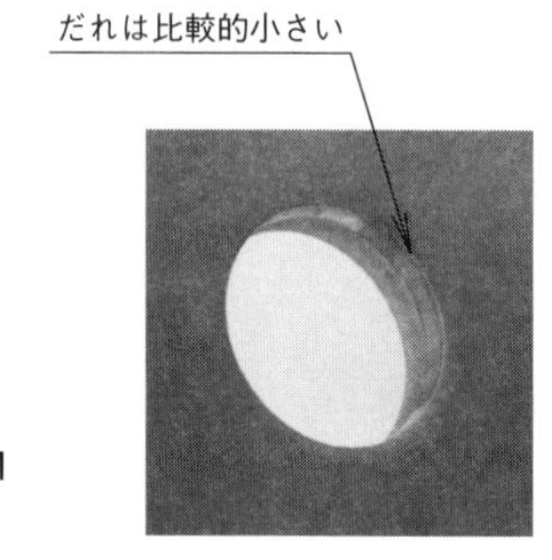

写真 2.4.11
穴抜き

Ⓓ 小径穴抜き加工

板厚に近い径の穴抜きを行うと、**写真 2.4.12** に示すように、抜きかすの板厚が薄くなる。これは、材料の降伏力より抜き力の方が大きくなり、発生する。

加工初期は、材料はつぶされ板厚減少を起こす。圧縮による加工硬化がある程度進むと、せん断が始まり加工が完了する。

小径穴加工では、パンチ破損がポイントとなる。パンチ刃先をできるだけ短くして丈夫にする。クリアランスを大きめとして少しでも加工力を下げる。

もう１つのポイントがダイ内のスクラップで、スクラップの押し下げ力が抜き力より大きくなり、パンチが破損することがある。抜きかすをダイに残さないようにする。

最近では、材料板厚の 50% 程度までの穴加工が可能になっている。

写真 2.4.12　小径穴抜き

Ⓔ 抜き幅による状態変化

抜き幅が狭くなると、左右同時に加工することが難しくなる。交互に抜くことによってねじれが発生する（**写真 2.4.13**）。

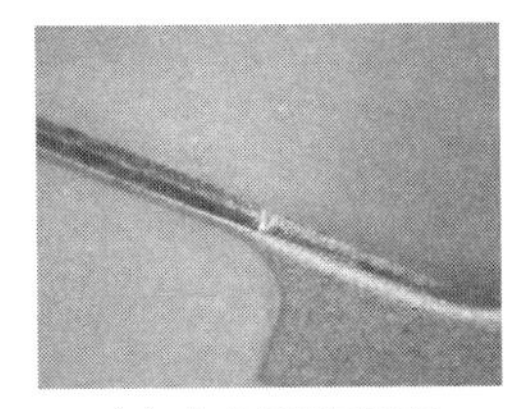

(a) 抜き幅板厚以下

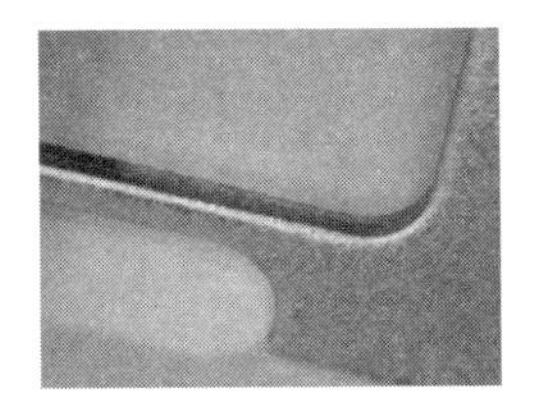

(b) 抜き幅板厚の2倍

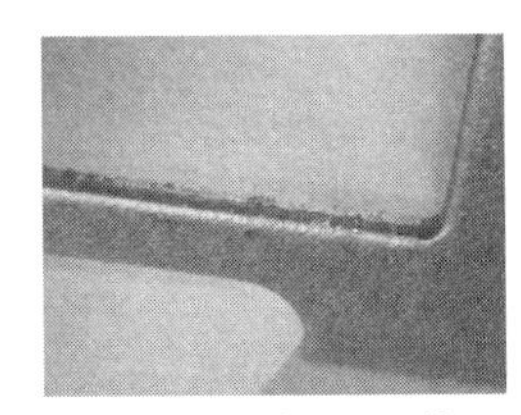

(c) 抜き幅板厚の3倍

写真 2.4.13 抜き幅とねじれの関係

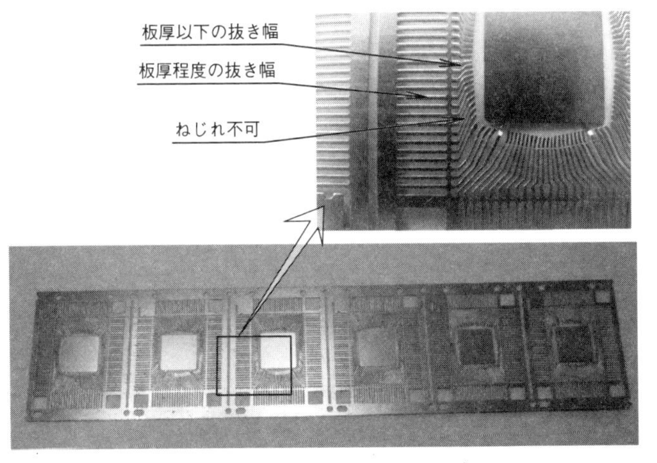

写真 2.4.14 リードフレームの加工

ねじれを発生することなく加工できる抜き幅は、板厚から板厚の2倍程度にある。同時抜きができないときの穴と外形、細い抜き部、穴と穴ではねじれ現象による外観、寸法の変化に注意が必要である。

写真 2.4.14 はリードフレームである。複雑形状、微細な抜きを行う。その上、抜きのねじれ、板厚方向の反り、抜き部の寄りなどが厳しく求められる。抜き加工の頂点にある加工製品と言える。

Ⓕ 切断加工での切り口の傾き

直線に近い切断加工では、**図 2.4.3** に示すような加工状態となる。曲げモーメントが大きく働き、パンチ下の材料は傾いて、切り口面は斜めとなりやすい。

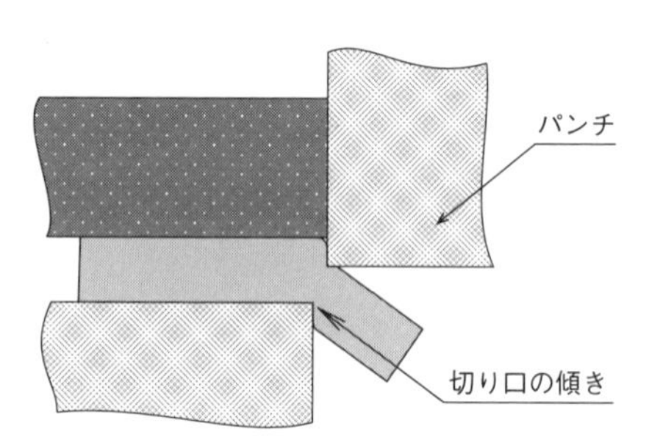

図 2.4.3　切断加工の切り口の傾き

写真 2.4.15 は打抜き加工した切り口面と切断加工した切り口面を比較したものである。切断加工の切り口が大きく傾いていることがわかる。そして、せん断面が長い。このことは、せん断現象がうまく働いていないことを意味している。

傾きは、加工時の曲げモーメントの影響による。対策としては、クリアランスをできるだけ小さくするか、逆押さえを採用して加工することである。

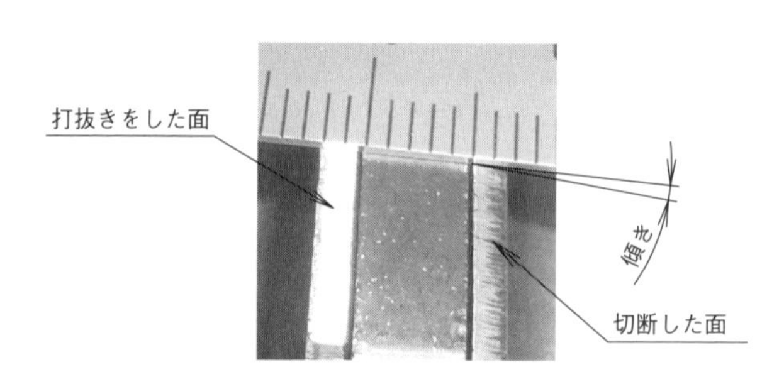

写真 2.4.15　打抜き面との比較

column　抜き加工とブレークスルー

プレス機械は、加工力が働くことによって、フレームは**写真1**に示すように変形する。曲げや成形加工では変形しても、下死点を通過すると負荷の減少とともに元に戻る。

しかし、抜き加工では、最大荷重に達したとき負荷がなくなるので、プレス機械のフレームのたわみが一気に解放される。この現象はプレス機械に大変悪い影響を与える。この現象をブレークスルーと呼ぶ（図1）。

この影響により抜き金型を傷め、寿命が短くなる。この現象をなくすことはできないので、プレス機械にかかる負荷が60～70%の範囲に留めた使い方をするとよい。

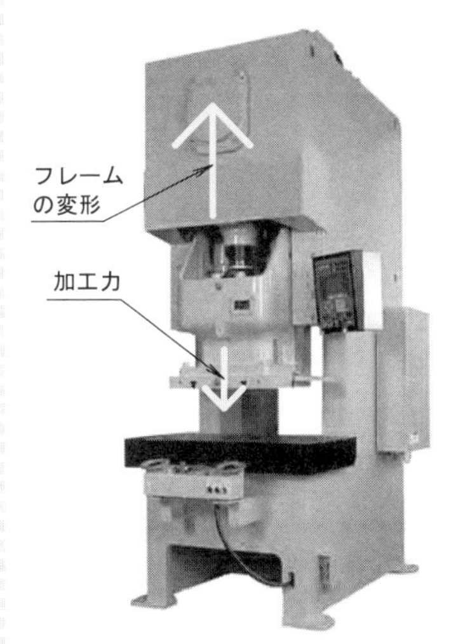

写真1　プレスフレームの加圧変形

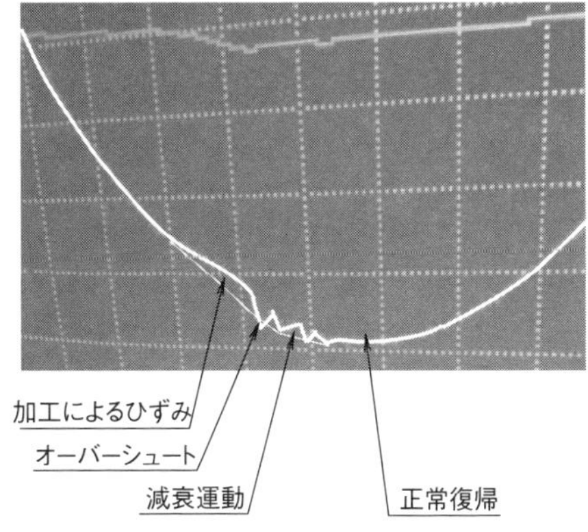

図1　ブレークスルー現象

2.5 突っ切り加工に分類される金属以外の材料の抜き

ここでのねらい ゴムシートや樹脂フィルム、皮、フェルトなどの抜き加工を知る

非金属抜き加工の特徴

非金属シート材の抜き加工は、**写真 2.5.1** に示すようなゴムやフェルト、皮、プラスチックフィルムなどの材料を主に加工する。

加工のイメージは、中華包丁で材料を切るシーンを思い浮かべるとよい。中華包丁に相当するものが鋭い刃を持ったパンチで、ダイに相当するものはまな板、平らで工具より柔らかな材料の平板な板である。

加工は、**図 2.5.1** のような形で行われる。加工されたものは、製品とスクラップが一体となっているので、加工材の取り出し後に分ける。

ゴムなどのシートからパッキンなど、フェルト材からはクッション材など、皮からはさまざまな形状抜き、プラスチックフィルムからは銘板などが加工されている。その他に、紙や布などの材料への加工も多く行われている。また、アルミニウムの薄板などで、銘板を作る際などにも使用される。

型には2通りあり、突っ切り型(ディンキングダイ)と呼ばれるものと、トムソン型（ビク抜き型）とがある。一般には両者とも抜き型で通っているが、プレス抜きの分類では突っ切り加工に分けられる。

写真 2.5.1　突っ切り加工例

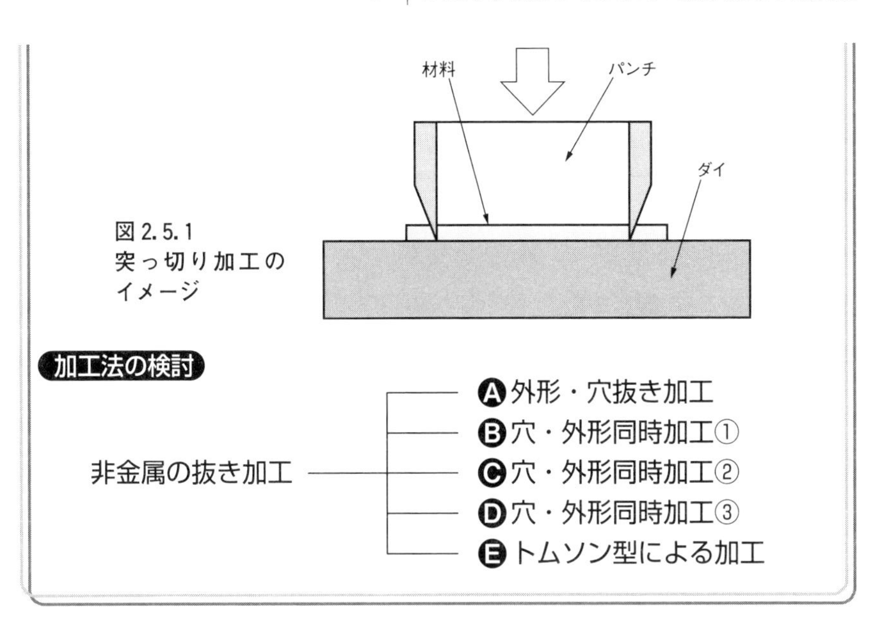

図 2.5.1
突っ切り加工のイメージ

A 外形・穴抜き加工

図 2.5.2 に示す型は、突っ切り加工の基本と言える構造である。刃のつけ方で外形抜きと穴抜きに変化がある（**図 2.5.3**）。刃の斜面で材料が押され、変形するためである。

注：突っ切り加工では、だれ、せん断面となり、破断面はでない。バリは、むしられたような形で現れる。破断で生じるものと少し異なる

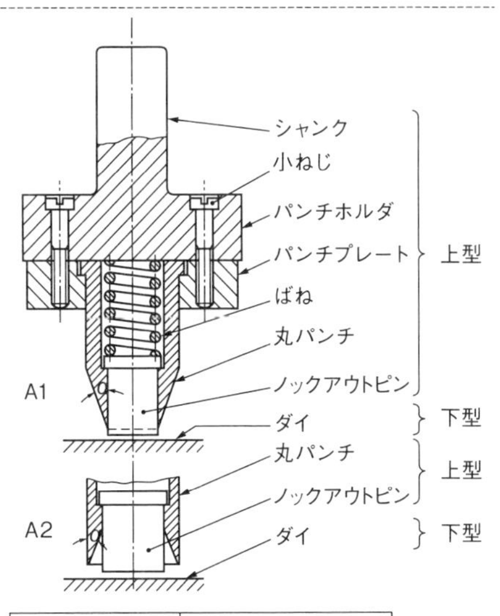

加工材料	α
金属	約20°
非金属	16° ～18°

図 2.5.2
突っ切り型 A

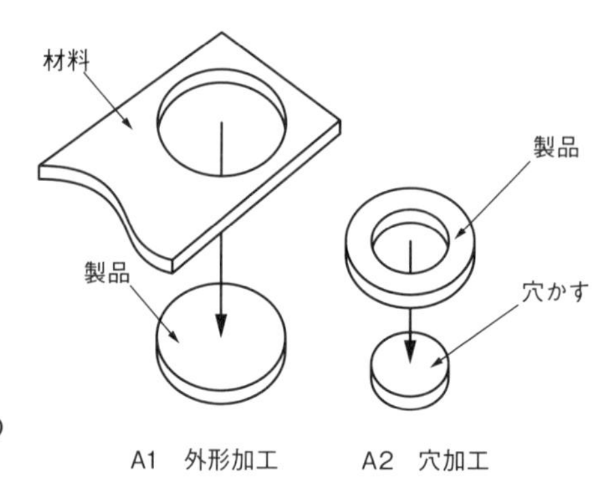

図 2.5.3
突っ切り加工の変化

B 穴・外形同時加工①

図 2.5.4 の金型は、外形と穴を**図 2.5.5** のように加工するものである。ダイは平板な板を使用するため、加工後のものは材料、製品、穴スクラップが平面状態にあり、後で、分離する。

用途により、刃の角度が変化する。

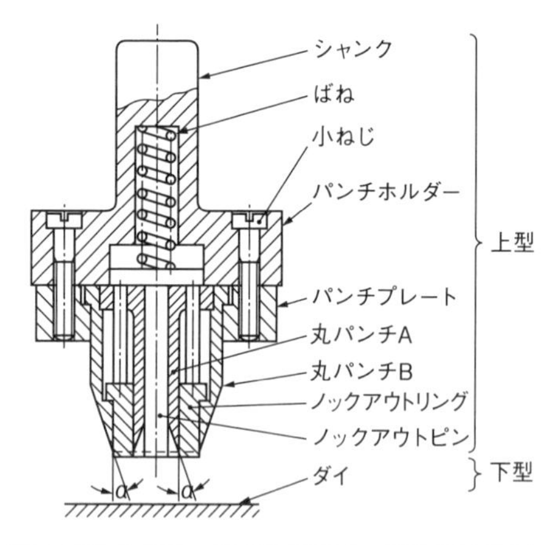

加工材料	α
金属	約20°
皮革・コルク・柔質厚紙	16° ～18°
硬質ゴム（6～20mm）	16° ～18°

図 2.5.4　突っ切り型 B

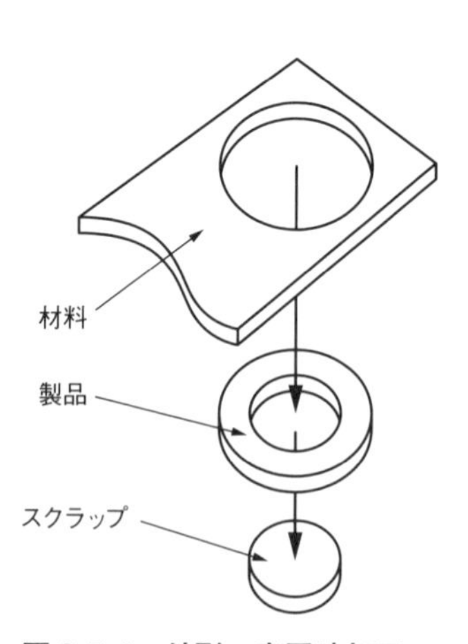

図 2.5.5　外形ー穴同時加工

Ⓒ 穴・外形同時加工②

前項の図2.5.4の構造と、基本的には同じである（**図2.5.6**）。ノックアウトを駆動するばねの使い方を変えて、穴と製品を押さえるばねを独立して入れたものである。穴サイズが大きなものに適する構造と言える。

構造については、外形抜きパンチと穴抜きパンチの形状が保たれていれば、いろいろな工夫をして構造を変化させても問題はない。

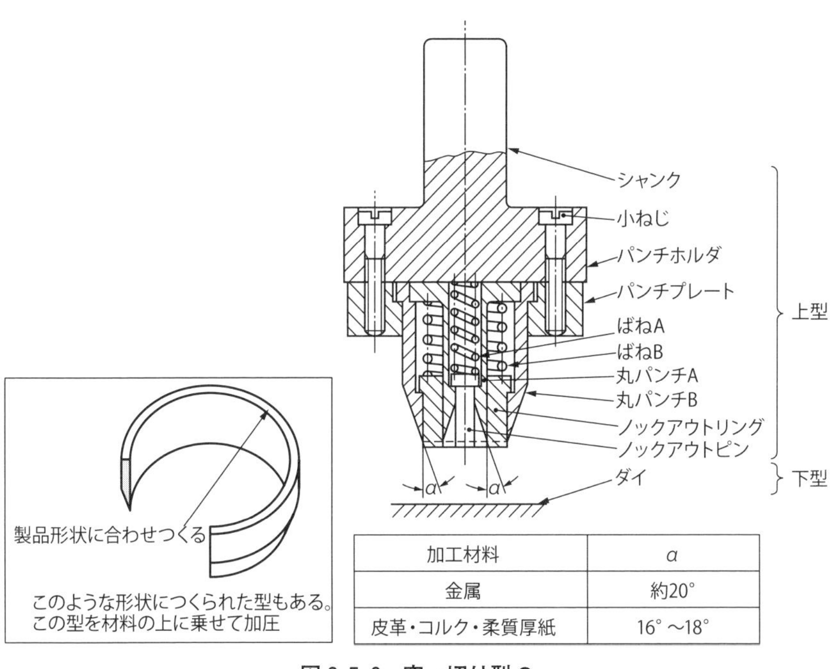

加工材料	α
金属	約20°
皮革・コルク・柔質厚紙	16°～18°

図2.5.6　突っ切り型C

Ⓓ 穴・外形同時加工③

図2.5.7の突っ切り型は構造を逆配置にして、穴かすを下に落とせるようにした構造である。

ゴムシートや皮などは型上に載せたときに平坦を保ちにくいので、この構造では多少作業が行いにくいかもしれない。

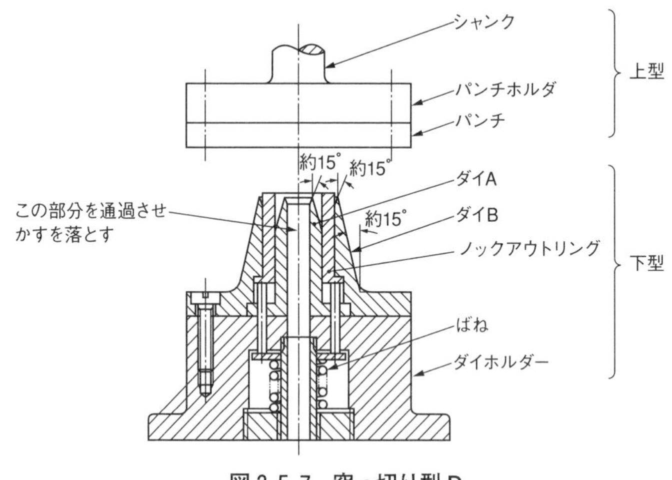

図 2.5.7　突っ切り型 D

E トムソン型による加工

トムソン型（ビク抜き型）で加工された製品例が**写真 2.5.2** である。その構造を示したものが**図 2.5.8** で、トムソン刃は厚さ 1 mm 弱の鋼板を製品形

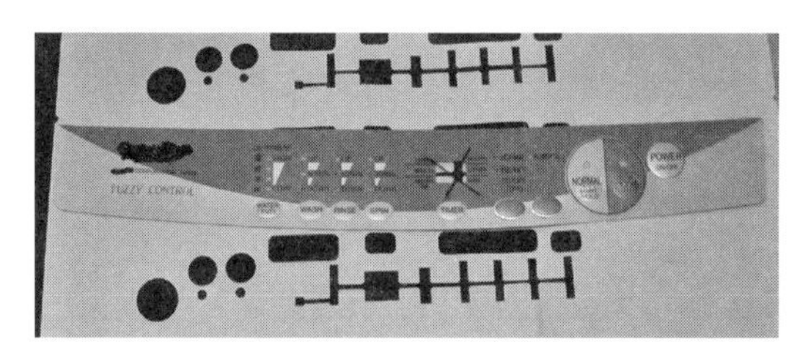

写真 2.5.2　加工例

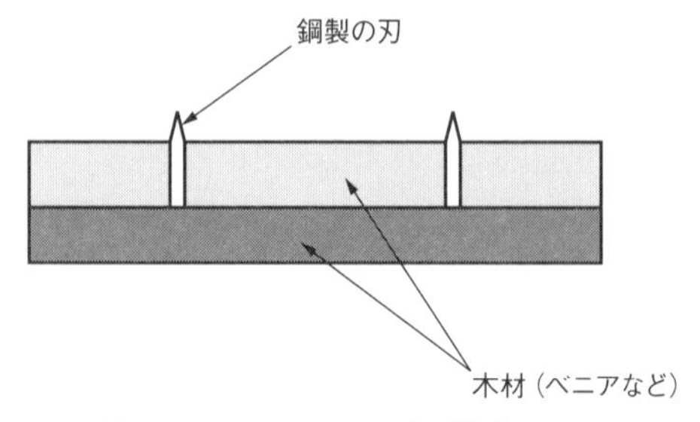

図 2.5.8　トムソン型の構造

状に加工（**写真2.5.3**）して、板に打ち込み固定して使用する。この型を使用しての加工は、**写真2.5.4**のような形となる。

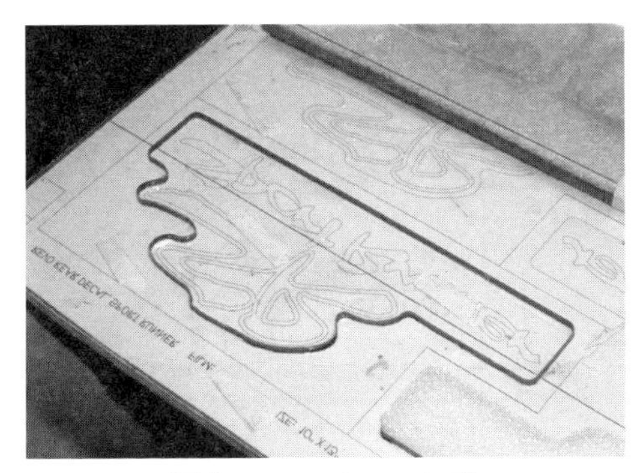
写真2.5.3 トムソン型

製品の裏面に接着剤があるようなときは、裏紙までカットせず、製品のみをカットする方法がとられるが、このような加工をハーフカットと呼ぶ。

写真2.5.3では輪郭のみの形となっているが、内部に抜き形状を作ることで穴抜きも同時に加工が可能である。

写真2.5.4 トムソン型での加工風景

刃を破線のようにして切り取り線のようなこともでき、いろいろな工夫がなされ活用されている。

非金属の加工は意外と紹介が少ないが、家電製品などの銘板などは大方、トムソン加工で加工されている例が多い。プレス機械を使って加工している例もあるが、印刷機のようなイメージで加工しているものも見かける。プレス加工の幅の広さに感心させられる。

参考文献：旧JIS B 5051 プレス抜き型

2.6 平坦度をいかに保つか 積層加工のポイント

ここでのねらい　モーターのローターを製造するのに使われる積層加工を知る

小型モーターのローターが有する特徴

小型直流モーターの構造を**図 2.6.1** に示す。ローターはモーターの回転部分を構成する部品である。

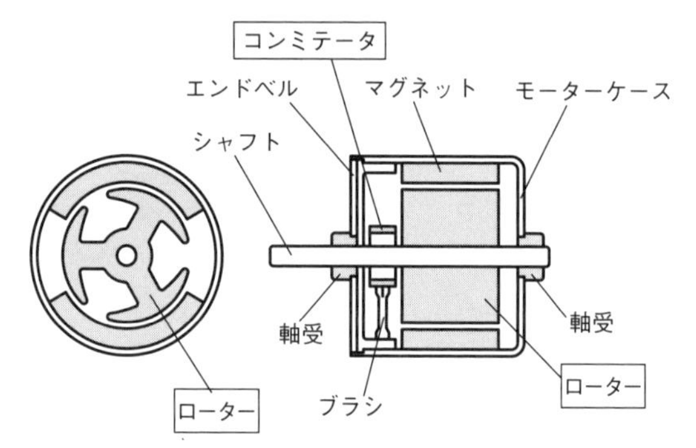

図 2.6.1　小型直流モーターの構造

写真 2.6.1 はローターを示している。

ローターにはコイルが巻かれ、コイルの線がコンミテータにつながれ、ブラシからの電流をコイルに流がし、ローターを磁化して、ケースに取り付けられたマグネットと反発して回転する。

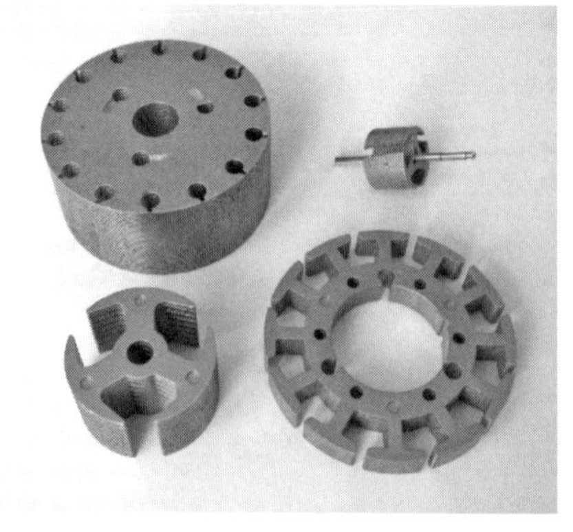

写真 2.6.1　ローター

ローターは特性を向上させ

るために、材料の鋼材にシリコン（Si）が添加された珪素鋼板と呼ばれる材料が使われる。

ローターやトランスのような部品は、積層した鋼板にコイルを巻いて使用するが、積層する板が薄いほど特性が向上するようである。形状抜きを行いながら、積層するところにローター加工の難しさがある。

加工法の検討

モーター部品の加工 ── Ⓐローター抜き加工 / Ⓑ積層の方法

Ⓐ ローター抜き加工

ローターの形状加工は順送り加工で行われる。抜き形状は平坦が求められ、バリや反りに対する配慮が求められる。積層を行うため、打抜き数は非常に多くなる。そのため、通常はパンチ・ダイに超硬合金を採用し、耐摩耗性を高めるようにしている。

写真 2.6.2 は 3 極モーター用のローターの加工例である。この例はシャフト打込みによる積層を行うためのもので、プッシュバックして積層ステージに送る設計となっている。少し特殊な抜き方をしているものである。

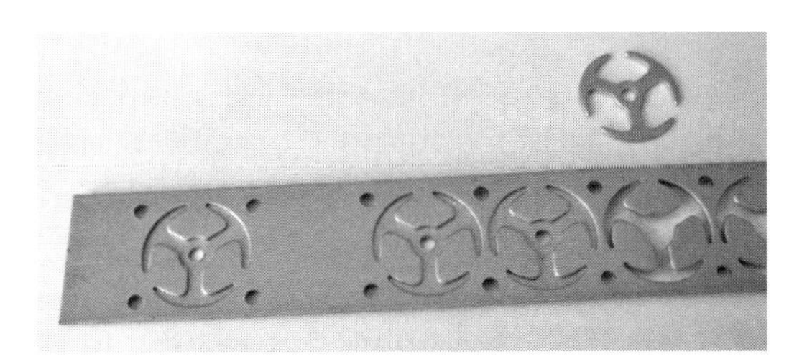

写真 2.6.2　ローターの抜き加工例

Ⓑ 積層の方法

積層の方法は、**写真 2.6.3** に示すような方法が主なものである。

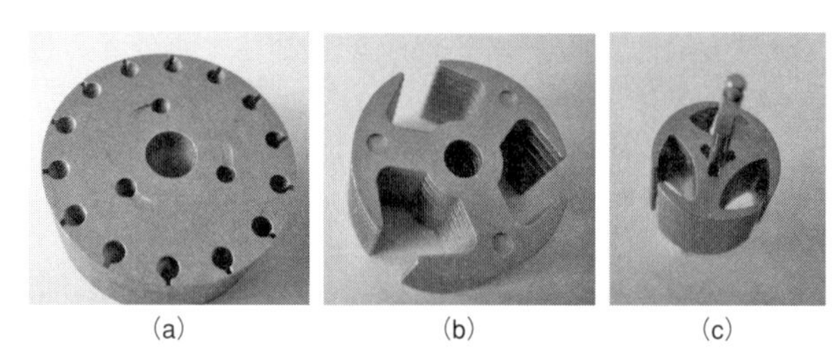
(a)　(b)　(c)

写真 2.6.3　ローターの積層方法

①切曲げの活用

比較的大きな製品に用いられる（写真 2.6.3(a)）。板厚分の段差で切曲げを行い、接合するものである。

一番下のものには、穴をあけておく必要があるので、一定回数ごとに穴抜きが行えるような間欠抜き構造を必要とする。また、切曲げをしたものを積層する押さえ圧も必要とするので、ダイ内部に工夫が必要となる。

②突出しの活用

切曲げを突出しに置き換えたもので、最も多く使われている積層方法であろう（写真 2.6.3(b)）。加工の手順やダイの工夫は切曲げの方法と変わらない。

③シャフトへの打込み法

ローターの形状が小さくなると、切曲げや突出しによる方法が使えなくなる（写真 2.6.3(c)）。そのため、シャフトに直接ローターを押し込む方法を採用したものである。この方法ではシャフトを金型内に供給する必要があり、その行いやすさから、ローターを下から上に向かって押し込むようにしてある。

また、穴の形状が円形であると、押込み抵抗が大きくなりすぎることから、3 点支持となるような形状に穴を変え、押込み抵抗を少なくする工夫をしている。

④溶接の活用

さらに小さなローターになると、機械的な接合が難しくなり、溶接を活用して接合する方法が取られている。

2.7 平押しで両面だれを作る バリなし抜き加工の極意

ここでのねらい　バリなし抜き加工の加工法と特徴を知る

バリなし抜き加工の特徴

写真 2.7.1 は、両面バリなしの抜き加工された切り口面である。普通せん断では、**写真 2.7.2** のような切り口面となる。

破断現象を起こすことから、分離面には引きちぎられたときに発生するバリができる。このバリが抜き加工の欠点とされ、加工後にバリ取り作業が必要に応じて行われている。時には、**写真 2.7.3** のような異常抜けによるバリが発生することもある。

バリなし抜きとして両面がだれ面となることは、

①外観が良くなる

②組立の際、裏表の識別が不要になる

③バリによるケガがなくなる

④バリ落ちによる不具合の解消

などのメリットがある。反面、材料歩留りは悪くなる。このような長短はあるが、抜きバリをなくす工夫がなされ、

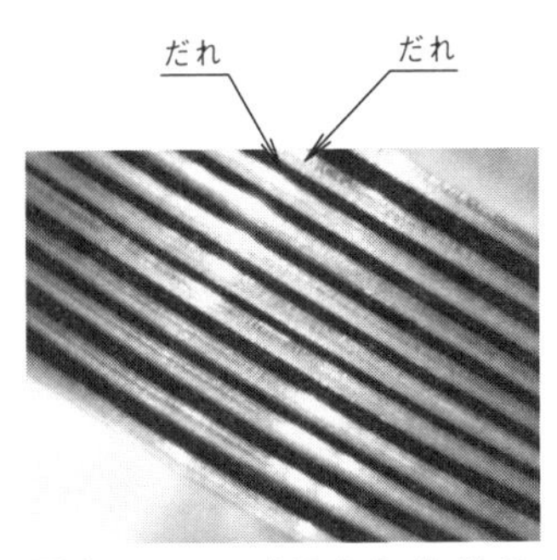

写真 2.7.1　バリなし抜きの切り口面

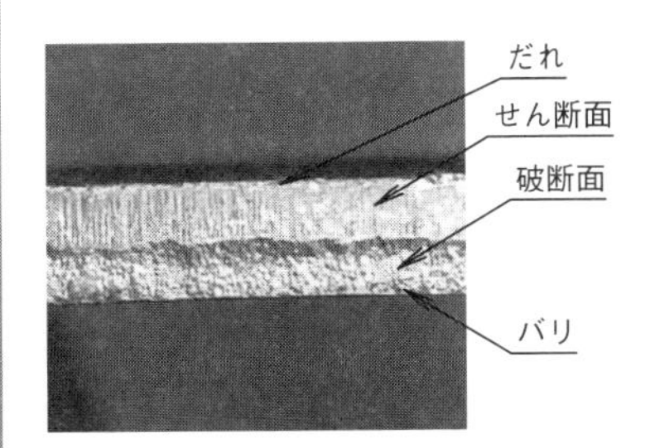

写真 2.7.2　普通せん断の切り口

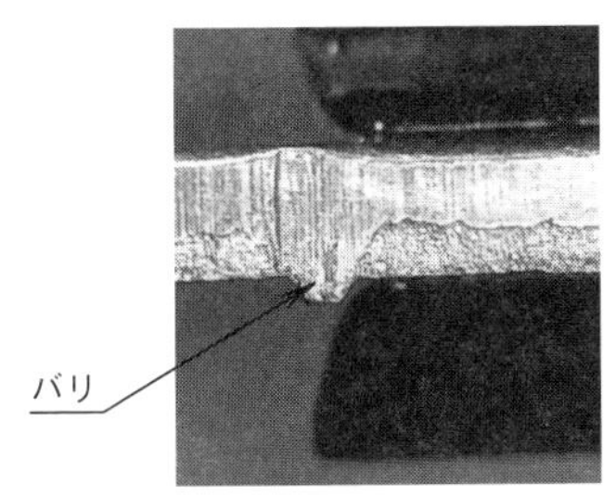

写真 2.7.3　異常抜けによるバリ

バリなし抜きが定着してきた。

その代表的な加工方法に「平押し法」というものがある。ここでは、平押し法の特徴を紹介する。

工程の検討

加工手順と注意点
- Ⓐ平押し法の工程
- Ⓑ半抜き工程
- Ⓒ平押し工程
- Ⓓ分離工程
- Ⓔ順送り加工での注意点

Ⓐ 平押し法の工程

バリなし抜き、平押し法の工程は、

①半抜き：材料を半抜きすることで片面のだれを作る

②平押し：半抜きした材料を戻す(平押し)ことで、残り片面にだれを作る

③分離：戻された抜き形状は、材料にはまり込んだ形になっているので、切り離し回収する

の順序をたどる。以上の流れが、平押し法の工程である。2工程目の半抜きしたものを平面で押し戻すことで、両面にだれを作ることから平押し法と呼ばれる。

バリなし抜きでは、両面をだれにすることが目的であり、切り口面は精密打ち抜きの面のようにはならない。面もきれいになると誤解されることもあるので、注意すべきである。

Ⓑ 半抜き工程

半抜き工程は、材料を半抜きすることで片面にだれを作ることと、次の工程の平押しが容易に行えるような残り材となるようにする（図2.7.1）。このときの抜きクリアランスは、マイナスクリアランスを採用する。

マイナスクリアランスとは通常、抜き加工ではダイ寸法よりパンチは小さ

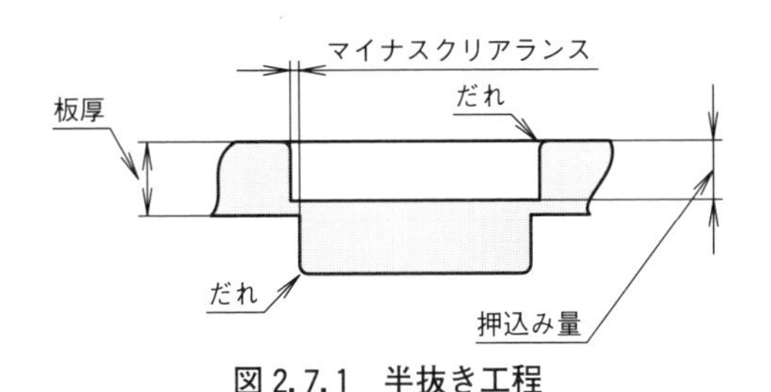

図 2.7.1　半抜き工程

いが、逆にパンチを大きくすることをいう。ブランク抜きの場合、製品寸法＝ダイ寸法とするが、平押し法の場合、パンチ寸法＝製品寸法とする(若干、変動する)。

マイナスクリアランス寸法は、1 mm 軟鋼板の場合、0.02～0.03 mm 程度である。材質や板厚などで変化する。押込み量は、平押し工程で分離しやすく、半抜き工程で脱落しない残り量がねらいである。押込み量はおおよそ板厚の 75～80% 程度である。

さん幅は一般のブランク抜きより大きく取り、半抜きの際にはね上がりなどの変形が起きないよう強めに押さえる。抜き形状部分も抜き反りが出ないように、ノックアウトでの押さえ抜きとする。

このとき、押さえ抜きの戻し工程で分離してしまうことがあるので、押込み量とノックアウトばね圧のバランスに注意する。これにより、半抜きと平押しを 1 工程で行うことも考えられる。

C 平押し工程

平押し工程では、**図 2.7.2** のように半抜きされたものを押し戻す工程である。

押戻しの際の考え方を示したものが**図 2.7.3** である。図 2.7.2 の形状の押し出されて凸になった部分を仮想パンチ、押し出されて凹となった輪郭を仮想ダイと想定し、残り材料部分を打ち抜くと考え、仮想ダイ内に押し戻された抜き形状輪郭にだれが作られ、両面バリなしが作られる。

平押し法では、半抜き工程のパンチ・ダイの摩耗判断が難しいが、平押し

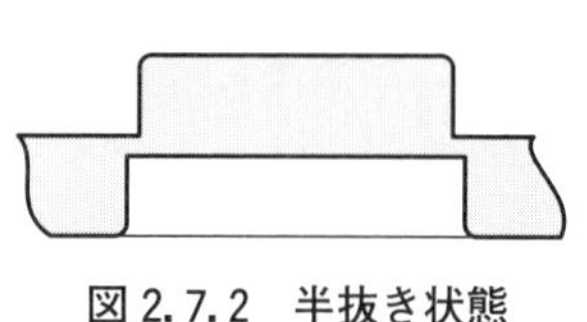

図 2.7.2　半抜き状態

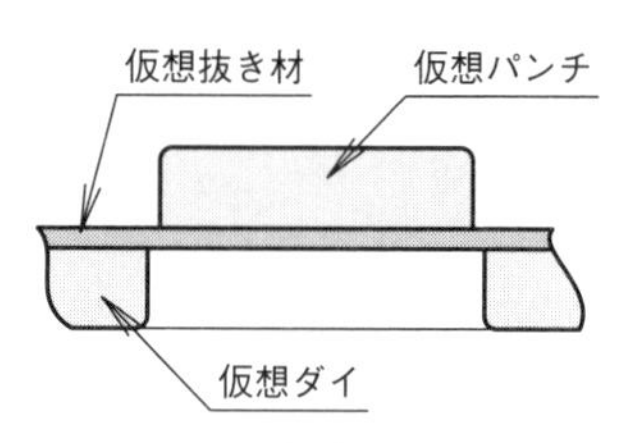

図 2.7.3　半抜きの考え方

工程の考え方が理解できれば、半抜き工程のパンチ・ダイの摩耗によって、仮想抜き材に接する仮想パンチ、ダイの丸みが大きくなると分離しにくくなり、品質を損うようになる。この部分が１つの管理ポイントとなる。

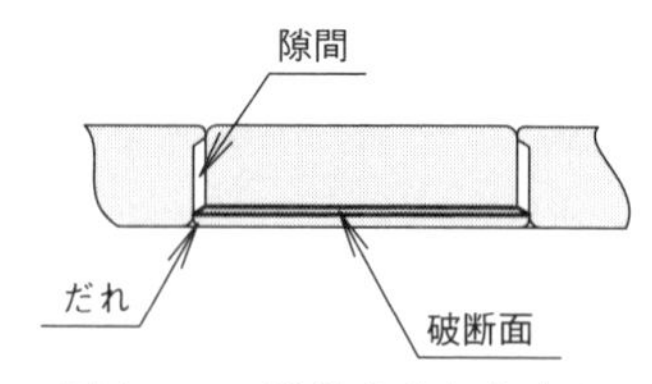

図 2.7.4　半抜きされたもの

図 2.7.4 は平押しされた後の形である。両面にだれが作られ、切り口部分には破断面の帯ができる。

仮想ダイによって、製品とさんとの間にはすきまができる。このすきまが重要で、もし、押し戻された面が接触すると焼付きを起こし、分離後の製品の切り口面はむしられたような汚い面となる。半抜きされた切り口面は、酸化膜のない金属面である。このような面が接触すると、瞬間に焼付きを起こす。このことを避けるために、マイナスクリアランスを採用しているのである。マイナスクリアランスの大きさは、この焼付き現象を起こさない大きさであればよいことになる。

写真 2.7.4 は、分離された切り口面を示している。中間に破断面があることがわかる。また、半抜きされた面と平押しで作られた面に違いのあることもわかる。だれは半抜き工程で作られたものは大きく、平押し工程のものは小さくなる。

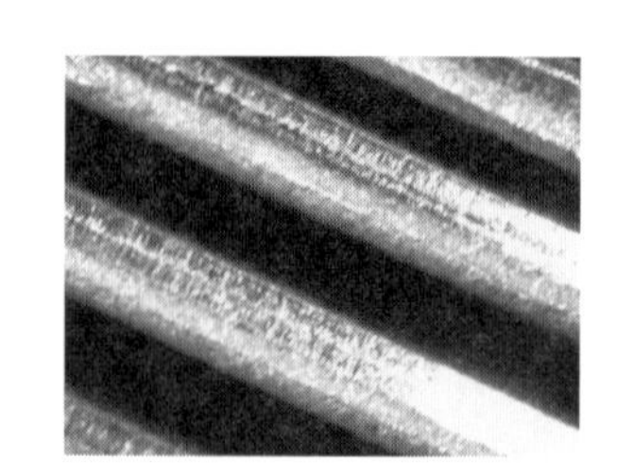

写真 2.7.4　バリなし抜きの切り口面①

写真2.7.5はアルミニウム材のバリなし面である。

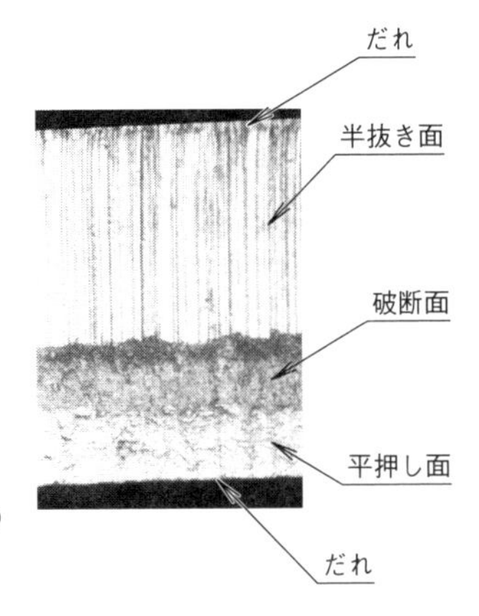

写真2.7.5 バリなし抜きの切り口面②

D 分離工程

平押しされ、材料にはまり込んだ製品を**図2.7.5**のように分離する。

分離は半抜きパンチで押し込んだ側に落とす（図2.7.5の矢印の方向）。この逆方向に落とすと、マイナスクリアランスによって凸（図2.7.5のイ部）になった部分が干渉して、せっかくきれいに作った形状が台なしになる。

最初に、バリなし加工を順送りで行って、失敗する最も多いケースではないだろうか。

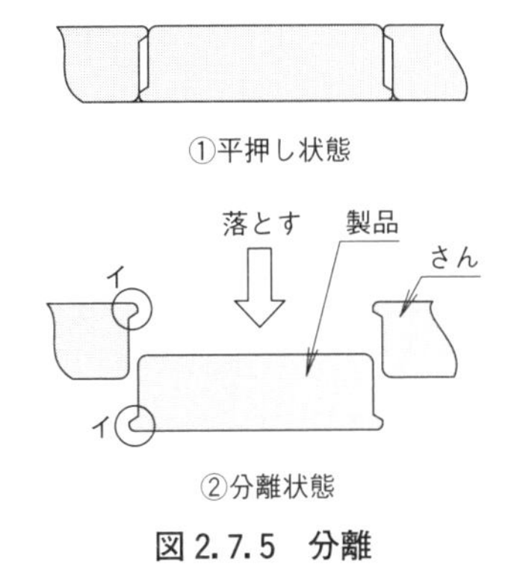

図2.7.5　分離

E 順送り加工での注意点

バリなし抜きを順送り加工を用いて行うとき、マイナスクリアランスを採用していることで材料には圧縮力が働く。

その圧縮力は**図2.7.6**に示すように、材料に押出し力とともに側方力としても働く、そのため加工が済んだ部分を押し、変形させ不具合を生じさせる。そればかりでなく、全体を押すことで誤差が累積されて送りピッチが変化し、

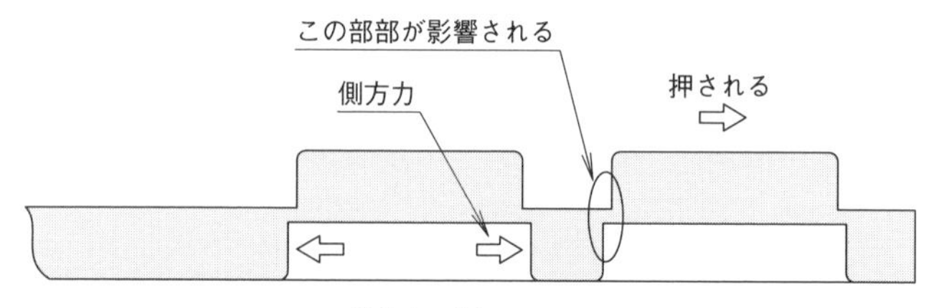

図 2.7.6　側方力の影響

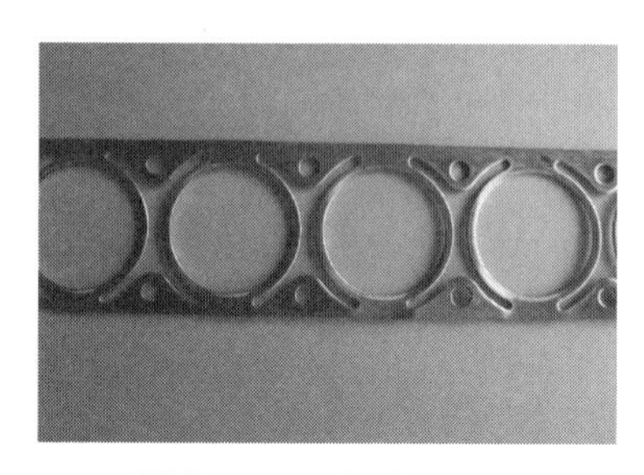

写真 2.7.6　側方力対策

写真 2.7.7　順送り工程例

順送り加工そのものにも影響が出る。

対策として、**写真 2.7.6** のように側方力の干渉部分（アワーグラス抜き）を設けて、側方力干渉対策を取るとよい。

写真 2.7.7 は側方力対策を取った順送り加工例である。順送り加工で、製品を下に抜き落として回収したいと考えると、半抜き工程が上向きとなる。金型構造を可動ストリッパ構造を採用したとき、ストリッパ側に半抜きすることとなり、ストリッパをダイとして使うため加工力との関係から金型構造設計が難しくなることがある。簡単に見えて意外と難しい加工と言える。

第3章
これだけは知っておきたい曲げ加工の最適化

ここでは、曲げ加工の基本から利用の応用展開を説明する。曲げ製品は、プレス成形加工の中で最も利用が多い。曲げは加工ラインが直線なため、わかりやすいこともあって製品設計が容易に行えると考えている。しかし、複雑な製品形状が出現することも少なくない。そのため、プレス機械の上下運動のみでは加工できないものもあり、カムを使った横からの加工など工夫が必要になることもある。

3.1 形状要素を細分化して解きほぐす曲げ加工の基本

ここでのねらい　曲げ形状の基本形と加工方法、および曲げ製品の成り立ちを理解する

曲げ形状の特徴

曲げ製品は、**写真 3.1.1** に示すようなさまざまな形状が作られている。曲げは**写真 3.1.2** のように、加工線が直線で曲げ変形のみで加工され、形状が作られている。

1つの形状であれば、加工は容易である。曲げ製品の特徴は個々の形状はシンプルでも、それを組み合わせて、いろいろな形状が作られているところにある。

複雑な曲げ組合せ形状では、その組み合わされた複雑形状を解きほぐして、加工する工夫を施すことがプレス加工での曲げ製品加工の難しいところとなっている。

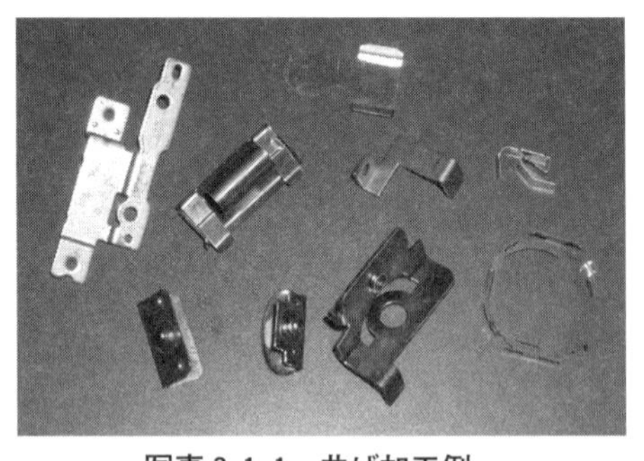

写真 3.1.1　曲げ加工例

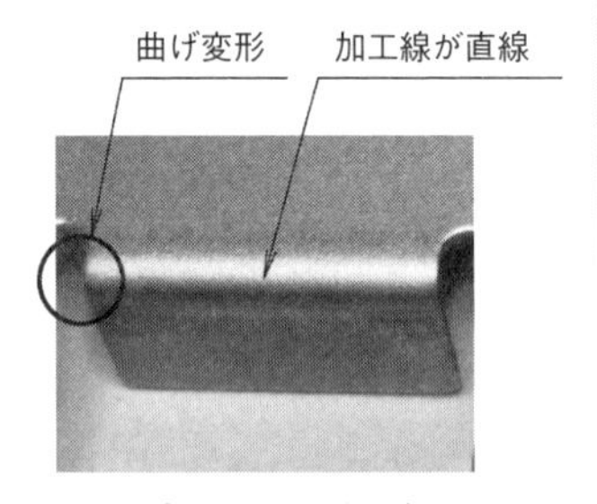

写真 3.1.2　曲げ加工

加工法の検討

曲げ加工
- Ⓐ曲げ製品の基本的形状
- Ⓑ曲げ加工構造の種類
- Ⓒ曲げ製品の加工

A 曲げ製品の基本的な形状

曲げ製品を解きほぐしていくと、いくつかの形状が残る。これを曲げの基本的形状ととらえる。この基本的形状には、誰がやっても同じような加工方法で加工される。その内容を示したものが**図 3.1.1** である。

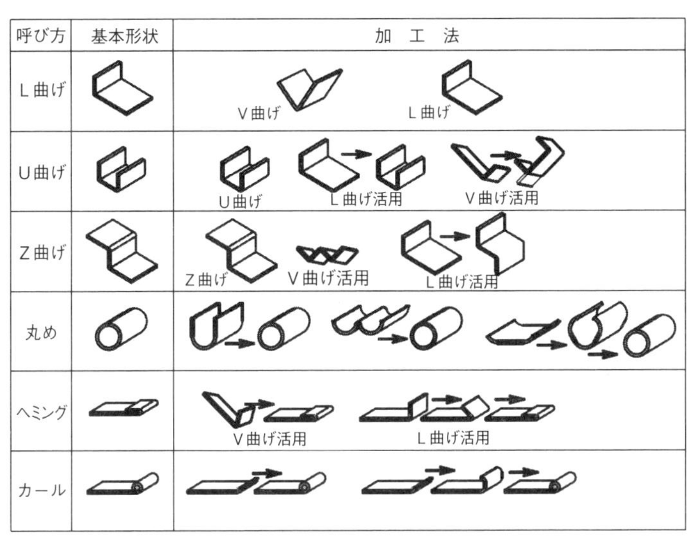

図 3.1.1　曲げの基本的形状と加工法

B 曲げ加工構造の種類

曲げ加工では、**図 3.1.2** に示すような加工の基本構造がある。V曲げは、パンチをダイに密着させる突曲げ法と、途中でパンチを止めて自由な角度を作る自由曲げ法がある。またL曲げは、材料を

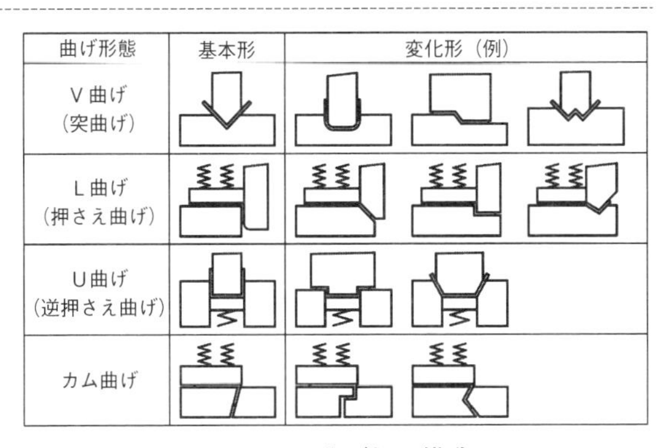

図 3.1.2　曲げ加工構造

押さえながら曲げる加工法である。

U曲げは、材料の押さえをパンチの進行方向とは逆向きに配置し、加工するものである。カム曲げは、上下方向からの加工が難しい形状を、横から加工するものである（実際にはカム以外の機構を使うこともある）。

これらの基本的な方法を変化させ、多様な形状加工に対応させている。

Ⓒ 曲げ製品の加工

曲げの基本的形状を縦軸と横軸に取り、その組合せ形状を表したものが**図3.1.3**である。何となく、どこかにありそうな形状になってくる。

製品形状から加工方法を探るときは、図3.1.3の逆をいく。製品形状の中に曲げの基本的な形状を見出すことで、複雑に見えた形状が基本的な形状の組合せで成り立っていることがわかると、後は基本的形状の加工内容で工程を決めていけば加工方法が成立する。以上が、曲げ製品形状加工の工程設定のアプローチの考え方である。

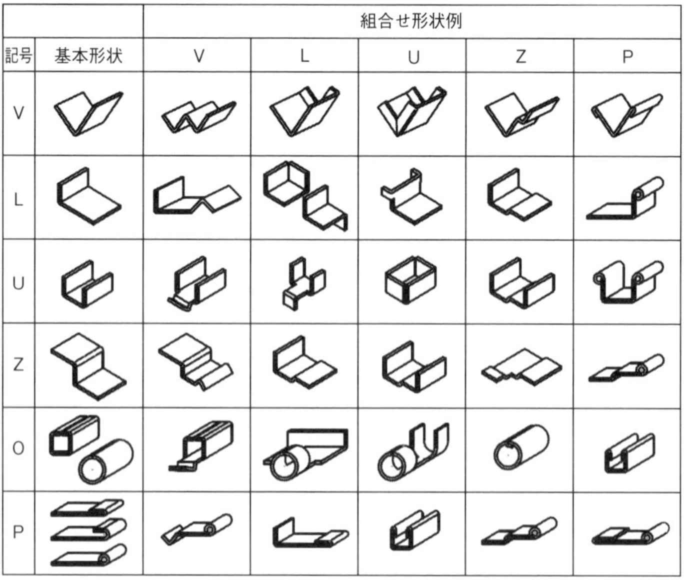

		組合せ形状例				
記号	基本形状	V	L	U	Z	P
V						
L						
U						
Z						
O						
P						

図3.1.3　曲げの基本的形状と組合せ形状

Column　プレス機械の運動機構と運動曲線

成形加工では、加工後の形状凍結によって形状が安定する。そのためには、加工後の下死点位置でスライドが停滞してくれることがよい。クランクプレス（**図1**）では、**図2**に示すように下死点での停滞時間が短い。それを補う運転機構がナックル機構である。

ナックル機構は、**図3**に示すようにクランクでリンクを動かし、スライド運動を作り出している。ストローク長さを長くすることは難しいが、図2に示すようにクランクモーションに比べ下死点でのスライドの停滞時間を長くできる。このことが、鍛造や曲げ、成形の形状凍結に効果を発揮している。

両者のエネルギー源はフライホイールであるため、運動曲線を変えることができない。しかし、サーボプレスはエネルギー源がサーボモーターであるため、サーボモーターをコントロールすることでスライド運動を変化させることができる。プレス製品の加工特性に合わせて加工することが可能となり、いろいろな対応が期待されている。

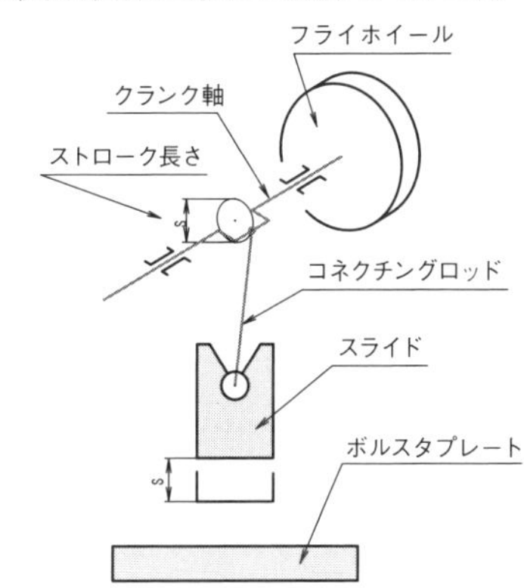

図1　クランク駆動機構

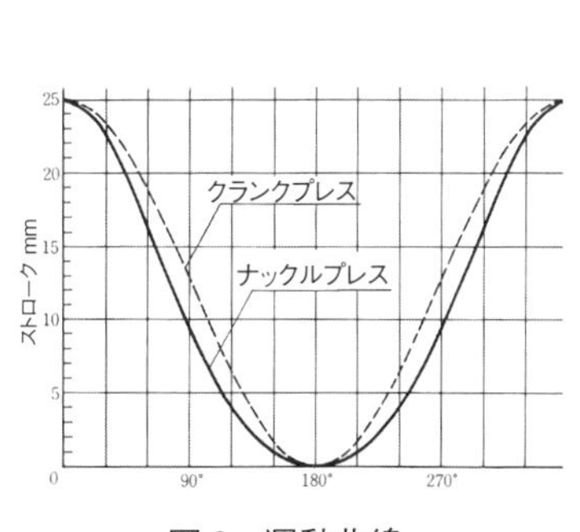

図2　運動曲線

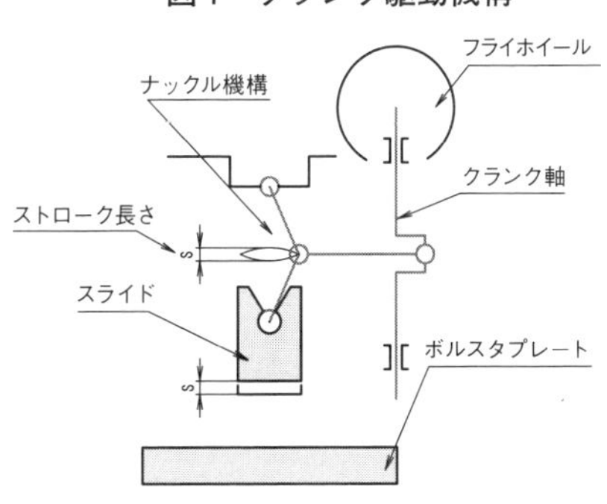

図3　ナックル駆動機構

3.2 加工が進むと曲げ部の板厚は減少 曲げ形状設計・加工の工夫

ここでのねらい　曲げ加工の要点を知り、形状設計や加工に活かす

曲げ加工の特徴

写真 3. 2. 1 は曲げ加工製品の例である。

曲げ加工は加工ラインが直線で、狭い部分の変形（曲げ変形）で形状を作る。つまり、加工に関わっているものが、曲げ変形のみで形状を作る方法をいう。加工ラインがカーブしてくると、そのカーブによって曲げ以外の変形応力が入り込んできて、曲げと別な要素との複合となり、曲げ加工ではなくなり成形となる。

写真 3. 2. 2 は曲げ変形部分を拡大したものである。曲げ部につけられた丸みを、曲げ半径と呼ぶ。この曲げ半径がある側を「曲げ内側」と呼び、反対側を「曲げ外側」と呼んでいる。

曲げに伴って、曲げ部の板厚は減少する。この減少率は曲げ半径が小さいほど大きくなる。曲げ半径を小さくしすぎると、曲げ部に割れが発生することがある。このときの曲げ半径を「最小曲げ半径」と呼ぶ。曲げ半径を板厚の 5 倍程度以上にすると、板厚減少はほぼなくなる。

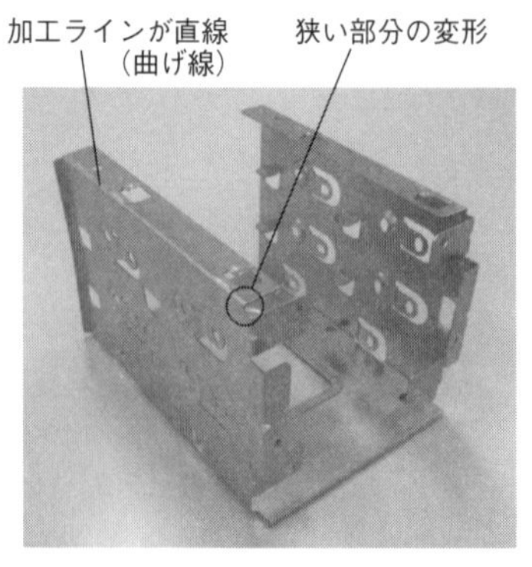

写真 3. 2. 1　曲げ加工製品例

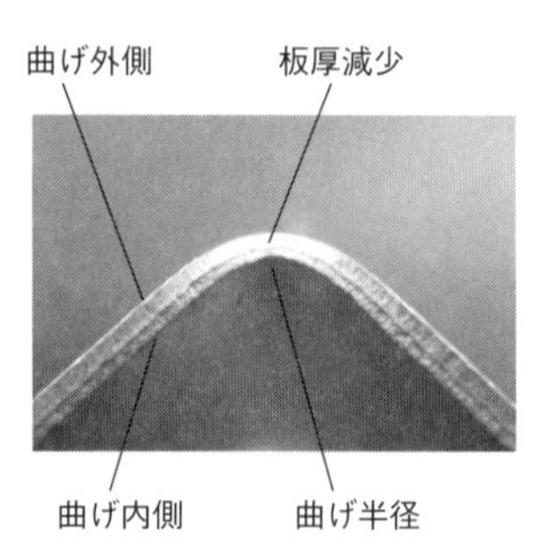

写真 3. 2. 2　曲げ部形状

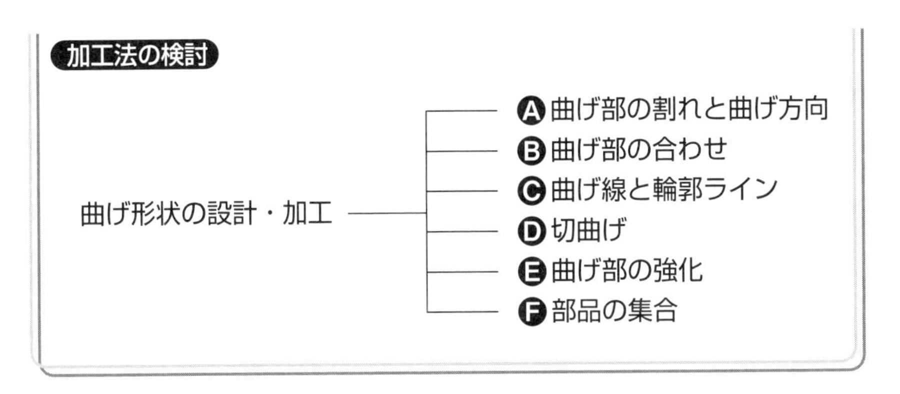

Ⓐ 曲げ部の割れと曲げ方向

写真 3.2.3 は2辺を曲げている。1辺には割れが発生している。この原因は曲げ線と圧延方向の関係にあり、圧延方向と平行に曲げているときに割れが発生しやすい。

対策としては、曲げ半径を大きくすることである。このほかの割れ要因としては、**写真 3.2.4** のようにバリ面を曲げ外側にして曲げたときにも発生しやすくなる。このときには、もう1つの異常として、曲げ内側の曲げ端にふくらみが発生することである（写真は極端な例）。

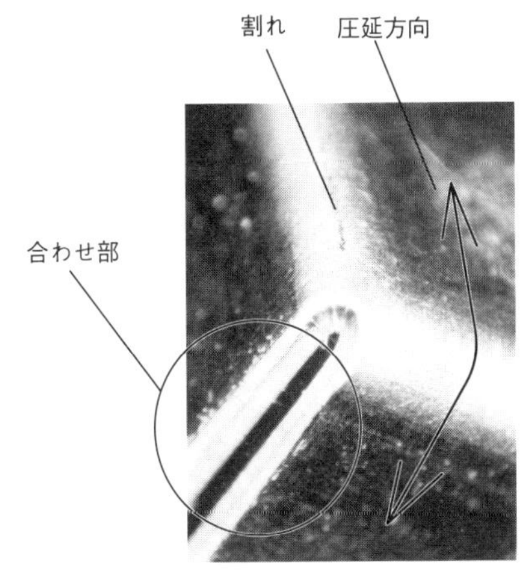

写真 3.2.3　曲げ部の割れ

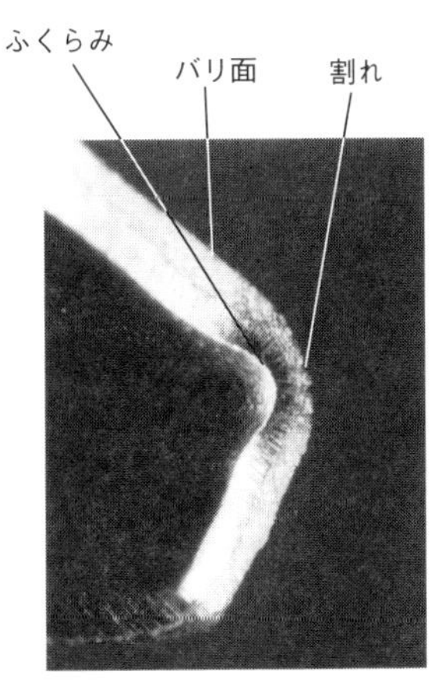

写真 3.2.4　バリ面外の曲げ

写真 3.2.5 のようにバリ面を曲げ内側にすると、きれいな曲げとなる。曲げ外側にだれ面がくるので、外観も良くなる。

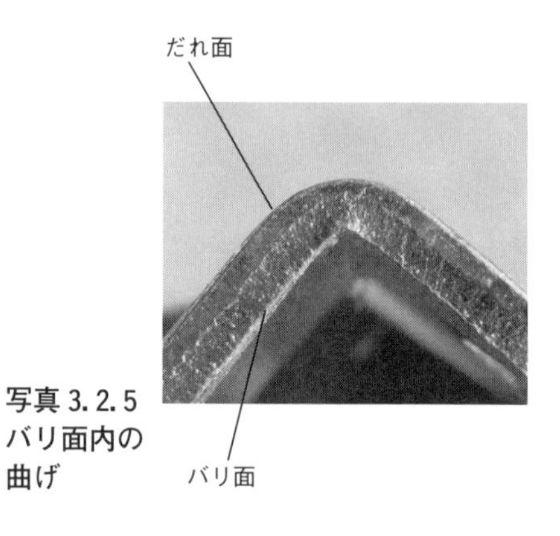

写真 3.2.5 バリ面内の曲げ

Ⓑ 曲げ部の合わせ

写真 3.2.3 で合わせ部と示したところは、2 辺の板厚が見えてすきまもあり、外観が良くない。このような部分も、**写真 3.2.6** のようにすることで外観を変えることができる。角の逃がし部は、小さくしすぎると割れの原因となる。**写真 3.2.7** のように合わせ部の処理とともに、割れ対策として角部を大きく逃がすことが、加工上の問題をなくし外観を良くすることにつながる。

写真 3.2.7 は角逃がしを角形状で逃がしているが、抜きバリの観点からは良くない。R 形状での逃がしがよい。

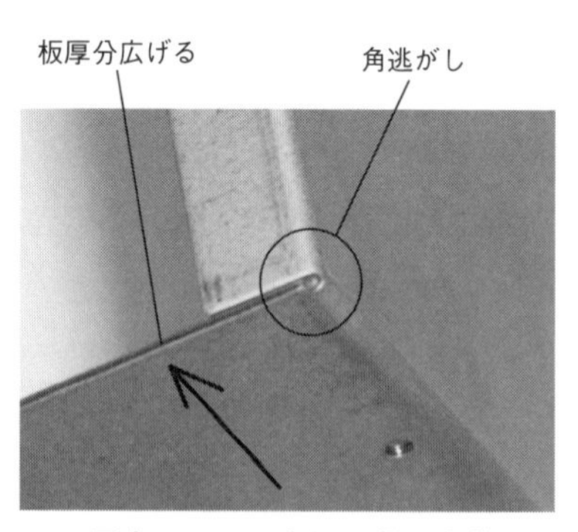

写真 3.2.6　合わせ部の改善

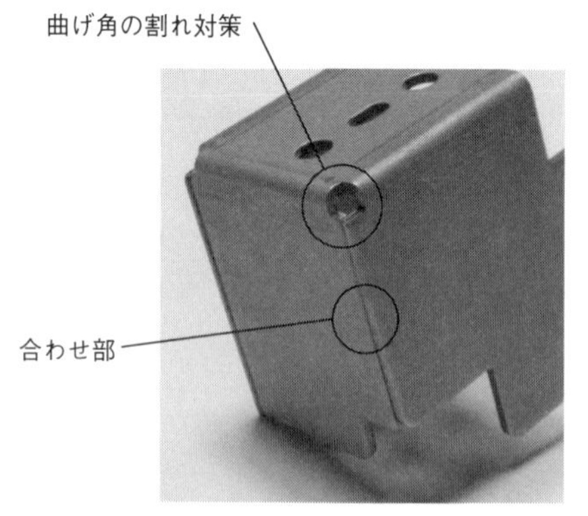

写真 3.2.7　曲げ割れ対策と合わせ部の改善

C 曲げ線と輪郭ライン

写真 3.2.8 のように曲げ線と輪郭ラインが一致すると、写真のように割れが出やすくなる。このような形は多頻度で現れる。軟鋼板のような材料であればあまり問題とはならないが、伸びの小さな材料や曲げ幅が小さい形状では影響が出やすい。

写真 3.2.9 は、輪郭ラインと曲げ部の板厚分の段差をなくしたいとのことから、曲げ線が輪郭ラインの内側に入り込んだときの加工例である。これは極端な例であるが、輪郭と曲げの境の部分に変形や割れが出やすく、できる限り避けたい加工形状である。

できる限り、**写真 3.2.10** のような逃がしを設けて、曲げと輪郭ラインの干渉をなくし、曲げ加工に影響がないような形状がよい。

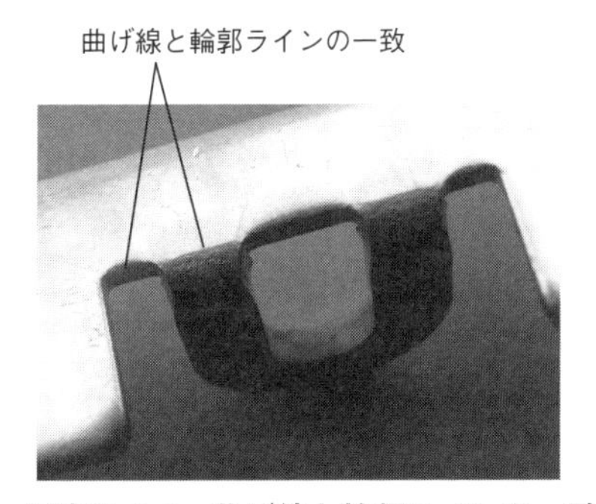

写真 3.2.8　曲げ線と輪郭ラインの一致

写真 3.2.9　曲げ線が輪郭ラインの内側

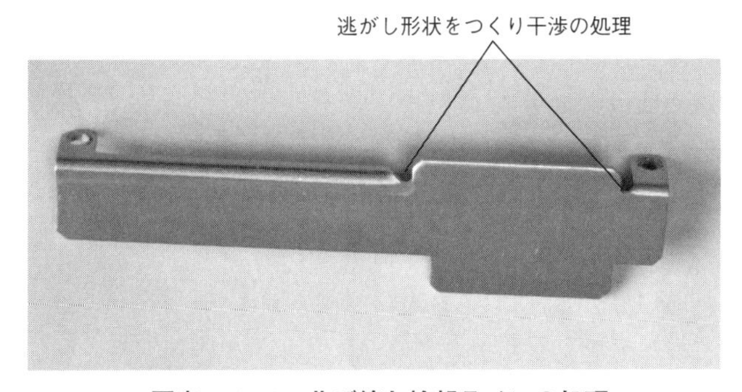

写真 3.2.10　曲げ線と輪郭ラインの処理

写真 3.2.11 は穴と曲げの関係を示したものである。穴が曲げ線に接近すると、引かれて変形する。その対策の代表的なものが曲げ線に穴をあけ、曲げの影響をなくす方法である。曲げに近接した穴を変形なく加工するときの処理方法が、**写真 3.2.12** と **図 3.2.1** である。

輪郭ラインや穴との関係は、曲げ線から材料板厚の 1.5～2 倍の距離を離せば影響がなくなる。できる限り、この条件で関係を作るとよい。

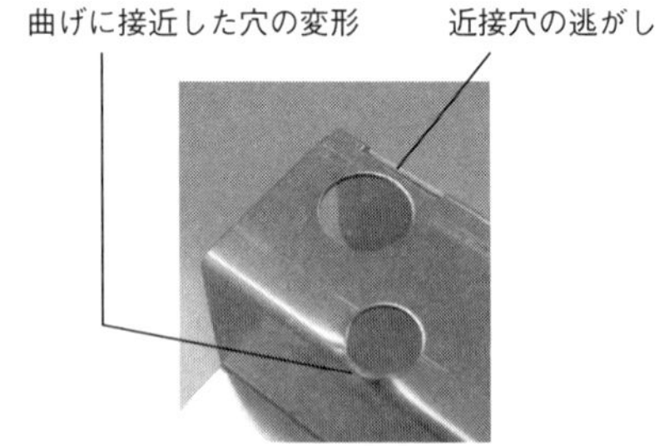

写真 3.2.11　曲げと穴の関係

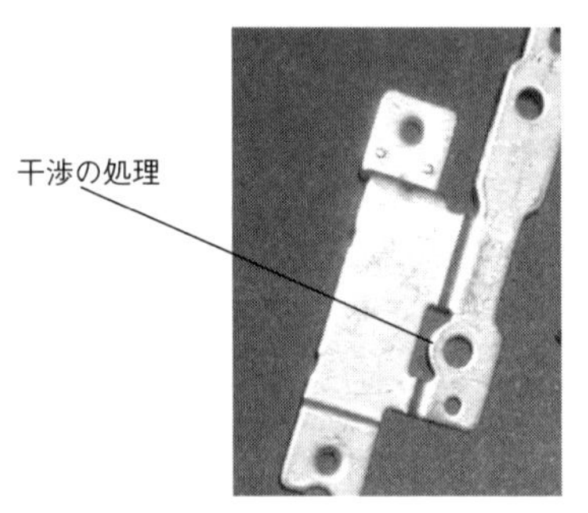

写真 3.2.12　曲げと穴の干渉処理

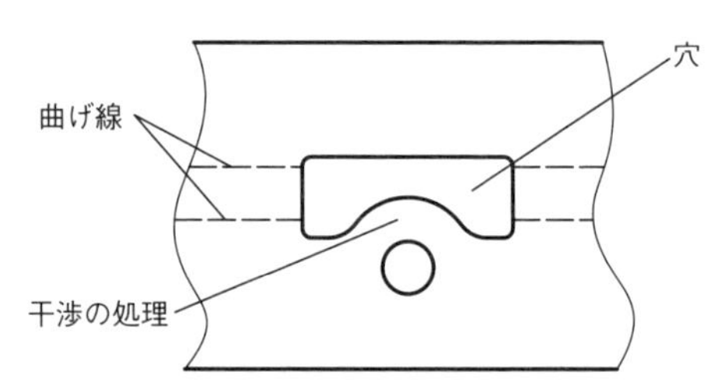

図 3.2.1　曲げと穴の干渉処理

Ⓓ 切曲げ

写真 3.2.13 は切曲げを示している。切曲げは、1 工程で切りながら、曲げ加工まで行うものである。

切曲げでは、曲げに必要な領域まで切らない状態で曲げるため、曲げ線の両端にくびれが出る。時には、割れることもある。

切りながら曲げるため、パンチの摩耗が早く、そのためバリが出やすいなど好ましい内容が少ない。できれば輪郭を穴抜きし、その後に曲げるようにしたい。

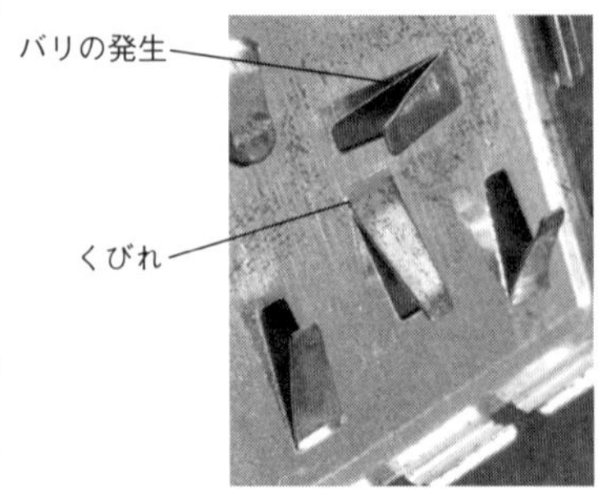

写真 3.2.13　切曲げ

Ⓔ 曲げ部の強化（リブ）

写真3.2.14 はリブ加工のある曲げを示している。写真のリブは三角リブと呼ばれるもので、曲げに多用されている。

リブを曲げ部に取り込む理由は、2つある。1つは曲げ部の強化を目的として、もう1つは曲げ角度を安定させるためである。

このリブは曲げと同時に加工する。曲げは、曲げ変形のみの加工と先に述べたが、このリブに関しては曲げの付属と考えられている。

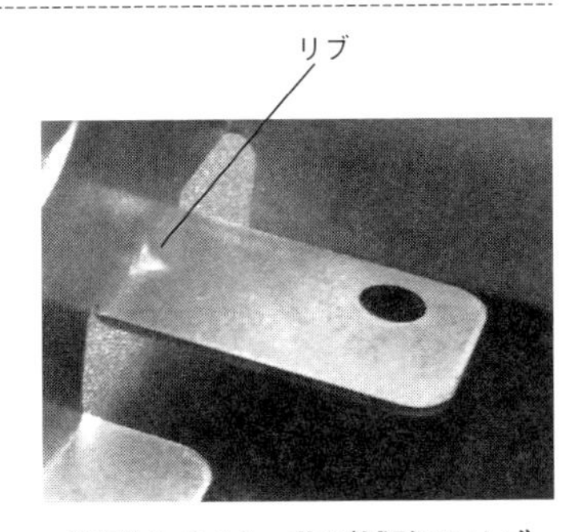

写真 3.2.14　曲げ補強のリブ

リブは曲げ線の中央に配置し、左右が対象となるようにする。それは、左右差があると、曲げ部に傾きが生じるからである。

Ⓕ 部品の集合

写真3.2.15, 3.2.16 は、曲げを利用して複数の部品を接合し、一体化した例である。初期は枠を作り、その内部に収まる部品は別部品として作り、組み立てて作られていた。それを一体化して、順送り加工の1工程で加工できるようにしたものである。曲げの活用にはこのような面もあることの紹介である。

この製品では、曲げのみでは不安定のため抜き形状に凸形状を作り、凸形状に対応する穴も作り、曲げ込んでいきながら、凸形状と穴が合うようにして形状の安定を工夫している。

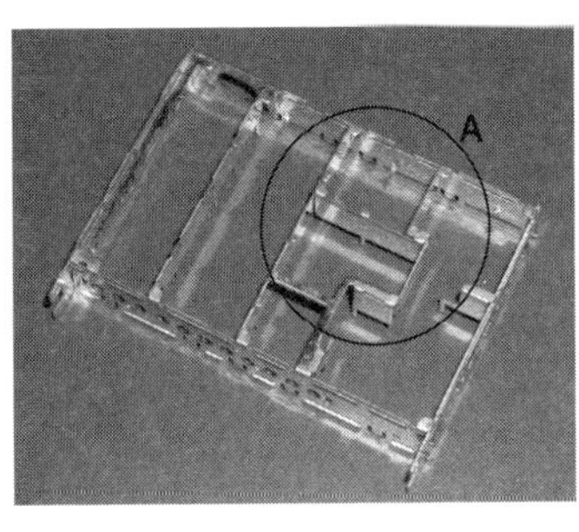

写真 3.2.15　複数部品を曲げでつないで一体化した例

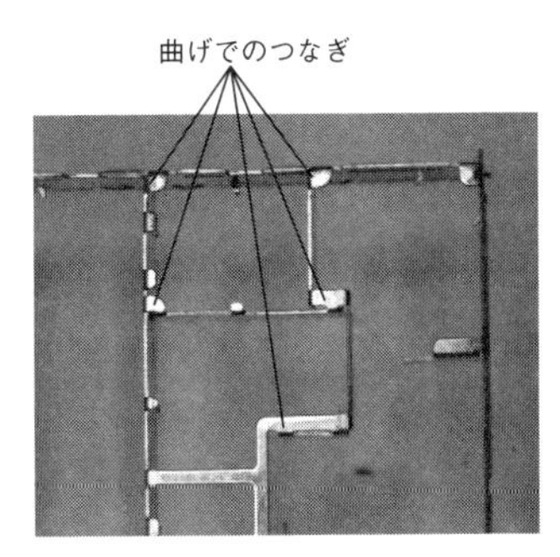

写真 3.2.16　A部拡大

3.3 発想を豊かにする おもしろい曲げ加工の数々

ここでのねらい 工夫された曲げ加工の方法を学ぶ

おもしろい曲げの定義

プレス加工では、パンチ・ダイの間で材料を加工する。そのときの形はパンチ・ダイ間で材料をはさみ、形状を転写することが普通であるが、**写真 3.3.1** のような加工もある。これは、材料に力を与えたときに変形する材料の性質をつかんでの加工と言える。

曲げ加工では、工程を短縮して加工する工夫や曲げキズを発生させない加工、いろいろの方向から曲げ加工を行う工夫などいろいろなことが考えられている加工である。このような一見おもしろいと思える加工法を知ることで、新たな方法を発想するヒントとすることも興味深いものである。

写真 3.3.1 丸め加工

(a) 丸め途中

(b) 丸め完

加工法の検討

おもしろい曲げ加工
- Ⓐ シャー角を利用した曲げ加工
- Ⓑ 2 段曲げ加工
- Ⓒ 上下曲げ加工
- Ⓓ ローラー曲げ加工
- Ⓔ キズをつけない曲げ加工
- Ⓕ 複雑形状加工
- Ⓖ ツイスト加工

A シャー角を利用した曲げ加工

パンチにシャー角をつけると、加工された材料はパンチ形状と同じになる(**図 3.3.1**)。抜き加工のこの性質を利用して、浅い曲げ形状を一緒に作ってしまうものである。

スプリングバックの影響もあり、角度精度を求めるようなときには採用できないが、板ばねとしての働きが得られればよいようなときに、抜き1工程で加工できるためコスト面から使われることがある。

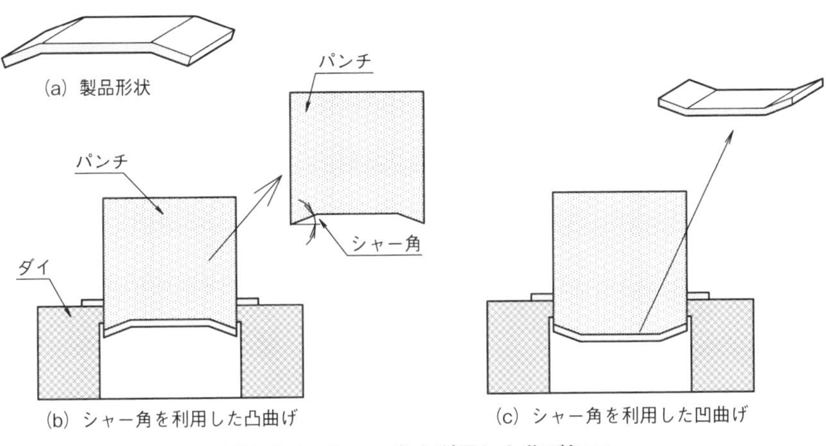

図 3.3.1 シャー角を利用した曲げ加工

B 2段曲げ加工

単発工程は、できるだけ工程数を減らしたい。このような考えから使われたものが、ここで示す方式である(**図 3.3.2**)。

普通、ハット曲げは2回のU曲げ加工で加工される。その2つの工程を無理やり合体し、加工できるようにしたものである。プレス機械のストロークの上下の時間差で、加工を工夫する例は多くある。ここでの例はそのわかりやすい例である。

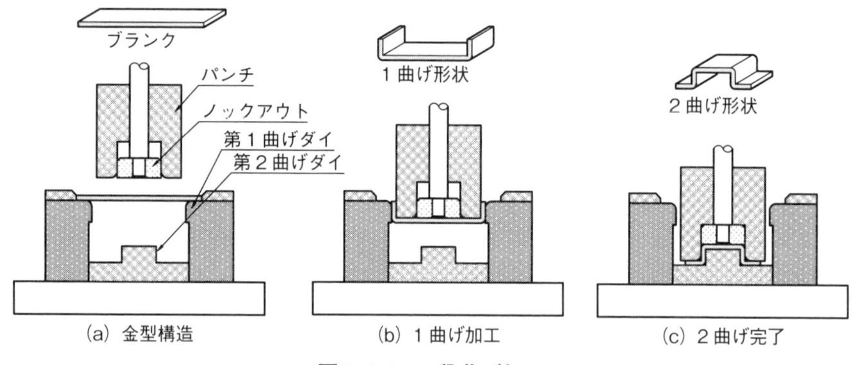

図 3.3.2　2段曲げ加工

Ⓒ 上下曲げ加工

上曲げと下曲げを同時に加工するのは難しい。この例は上下曲げ加工の構造例である（**図 3.3.3**）。パンチやダイを可動させ、スプリングの強さでバランスを取り加工する、意外と複雑な構造となることがわかる。

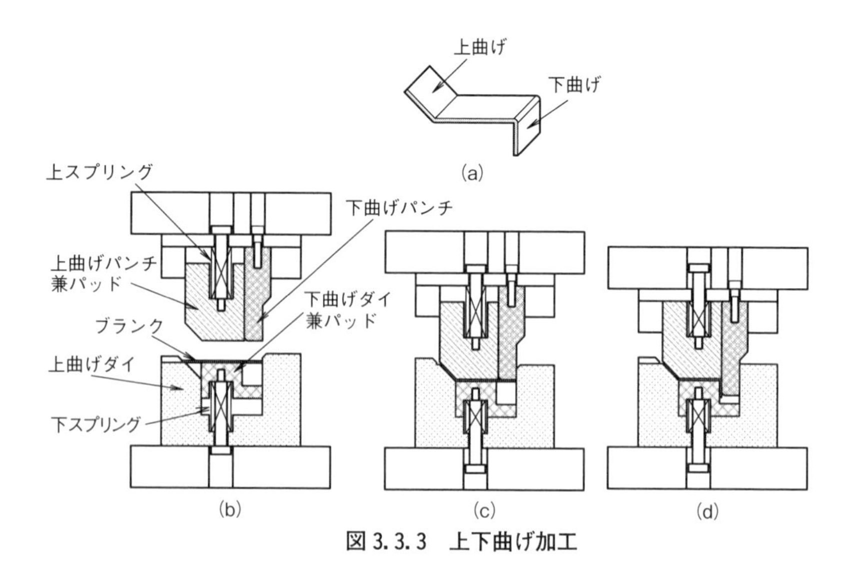

図 3.3.3　上下曲げ加工

D ローラー曲げ加工

曲げ加工では、材料はダイ面またはパンチ面を滑りながら曲げられる（図3.3.4）。このとき材料に面圧が働き、キズを発生させることがある。特にめっき付材料で、キズが出やすい。

材料の滑る部分を転がりにすることですべり抵抗を減らし、キズ対策にしようと考えて作られたものが、ダイ肩部にローラーを組み込んだ曲げ型である。

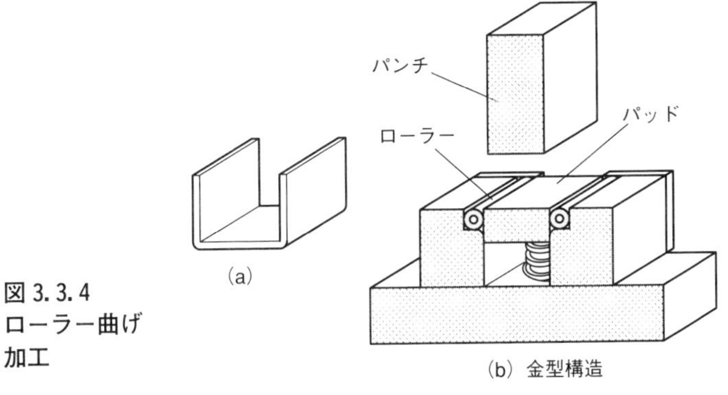

図 3.3.4 ローラー曲げ加工

E キズをつけない曲げ加工

曲げキズをつけたくないが、ローラーが使えないようなときには図3.3.5に示すようなスイングするダイを使う。曲げに合わせてダイも動くため、材料とダイとのすべりが小さくなり、キズの発生を抑えることができる。

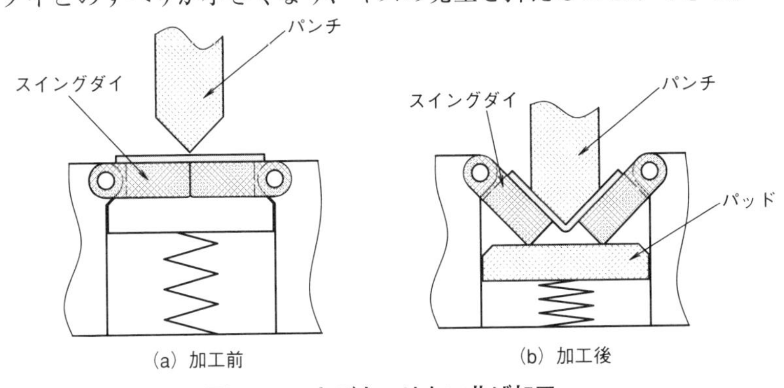

図 3.3.5 キズをつけない曲げ加工

F 複雑形状加工

図 3.3.6 のような複雑形状の製品を１工程で加工したいと考えて、図 3.3.7 に示すカムを使い必要動作を作り出す構造を工夫して、１工程で加工できるようにしたものである。

ポイントは図 3.3.8 に示す各段階で、クッションピンに支えられたノックアウトが、加工中、可動ダイを安定した力で支えられるかにかかっている。このような構造はバランスが崩れやすいのであまり使わない方がよいが、形状や工程数の関係で工程を短縮しなければならないこともある。そのようなときに、このような構造はヒントになる。

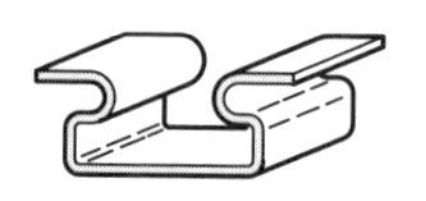

図 3.3.6 製品形状

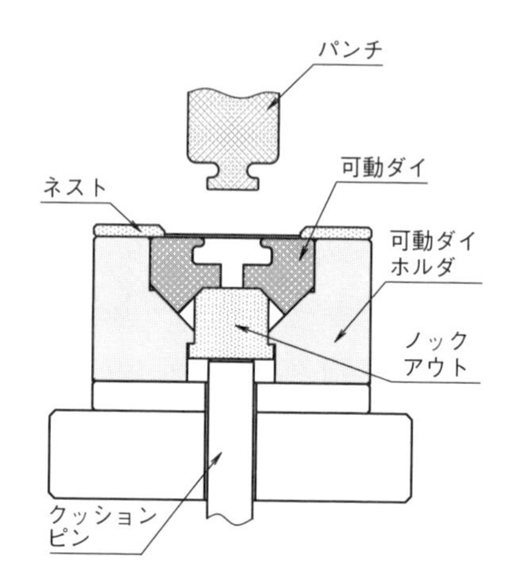

図 3.3.7 金型構造

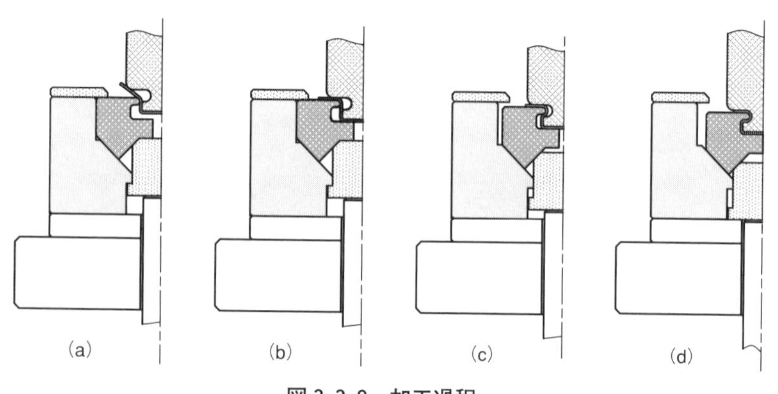

図 3.3.8 加工過程

Ⓖ ツイスト加工

図 3.3.9 は、材料をねじる加工をする金型構造を示している。ねじる加工は要求としては少ないが、加工しようとすると少し戸惑うところのある加工である。

片端をしっかりと押さえ、ねじりたい部分をタイミングを合わせて上下に動かすことで、固定された面に対してねじることができる。通常のパンチに逆方向から押し上げる構造の工夫がポイントとなる金型構造である。

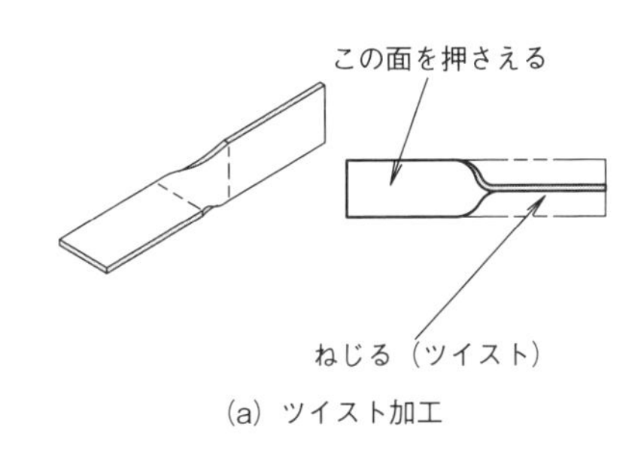

(a) ツイスト加工

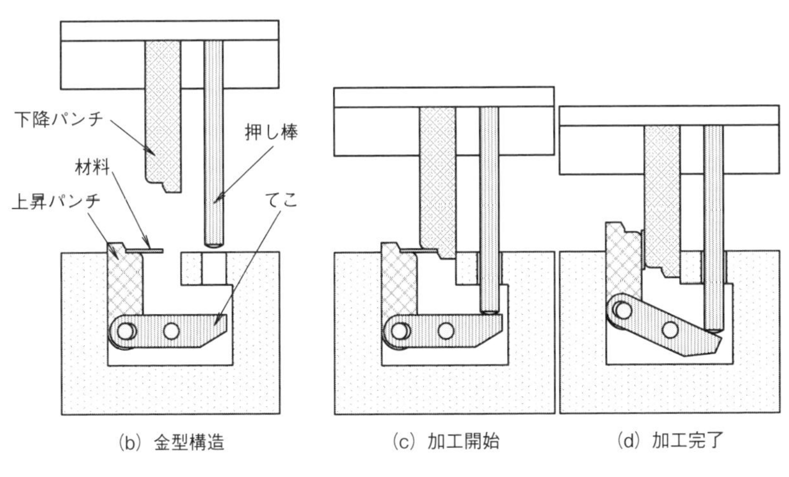

(b) 金型構造　(c) 加工開始　(d) 加工完了

図 3.3.9　ツイスト加工

3.4 巻き取りを前提とした端子部品の不具合対策

ここでのねらい　製品の形状やプレス加工から派生する問題解決のヒントを紹介する

端子加工の特徴

端子とは、**写真 3.4.1** に示すようなプレス部品である。生産量（通常は多量）を必要とすることから、コイル材で加工して、コイルに巻き取ることが多い。後工程のめっき加工も必然的にコイルで巻き取る。

コイルに巻き取ることは、必要長さの途中で不具合が発生しないプレス加工が必須になることを示す。また、巻き取るときに変形が起きないようにする必要もある。

図 3.4.1 は、コイル巻き取りの加工システムを示したものである。

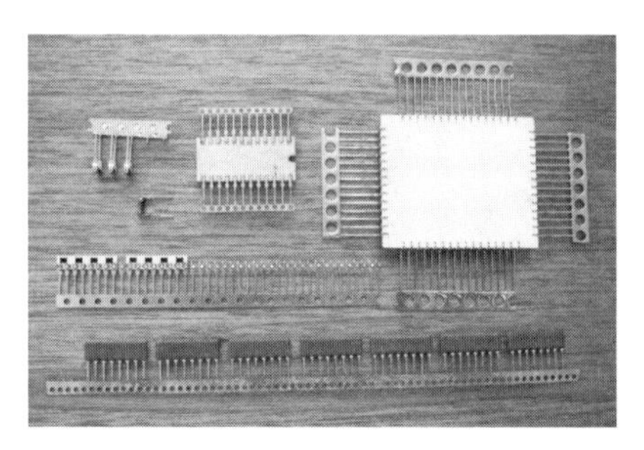

写真 3.4.1　リード端子

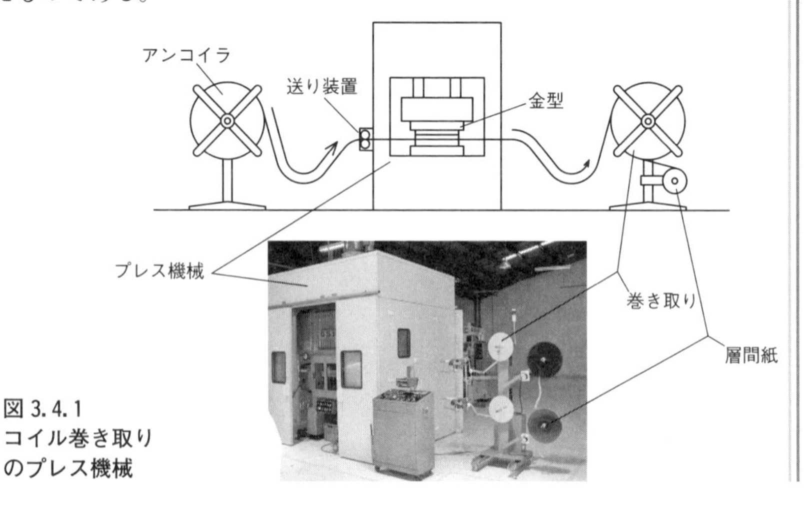

図 3.4.1
コイル巻き取りのプレス機械

加工法の検討

端子加工 ── Ⓐリード端子
　　　　　└ Ⓑクリップ端子

Ⓐ リード端子

このリード端子は抵抗器用のもので、抵抗器端の絞りケースにプロジェクション溶接され、リード線となるものである(**写真 3.4.2**)。従来は、丸線を溶接していたものをプレス化し、合理化を考えたものである。

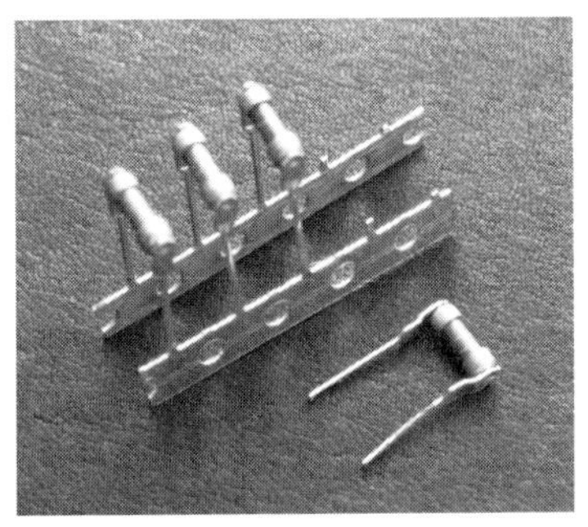

写真 3.4.2　リード端子

注：本製品はかなり以前のものである。最近の事例は使いにくい点があり、製品の改善の参考事例として紹介している（以下同）

①初期設計と問題点

写真 3.4.3は、抵抗器メーカーが設計した部品図をもとに製作した端子である。形状は**図 3.4.2**に示す。プレス加工として難しいものは特段なく、歩留りを考慮して**図 3.4.3**の形の2列取りで加工した。

加工システムは図 3.4.1に示すものである。問題点として、

①プレス後の巻き取りで、層間紙のテ

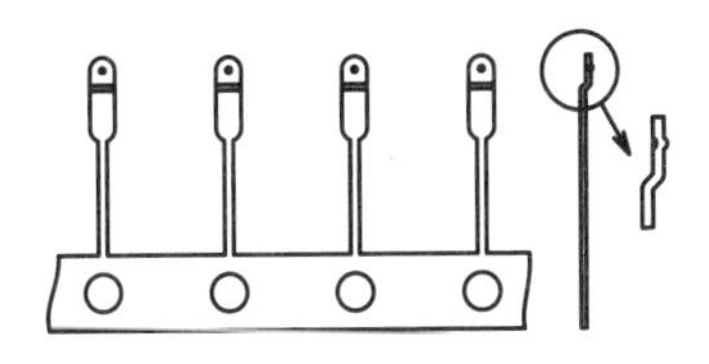

図 3.4.2　形状図

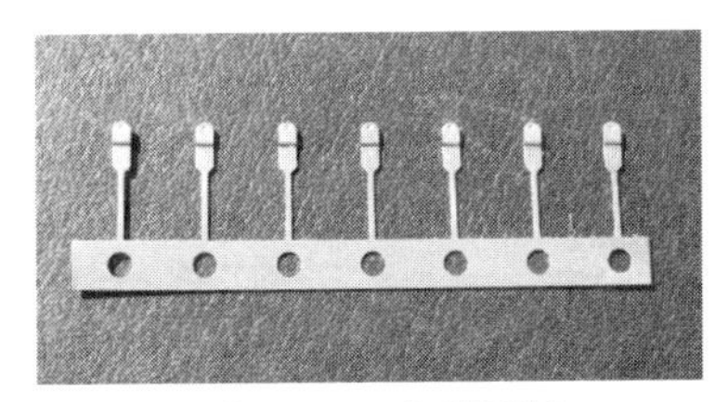

写真 3.4.3　初期形状

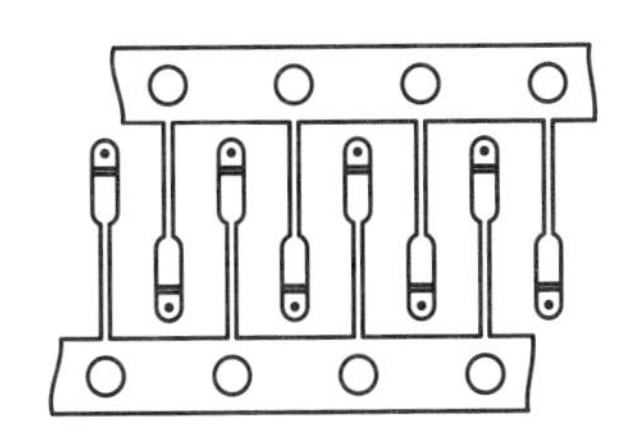

図 3.4.3　2列取り加工図

ンションの張り方で巻き取り時に変形が発生

②後工程のはんだめっきの工程でも同様の変形が、段取り、加工、巻き取り時に発生

③抵抗器組立自動機への端子段取りに時間がかかったなどの問題が発生し、改善が求められた

が挙げられる。

②改善内容

プレス加工業者として端子を加工した。自動化の内容は知らされていなかった。改善協力を求められ、2列取りを一体化した単純な提案をした（**図3.4.4、写真3.4.4**）。その際に、歩留り対策としてリード間のピッチを小さくした。この形にすることで、巻き取り、めっき加工および自動機への端子段取りは容易になる。

端子は、自動機の中で**図3.4.5**に示す単列への切り離しを行い、ひねりを加えて端子を垂直に立て、同時に半ピッチずらして、2本の端子のピッチを合わせる作業を自動機の中で行う。この点については自動機メーカーの工夫で改善された。単列への切り離しが、自動機メーカーでは難しいとの話になり、自動機のスペースに合わせて切り離し金型を製作し、提供して完成した。

切り離し金型は、プレス加工経験の少ない人が取り扱うことを考え、メンテナンスの行いやすい構造とした。この事例は、それぞれの専門を活かすことでうまくまとまった例となった。

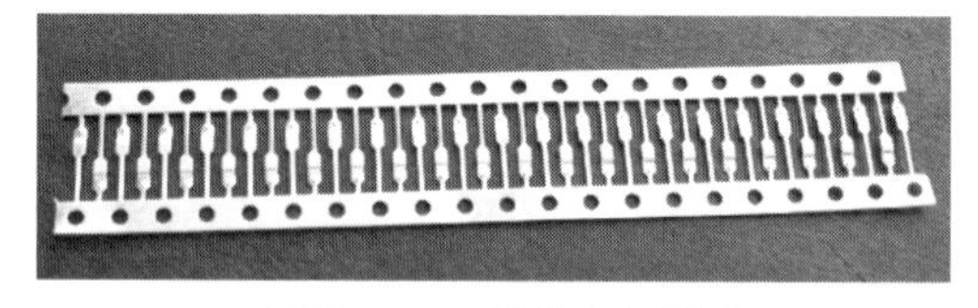

写真 3.4.4　改善した端子

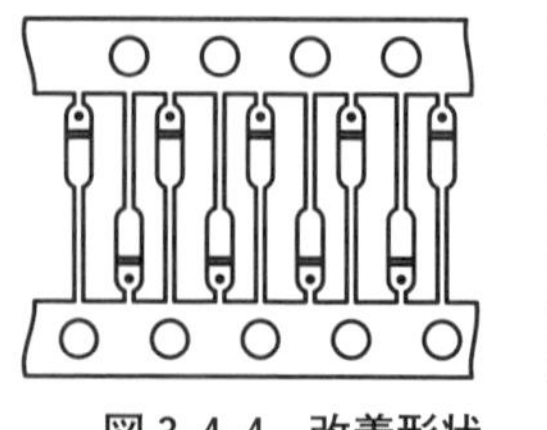

図 3.4.4　改善形状

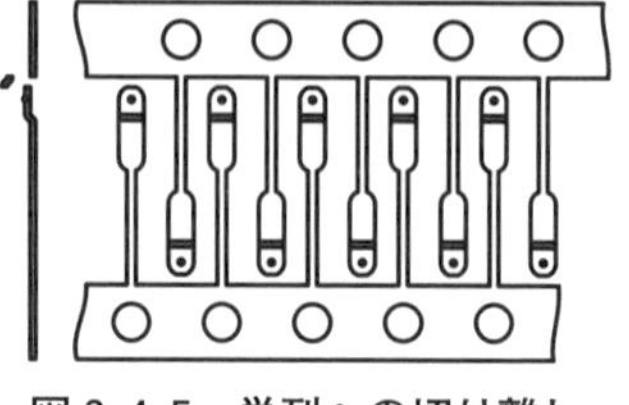

図 3.4.5　単列への切り離し

Ⓑ クリップ端子

クリップ端子は、**写真3.4.5**に示すようなセラミック基板やガラス基板に取り付けられ、リード端子となる部品である。

この例のクリップ端子はDIP（デュアルインパック）タイプと呼ばれるもので、基板との結合部分の形状は**写真3.4.6**のような形をしている。基板に対して無理なく差し込みができなければならないが、基板の板厚公差が大きく、適当な差し込み力で差し込むことができるように管理するのがポイントである。

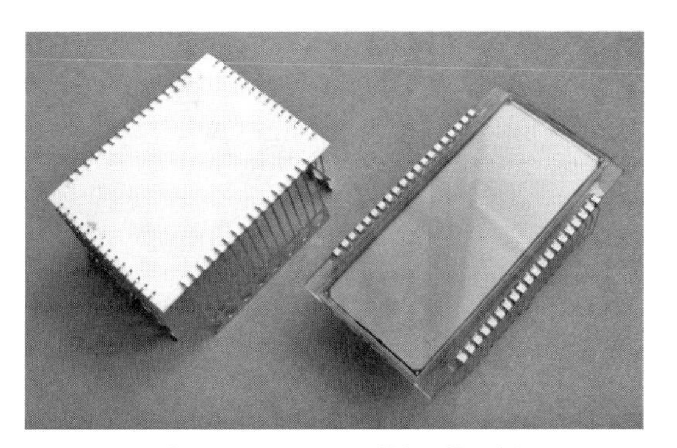

写真3.4.5　クリップ端子使用例

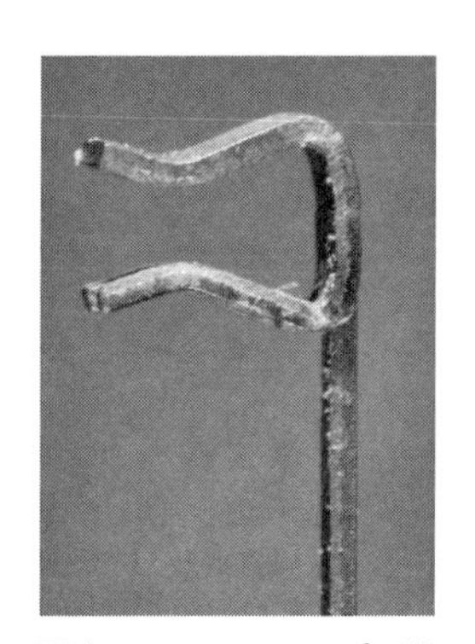

写真3.4.6　クリップ形状

①初期設計と問題点

初期のものは、形状の作りやすさを優先した形状であった（**図3.4.6**）。そのため、リード部に段差があった。クリップ端子を使い製品となったものが、使用中に段差の部分から破損する事故が起きた。振動による応力集中が段差部に働いたことが原因だった。

そのときの加工方法を示したものが**図3.4.7**である。まず、ブランク形状を作り、その後に、下側クリップとなる形状をスリット（切込み）で作り、曲げて、クリップ形状を作っていた。そのため、段差ができた。通常のクリップ端子はこのような作り方で問題を起こしたことがなく、振動による応力集中のことを念頭に置いていなかったことが原因であった。

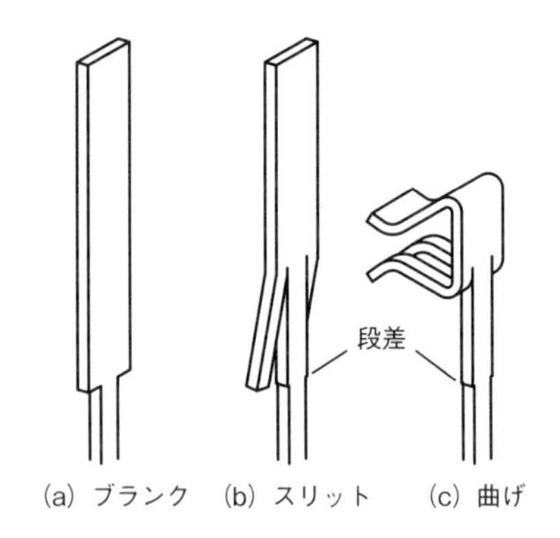

図 3.4.6　初期のクリップ端子形状

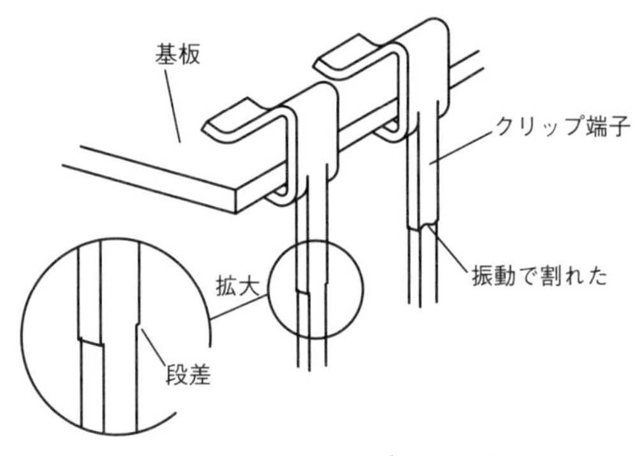

図 3.4.7　クリップの作り方

②改善内容

生産に入ってからの対応であり、対策には苦慮した。加工工程の内容を、**図 3.4.8** のように変更して改善を図った。スリットを使うことで、リードと曲げ部の段差を解消することができた。しかし、スリットした部分のスクラップ処理に不安があった。何とかスクラップの処理はできたが不安定であり、**図 3.4.9** のようにつなぎ部を作って、スクラップの形状を安定させる必要があった。

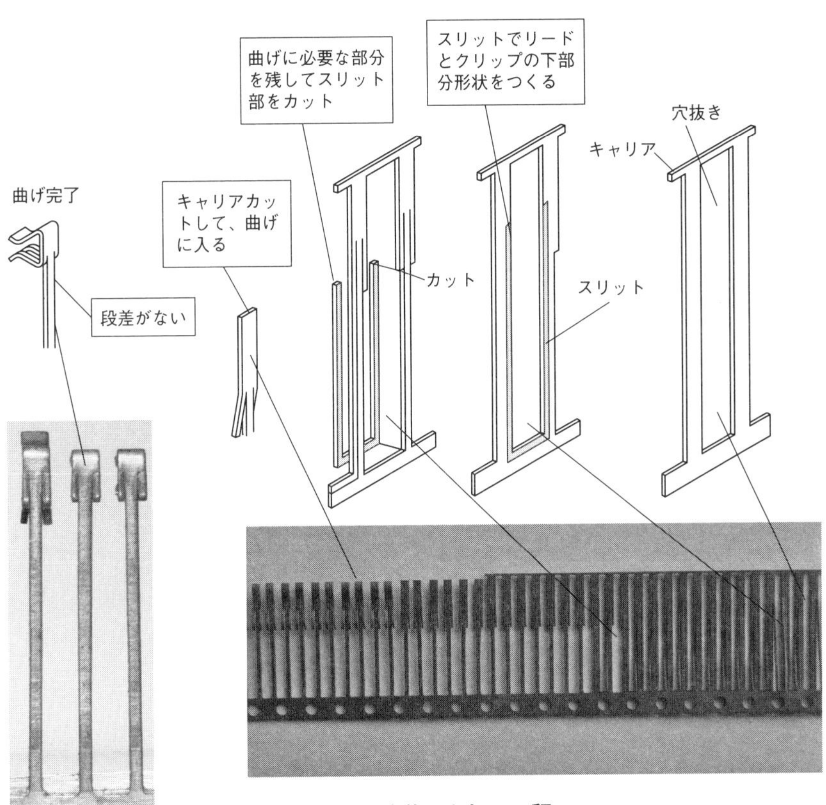

図 3.4.8　改善した加工工程

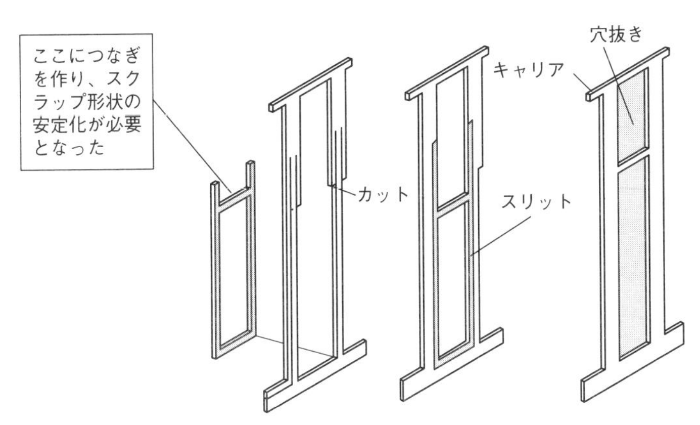

図 3.4.9　スクラップの安定化

3.5 複数回の曲げ＋成形で形状を仕上げる外Rのない曲げ加工

ここでのねらい　曲げ外Rを小さくする加工のアイデアを知る

小型モーターのローターとコンミテータの特徴

小型直流モーターの構造を**図3.5.1**に示す。

モーターの回転部分を構成する部品は、ローターとコンミテータで構成されている。コンミテータはブラシと接してローターのコイルに通電する役割の部品である（**写真3.5.1**）。

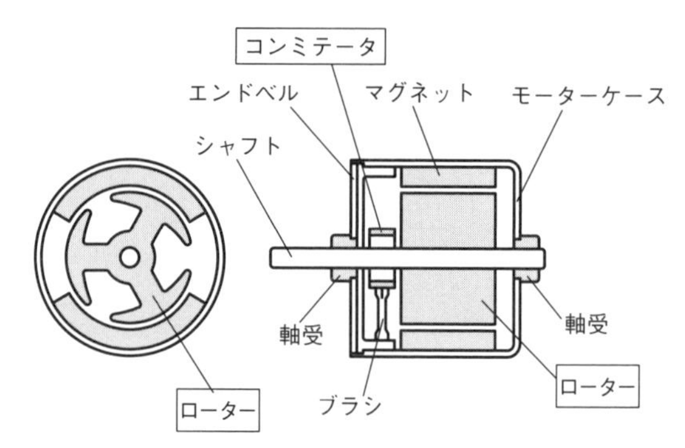

図3.5.1　小型直流モーターの構造（図2.6.1再掲）

写真3.5.1　コンミテータ

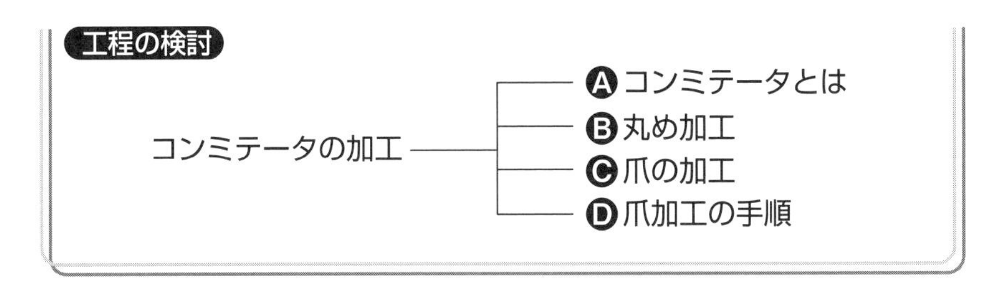

Ⓐ コンミテータとは

コンミテータはローター軸に取り付けられ、ブラシと接し、ブラシからの電流を受け取るための部品である。**写真 3.5.2** が完成したコンミテータである。

プレス加工された銅リングの内部を熱硬化性の樹脂で固める（**図 3.5.2**）。その後に、銅リングの外周を切削してブラシとの接触条件を良くし、極数に合わせてすり割を入れて完成する。

銅リングをすり割で分割したときに、銅片が熱硬化樹脂から剥がれてしまわないように、銅リングに爪をつけて剥がれ防止が図られている。このような手間のかかる作業があるため、最初から個片の切片を作り、組み立てる方法もある。

写真 3.5.2　完成したコンミテータ

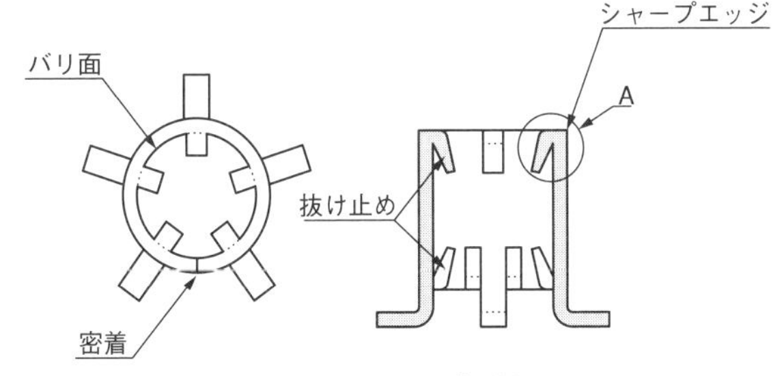

図 3.5.2　銅リング形状図

Ⓑ 丸め加工

ここに紹介するコンミテータの加工は、順送り加工の例である。**図 3.5.3** は丸め工程を示している。

まず、先端曲げを行う。この工程は無駄なように見えるが大事で、この形

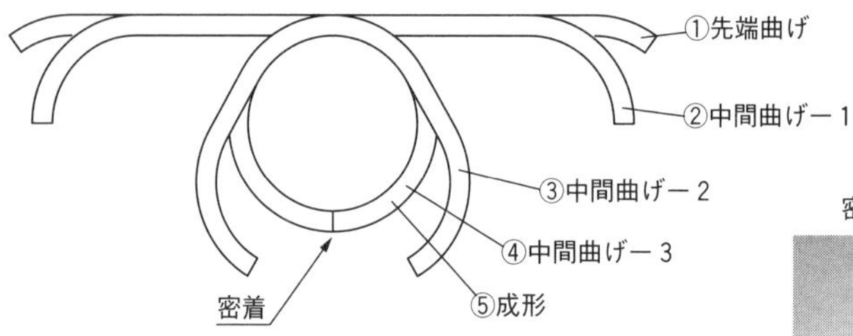

図 3.5.3　丸め工程

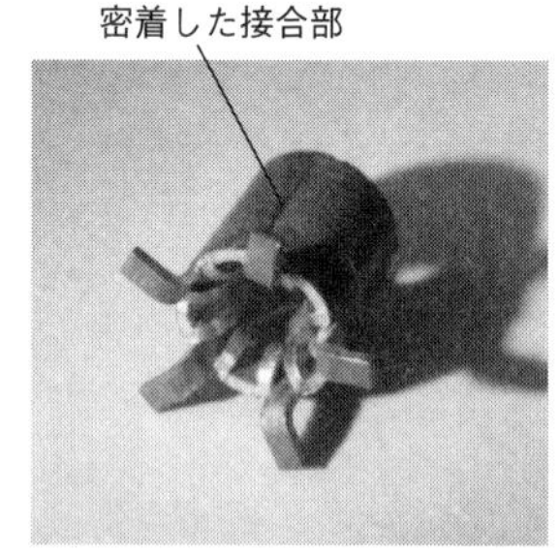

写真 3.5.3　丸め加工接合部

状が悪いときれいな円にならない。その後、数工程中間曲げを行い、丸め形状を整えていく。

中間丸めの最終工程では、ほぼ製品形状に近い形にする。この状態では円にゆがみがあることから、最終工程で成形してきれいな形状に仕上げる。このとき、**写真 3.5.3** に示すように接合面は密着し、すきまがない形にする。

丸め加工は爪との関係があり、芯金が使えない。芯金がないときれいな丸め加工ができないというわけではなく、成形加工で、周方向に圧縮が働くように工夫することで形状を作ることができる。

ただし、外形の精度は高めることができるが、圧縮したしわ寄せは内径に出る。

Ⓒ 爪の加工（抜け止め）

銅リングは、最終的には極数に分割される。分割された切片が樹脂から剥がれないようにするものが、この爪である。

爪の加工では、**写真 3.5.4** に示すように曲げ端部を平坦にする。曲げ外側の丸みをなくし、エッジとすることが求められる。普通の曲げ加工では成立しないので、つぶし加工と組み合わせて形状を加工することとなる。

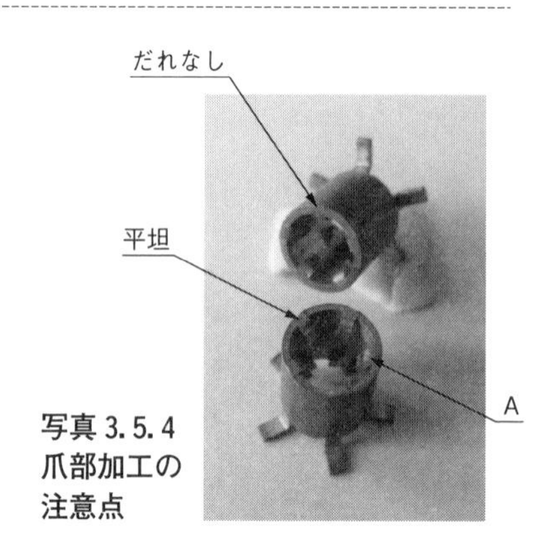

写真 3.5.4 爪部加工の注意点

D 爪加工の手順

⒜段つぶし

普通に曲げたのでは、曲げ外側に丸みがつく。この丸みの裾野は大きく、曲げ後につぶしてもきれいなエッジを得ることは難しい。そこで先にエッジを作り、その後に曲げることを行う。この際に、曲げ部の板厚も薄くして、爪の形状を作る。

⒝直角曲げ

段つぶしした状態から曲げる。すると、曲げ外側の丸みは段つぶしの下から発生し、必要なエッジを確保できる。

⒞段差の圧縮

曲げた状態では段差が残るため、平坦を確保するためのつぶし加工を行う。

⒟鋭角曲げ

90度曲げした形状を鋭角な形に作る。

図3.5.4に示す通り爪加工の一連を説明したが、この加工は丸め加工と関連づけて行われる。段つぶしと直角曲げは丸め加工前に行う。その後に、丸め加工を行い、丸めた形状を足の曲げを利用して、90度立てる。立てた状態にして、段差圧縮を上下方向から行う。続けて、鋭角曲げを行う。鋭角曲げは、上から丸棒を押し込む形で行われる。

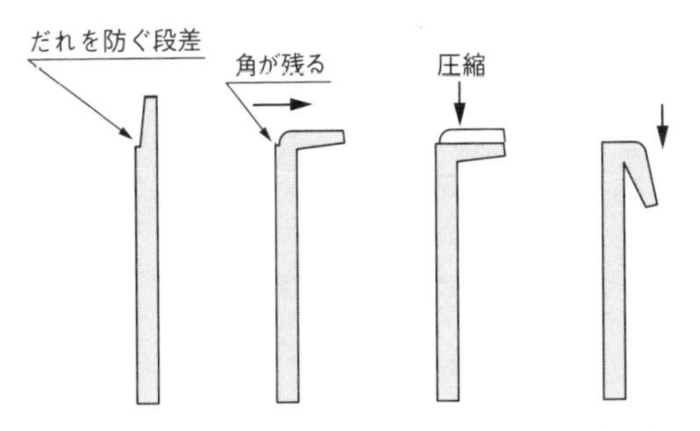

図3.5.4 A部（爪）加工方法

3.6 ブランクとキャリアに制約が多い 曲げ順送り加工の特性を把握する

ここでのねらい　曲げ順送り加工の注意点を知る

曲げ順送り加工とは？

曲げ順送り加工とは、曲げを主体とした順送り加工を呼ぶ。

写真 3.6.1 を参考に説明すると、まず、抜き加工で形状を作り、曲げを付加することで曲げ製品を完成させ、最後にキャリアを切り離して製品は完成する。製品の形状によってブランクとキャリアのつなぎ位置は、曲げ加工しない部分に制限される。

また、曲げと材料の圧延方向との関係に対する内容を求められるものもあり、このことによってもブランクとキャリアの関係は制限される。その他に切り離した製品の回収や材料送りと加工の関係など、製品形状に関する以外の注意事項も多くある。

ここでは、このような曲げ順送り加工の注意点を解説する。

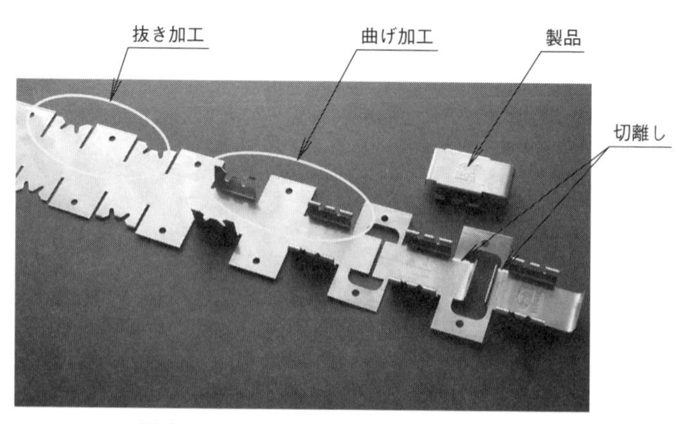

写真 3.6.1　曲げ順送り加工の内容

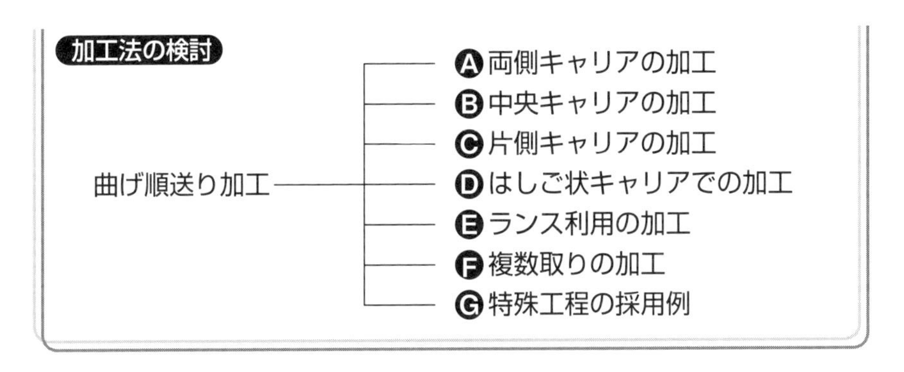

Ⓐ 両側キャリアの加工

順送り加工では、ブランクの保持の安定、材料送りガイドの安定から、できるだけこのスタイルのレイアウトとしたいものである。

写真 3.6.2 は、曲げのない2点でつなぎを取り、両キャリアとするとともに材料歩留りを考慮して、ブランクレイアウトされているものである。曲げ順送り加工で最も多く現れるレイアウトイメージのものと言える。一般的には、安定加工、歩留り、製品の回収を考慮してレイアウトは考えられる。

写真 3.6.2
一般的な両キャリアのレイアウト

写真 3.6.3 は、曲げと材料の圧延方向との関係から考えられたレイアウトである。この形状では、送りの安定はするが、リフト量は大きくなるので、次に述べる中央つなぎでのレイアウトの方が金型加工も容易であり、材料のリフト量も低くできる。ただし、曲げは材料の圧延方向と平行になる。

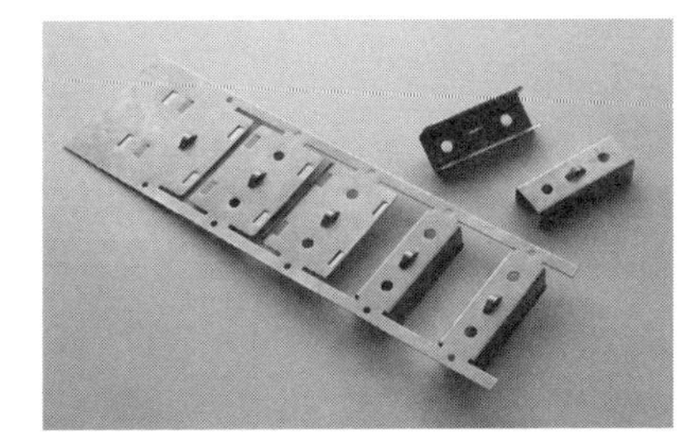

写真 3.6.3 曲げ線との関係からのレイアウト

Ⓑ 中央キャリアの加工

製品の中央でブランクをつなぐキャリアの取り方は、曲げ線と材料の圧延方向が平行となり、曲げ条件としては良くない。U 曲げのように、両側に曲げがあるようなときにできやすいレイアウトである（**写真 3.6.4**）。

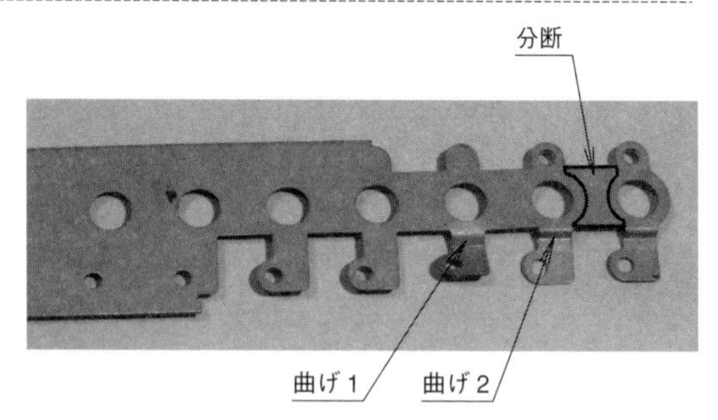

写真 3.6.4　中央キャリアの曲げレイアウト

材料の送り方向と曲げフランジが平行となるため、U 曲げのような場合であればダイに曲げフランジが通過する溝を作ることで、材料の持ち上げ（リフト量）を小さくでき、送りと加工が安定する。

材料の幅方向の形状加工が先行して行われるため、材料の幅方向のガイドが難しくなることがある。中央のつなぎ幅が小さすぎると横曲がりを起こし、加工ミスの原因となる。

Ⓒ 片側キャリアの加工

2 方向に曲げのある製品で、曲げを圧延方向と直角としたいときは、**写真 3.6.5** のように片側のキャリアになりやすい。中央キャリア同様にキャリアの幅が細いと、横曲がりを起こして加工ミスが発生しやすくなる。

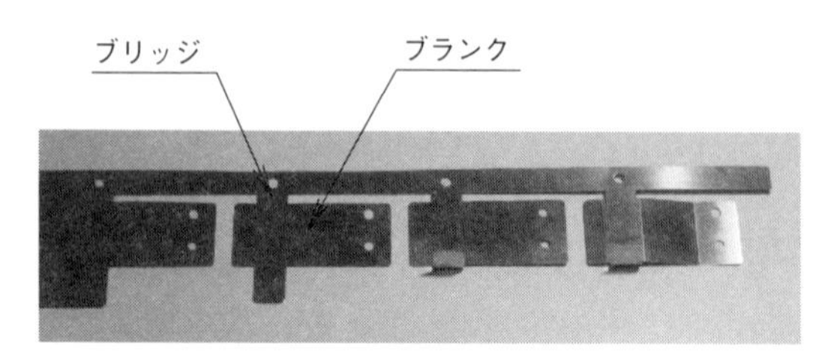

写真 3.6.5　片側キャリアのレイアウト

キャリアと反対側の面は形状加工されるため、ガイドが難しくなることがある。キャリアとブランクをつないでいる部分をブリッジと呼ぶが、この幅が狭いとこの部分を支点としてブランクが振れ、送り関係が安定していても加工ミスや寸法のバラツキを発生させることがある。

D はしご状キャリアでの加工

製品が小さく、製品の材料が非常に軟質なときなどには、**写真 3.6.6** のようにキャリアをブリッジでつないではしご状とし、その枠の中にブランクを置いて加工する。材料歩留りは悪くなるが、材料送りと加工の安定を優先に考えたレイアウトである。

写真 3.6.6 では、製品がつながっている 2 辺を切断し、下に落下させる方法を取っている。製品の回収は安定するが、切断した 2 辺のバリ方向が他の部分と逆になる。

写真 3.6.7 は銅材にはんだめっきされた軟質材のためのレイアウトである。製品回収時の変形を抑えるため、抜き落としのレイアウトとなっている。

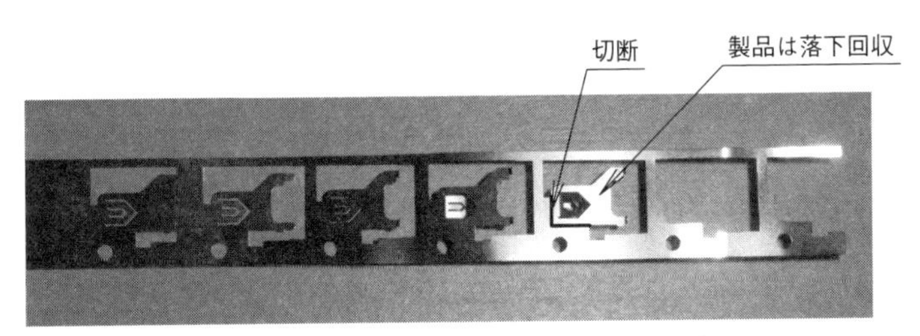

写真 3.6.6　はしご状キャリアのレイアウト

写真 3.6.7　軟質材に適用したはしご状レイアウト

Ⓔ ランス利用の加工

写真 3.6.8 はブランクをランスリット（切込み加工、スリット加工）で作り、その後に部分形状を作り、最終工程でブランクの切り離しと曲げ（丸め加工）を同時に行っている順送り加工である。

このような加工は工程短縮と材料節約を狙ったものであるが、切り離しと曲げ加工を同時に行うことは無理も多くなり、製品回収（この場合はエアー飛ばし）にも問題が起きやすい。

形状が変化したときの金型調整に時間がかかることも多く、曲げ加工と切り離しはできるだけ避けたい。順送りで、切り離しと曲げを同時に行うようになりやすい曲げ製品形状として、箱状の曲げ製品の加工がある。

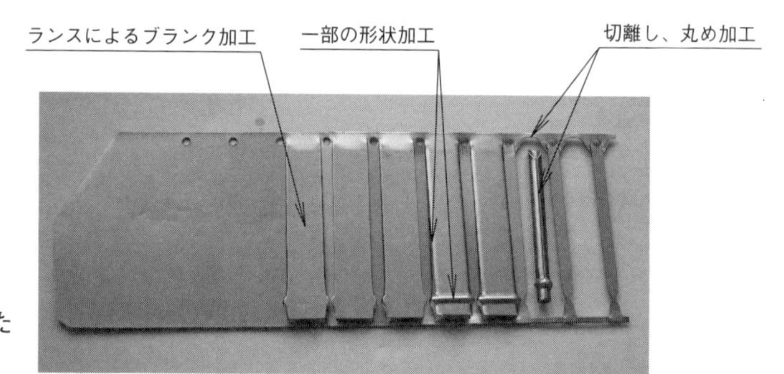

写真 3.6.8
ランスを利用したレイアウト

Ⓕ 複数取りの加工

生産数が多い場合、複数取りを行いたくなる。**写真 3.6.9** は中央キャリアを利用した 2 個取りレイアウトである。この方法は曲げ加工力のバランスを取り、加工の安定と複数取りを兼ねた方法としてよく用いられる。材料ガイ

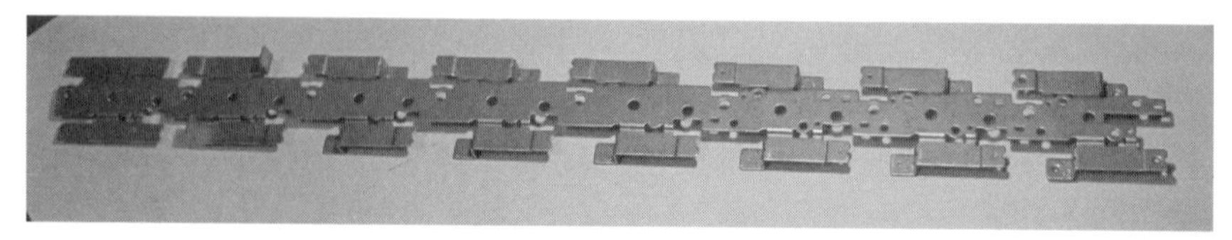

写真 3.6.9　中央キャリアの 2 列取りレイアウト

ドが不安定になりやすいので、型内のリフターなどの工夫を行い、材料ガイドと送りが安定するように工夫されることが多い。

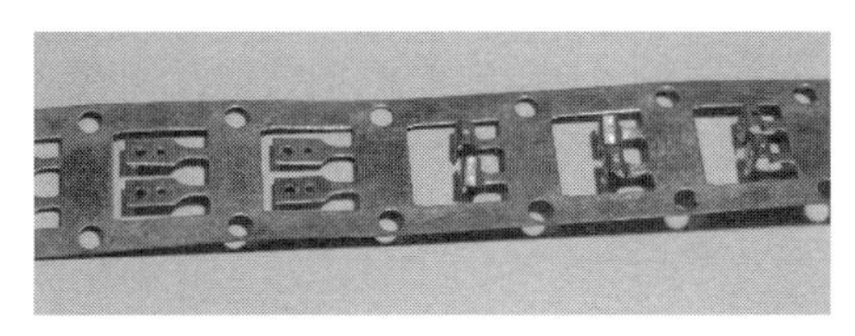

写真 3.6.10　2個取りレイアウト

写真 3.6.10 は、小さい部品のときに採用されることが多い方法である。このような並べ方のほかに、送りを2倍の長さとして2個の加工を行う方法もある。

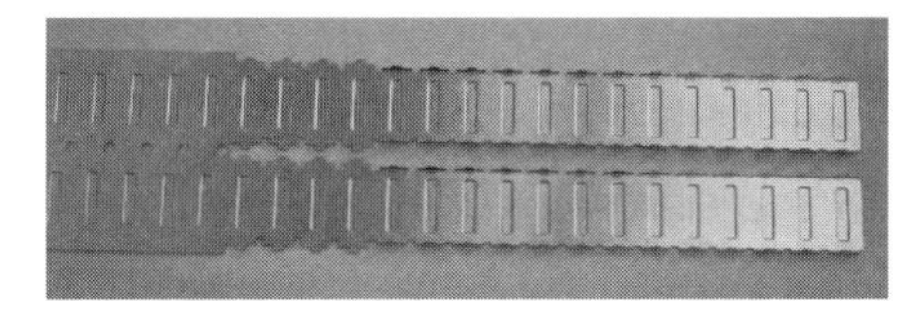

写真 3.6.11　2列取りレイアウト

写真 3.6.11 は、加工内容をそっくり2つ用意して行う2列取りである。わかりやすく、加工も安定するように見えるが、バラツキなどの発生が意外と多い。

複数取りでは、製品の回収と識別に注意が必要で、各列が混じり合わないように工夫したり、識別の刻印を入れるなどの工夫も必要である。

Ⓖ 特殊工程の採用例

順送り加工の中で、カムを使って加工することはよくあるが、ストリッパにカムを組み込んで加工した例である（**写真 3.6.12**、**3.6.13**）。

写真 3.6.12　特殊工程を採用した曲げレイアウト

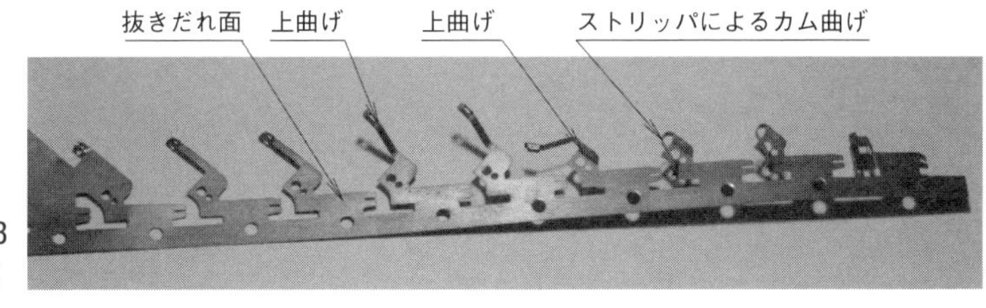

写真 3.6.13
曲げ工程拡

3.7 材料送り特有の課題に着目 曲げ順送り加工の注意点

ここでのねらい　曲げを含む順送り加工をうまく行うための注意点を知る

曲げ順送り加工の特徴

曲げ順送り加工は、加工線が直線の曲げ変形のみのため、比較的容易と判断されやすい。しかし、順送り加工を行ってみると、単工程金型では現れない思わぬ障害に悩まされることがある。それは、順送り加工ではブランクをキャリアでつなぎ加工すること、抜き加工や他の加工が混在することにある（**写真 3. 7. 1**）。

加工の関係で見ると順送り加工の抜きでは、ダイ上の材料にはダイ面側にバリが発生するので、曲げ内側にバリがくることが曲げ加工および製品外観には好都合である。そのため下曲げ加工がよいが、製品形状によってはバリ外、上曲げとせざるを得ない場合もある。

一方、材料送りの面から眺めると、材料は加工時に上下変動が小さい方が材料送りが安定する。材料の上下変動は曲げ形状に影響されるため、上下変動が少なくなるような加工の工夫が求められる。また製品形状加工に気を奪われ、加工が完了した後の製品の回収に対する注意を怠り、うまくいかず悩まされるなどの問題もある。

写真 3. 7. 1　順送り加工例

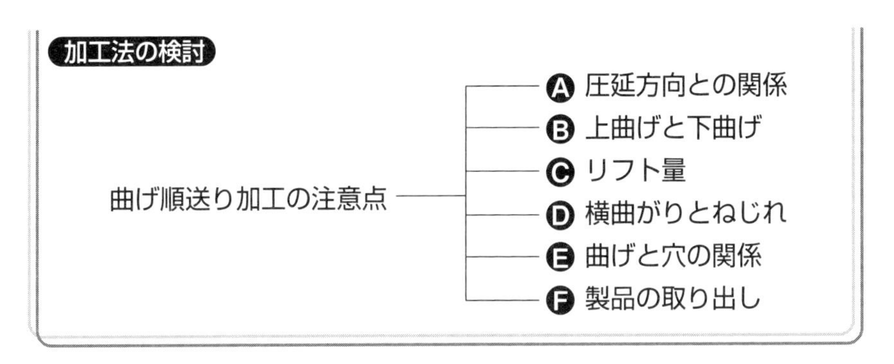

A 圧延方向との関係

曲げ加工は非常に狭い範囲の材料を変形させて形状を作るため、材料伸びが大きくなり、割れが発生しやすい。割れは材料の圧延方向との関係があり、**写真3.7.2**を参照すると、曲げ線が圧延方向と直角になる状態が最も強く、曲げ線が圧延方向と平行なものが最も弱くなる。

板ばねとして使うような製品では、特に注意が必要である。**写真3.7.3**のようにブランクを傾斜させて各部の曲げと圧延方向との関係をバランスさせる工夫もよく取られている。

材料の圧延方向との関係を取ることが難しい製品では、曲げ変形での板厚減少を抑える工夫を取る。曲げ半径を大きくすることである。

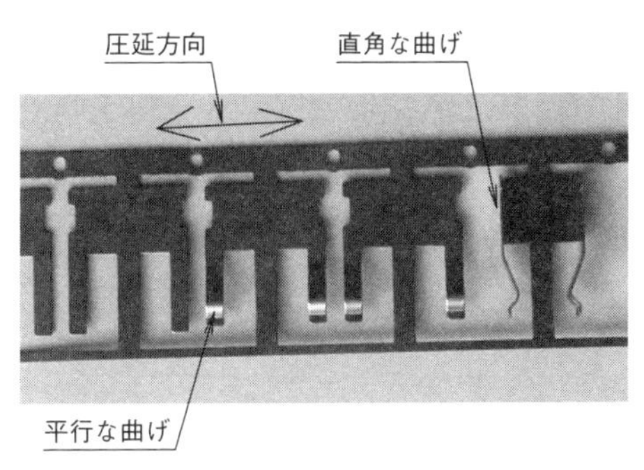

写真 3.7.2　材料の圧延方向と曲げの関係

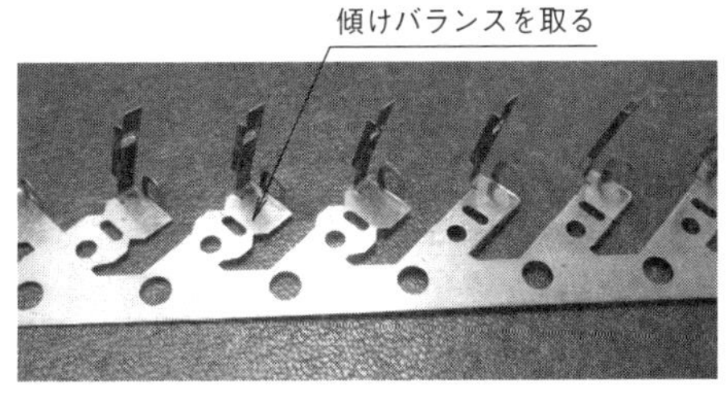

写真 3.7.3　ブランクを傾けバランスを取る

Ⓑ 上曲げと下曲げ

曲げ順送り加工用の金型は材料押さえを働かせることから、可動ストリッパ構造を採用することが多い。この構造を前提として、順送り加工の中で上曲げと下曲げにどのような変化があるかをつかんでおく必要がある（**写真3.7.4**）。

図3.7.1は、抜きと下曲げの関係を示したものである。曲げと抜きのパンチを比べると、曲げパンチの方が長い。可動ストリッパは長いパンチにレベルを合わせることから、リフトアップされた材料をダイ面まで下げ、曲げ→抜きの順で加工され、問題なく加工が行われる。

一方の上曲げについて考えてみる。**図3.7.2**が上曲げ構造である。図は加工が完了した状態を示している。図から曲げパンチが、抜きパンチより短いことがわかる。

ストリッパ面は、抜きパンチに合わせられる。曲げパンチがパンチプレートに固定されているとすると、ストリッパがリフトアップされた材料を押し下げて行き、最初に当たるのが上曲げダイである。この時点から上曲げは開始されなければならないが、上曲げパンチは短いためストリッパ面より下がっている。そのため、曲げ加工ができない。これが、通常の考えで設計し

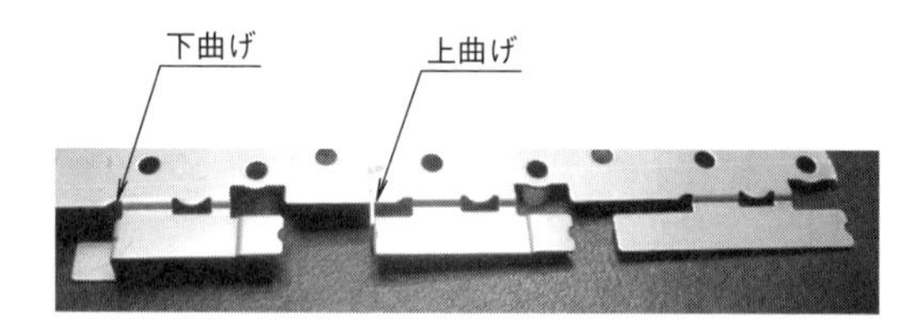

写真3.7.4　上曲げと下曲げ

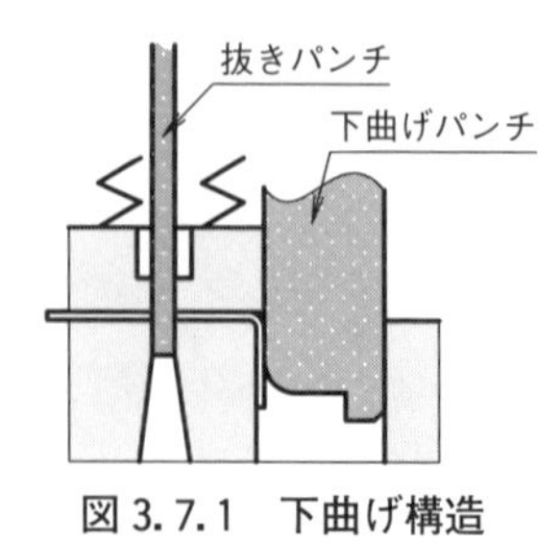

図3.7.1　下曲げ構造

図3.7.2　上曲げ構造

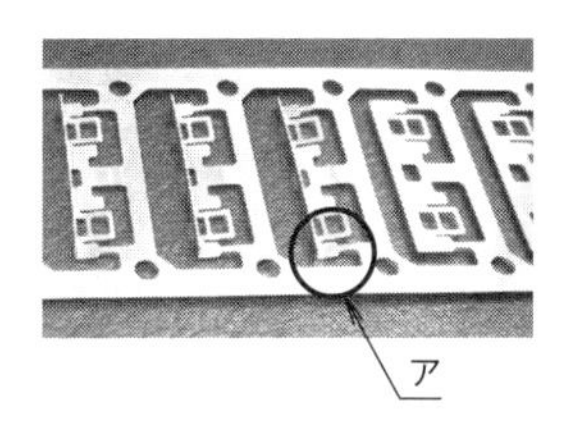

写真 3.7.5 V曲げでの上曲げ

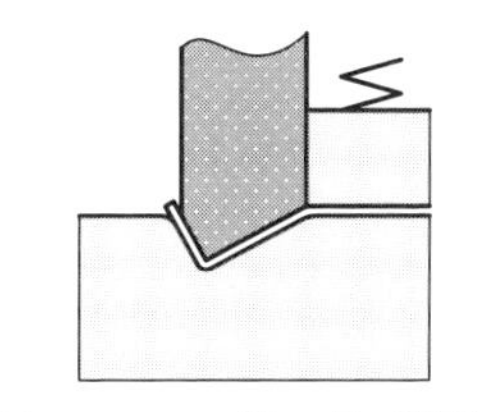

図 3.7.3 ア部の曲げ構造

たときに起こる現象である。

上曲げパンチ先端は、ストリッパ面と同一でなければならない。このことは、可動ストリッパ構造の順送り型の中では、上曲げパンチは可動式とならないと加工が成立しないことを意味している。

写真 3.7.5 の形状は、**図 3.7.3** のような構造で上曲げを行っている。通常の上曲げでは、パンチを可動させなければならないことの対策構造である。

Ⓒ リフト量

順送り加工では、材料の上下動はできるだけ小さい方がよい。上下動は材料のリフトアップ量で決まる。

写真 3.7.6 を見ると、上曲げと下曲げが混在する。**図 3.7.4** は上曲げの構造を示している。上曲げでは加工後、材料を次のステージに移動させるためには、ダイ面より凸になっている上曲げダイの上を通過させる必要がある。そのときのリフト量が「A」である。

図 3.7.5 は下曲げ構造を示している。下曲げでは、曲げたフランジがダイ面より上に出なければならない。このときのリフト量が「B」である。

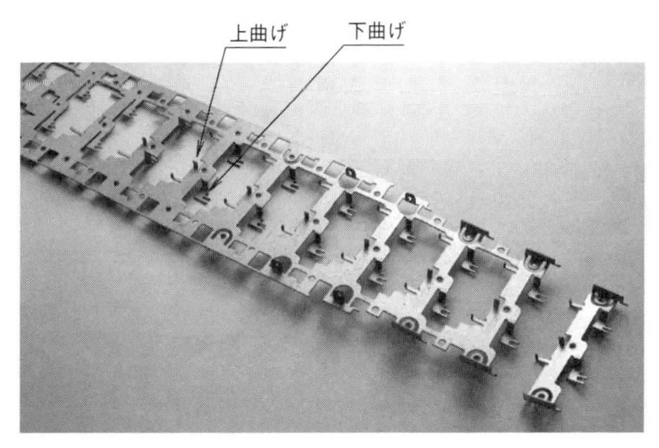

写真 3.7.6 ストリップレイアウトとリフト量の関係

順送り加工の中での

リフト量は、「A」または「B」の大きい方としたい。しかし、加工順序を考えないで設計すると、「A」プラス「B」のリフト量を必要とするようになることがある。それは、下曲げを先行して、その後に上曲げを加工するようにして、両者が材料送り上の同一ラインに重なるときに起こる。先行して曲げた下曲げのフランジ先端が、上曲げダイの上を通過しなければならなくなるからである。

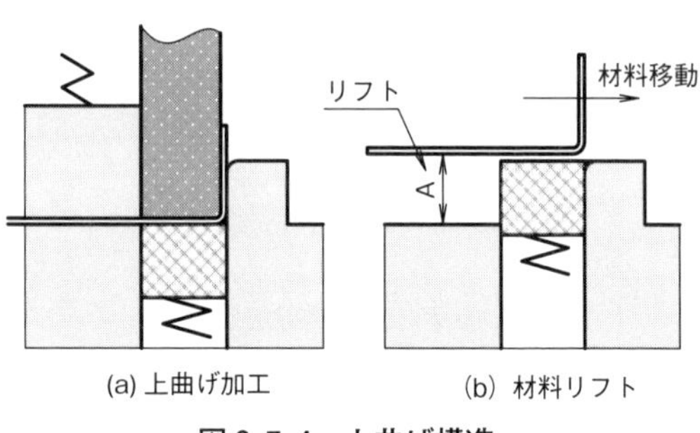

図 3.7.4　上曲げ構造

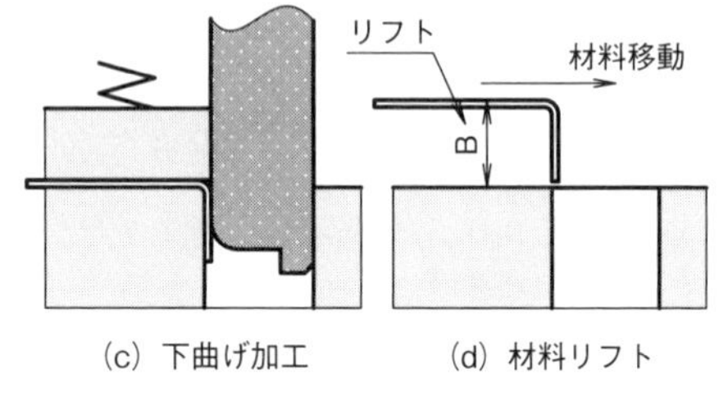

図 3.7.5　下曲げ構造

上曲げと下曲げが混在するときには、加工の順序とともにリフト量がどうなるかもあわせて考えておかないと、作業性の悪い金型を作ってしまうことがある。

D 横曲がりとねじれ

材料節約のため、片側キャリアでレイアウトすることは多くある。このときの注意点が横曲がり（キャンバ）とねじれ（ツイスト）である（**写真 3.7.7、3.7.8**）。この現象はばね性の強い材料に発生しやすく、りん青銅材やステンレス材では

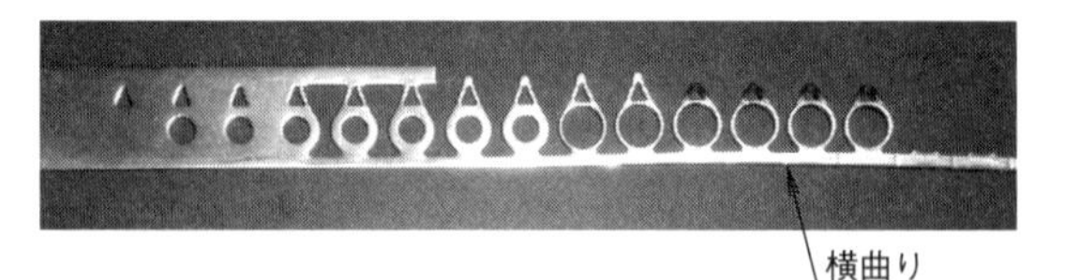

写真 3.7.7　キャリアの横曲り

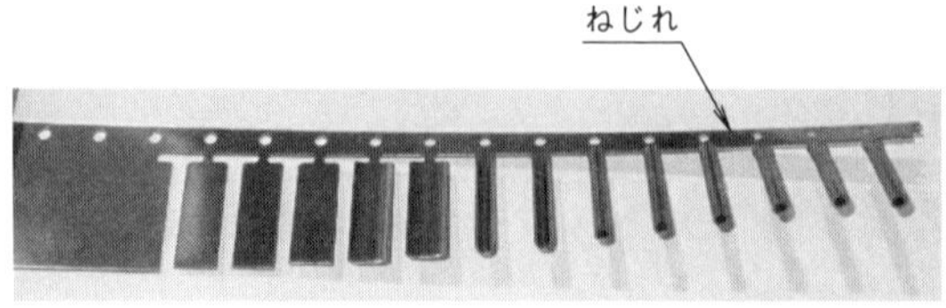

写真 3.7.8　キャリアのねじれ

キャリアの幅を大きめに取り、強度をもたせるようにする。

横曲がり対策として、キャンバ修正構造を組み込んでおくことも検討するとよい。

ねじれは修正機構で直すことは難しい。多くの原因は材料のスリッターひずみにあり、このひずみ部分をサイドカットで除去する方法が最も効果がある。

E 曲げと穴の関係

通常の加工では、**写真3.7.9**のようにブランクの段階で穴加工を行い、その後に曲げ加工して製品を完成させる。平板な状態のうちに加工することが容易だからである。

しかし、曲げ加工を行うことで、穴ピッチ関係に変動が生じる。穴ピッチの精度要求がシビアな場合、曲げに伴う変動で穴ピッチの保証が難しいと判断されたときには、**写真3.7.10**のように曲げ後に穴を加工するように工程を変えることを行う。抜きのダイ面レベルが変動したり、時には曲げて立ち上がった面に横方向から穴加工するようになることもある。金型管理が面倒になるが、製品品質を優先して工程は決められる。

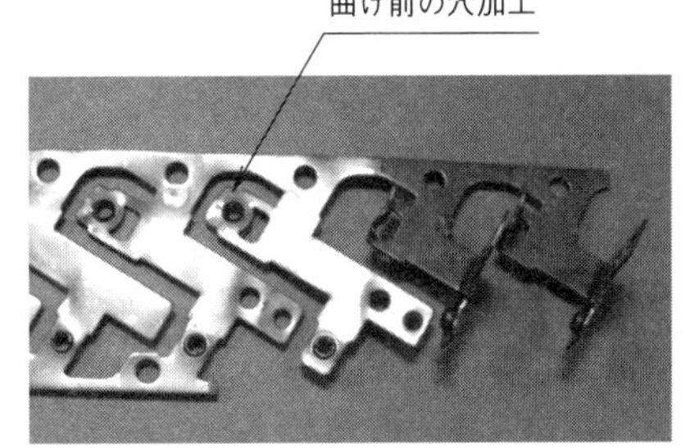

写真3.7.9　穴加工→曲げ工程

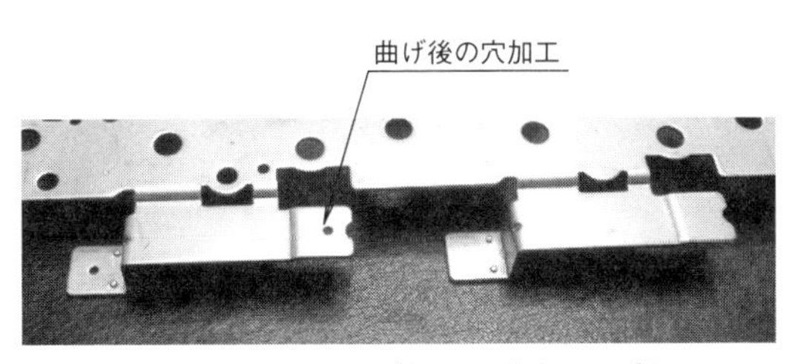

写真3.7.10　曲げ加工→穴加工工程

F 製品の取り出し

写真3.7.11は、よく見られる曲げ順送り加工のパターンである。キャリアを切り離し、ダイ上に残った製品をシュート上を滑らせて回収したり、エ

アーで吹き飛ばすなどで金型の外へ製品を排出する。このような方法で注意することは、曲げ形状と送りの関係である。写真に「イ」と示した曲げは、材料の送り方向を向いている。もし、送り方向が逆になると、この部分はダイの中に残り、一度製品を持ち上げないと排出ができなくなる。工程レイアウトの際には製品の取り出しも考えて行う。

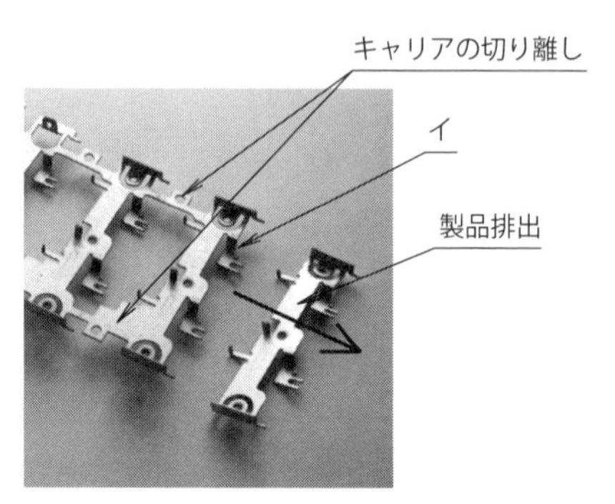

写真 3.7.11　ダイ上排出

写真 3.7.12 は、切り離した製品をダイに設けた穴に落とし、ダイを通過させて回収する方法を採用したものである。最後に切り離した部分のバリ方向が他と逆になるが、製品の回収は安定する。

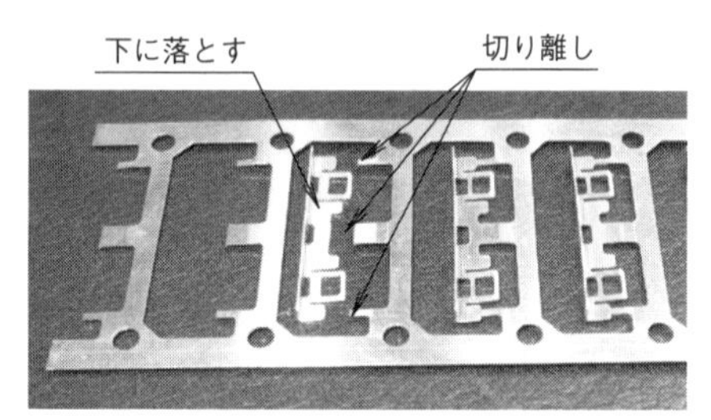

写真 3.7.12　ダイ通過排出

写真 3.7.13 は、製品回収が難しくなったレイアウトの例である。製品の加工は安定して良いレイアウトになっているが、最後のキャリアカットを行うと、下向き U 曲げ部分がダイに入り込んで残ってしまい、製品の取り出しが難しい。このようなときには2カ所のキャリアカットを同時に行わず、片方ずつ加工する工程にすると製品回収が容易に行えるようになる。

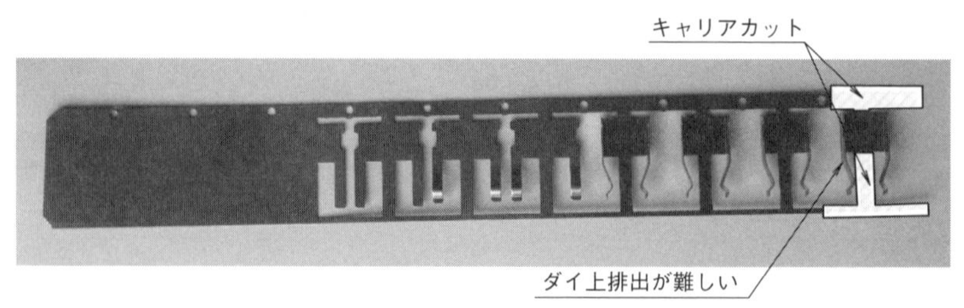

写真 3.7.13　製品排出が難しいレイアウト

3.8 成形負荷を考慮した板ばねの加工

ここでのねらい　板ばねの加工方法を知る

板ばね加工例：小型モーターのブラシの特徴

小型直流モーターの構造を**図 3.8.1** に示す。ブラシはコンミテータに電流を流す接点である。

ブラシは常にコンミテータに接し、回転するロータのコイルに電流を流す。ブラシは一定の圧力でコンミテータに接し、振動などで接続（通電）が途切れることがないように、ばね性を持たせて接している。また、接続部分の摩耗を抑えるため、カーボンが埋め込まれている。

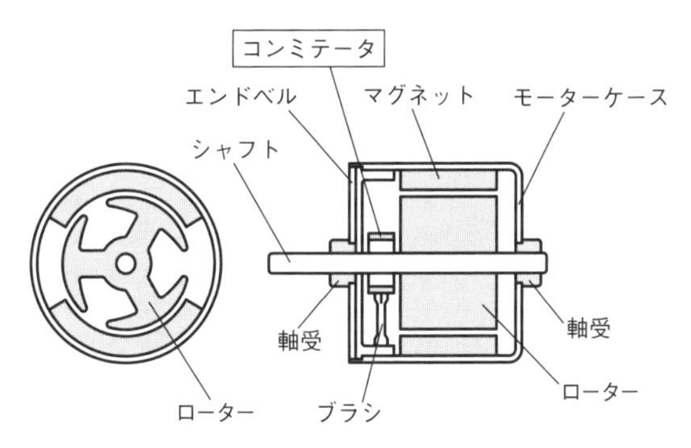

図 3.8.1　小型直流モーターの構造（図 2.6.1、3.5.1 再掲）

ブラシの加工

ブラシは一種の板ばねとである。同時に電流を流す端子でもある。ばね性と導電性を備えた特性の良い材料としてはベリリウム銅がある。熱処理されたベリリウム銅は大変優れたばね特性を示すことから、ブラシにはよく使われている。材料板厚は 0.15 mm 程度のものが多い。

ブラシは複雑な形状をしているものが多く、材料板厚も薄いことから順送り加工で作られることが多い。そのいくつかを解説する。

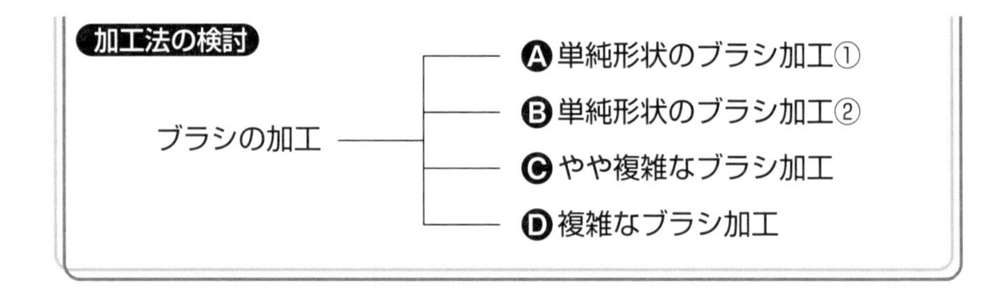

A 単純形状のブラシ加工①

この製品は、0.1 mmのベリリウム銅材から加工されている。ブラシは板ばねでもあることから、曲げと圧延方向の関係に注意を払い、傾斜したブランクレイアウトとして、どの曲げも圧延方向と平行な曲げとならないように配慮している。

写真 3.8.1は加工レイアウトである。初段で丸穴を加工し、パイロット穴を確保してパイロットを働かせ、位置ずれを防ぎながら加工を進める。ブラシの加工では片側キャリアになることが多いため、材料強度を損なわないように加工を進める。そのポイントは形状加工にある。

形状抜き1, 2でU曲げができるようにしているが、材料のつながり部分はだいぶ残っているので、材料送りの不安はない。U曲げ後、形状抜き3を行い、L曲げを可能にして最終加工へ進む。最初から抜き形状3まで加工してその後に曲げを行うレイアウトとすると、キャリアのつなぎ部分が少なく、送りミスが多くなることが予想される。

写真 3.8.2は、カーボン取り付け部分の加工を拡大したものである。角穴

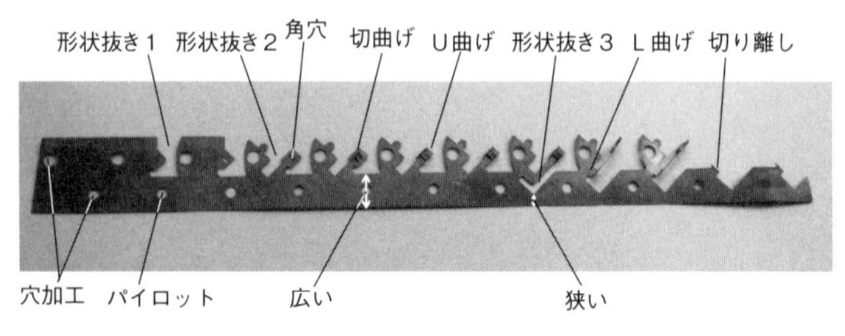

写真 3.8.1　加工レイアウト①

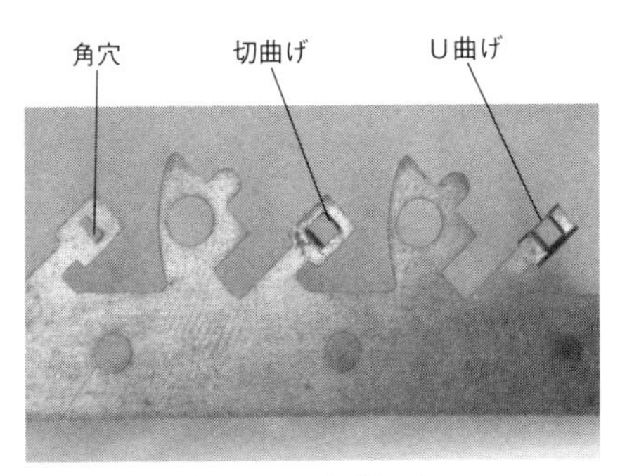

写真 3.8.2　細部の加工

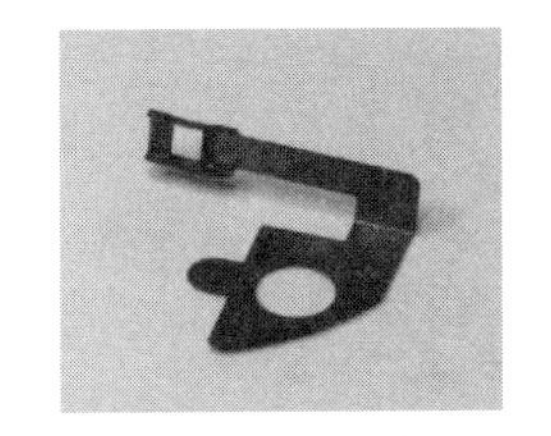
写真 3.8.3　製品

を加工し、切曲げをする。その後、U 曲げを行うが、U 曲げはこの部分の強度アップのためである。

それぞれの関係が接近しているので、形状や金型部品強度に注意する。ブラシ加工の肝となる部分である。**写真 3.8.3** はでき上がった製品である。

B 単純なブラシ加工②

この製品は、先に示したものとほぼ同じレイアウトで加工している（**写真 3.8.4**）。違いは、カーボン保持部が曲げを利用して作られていることである。

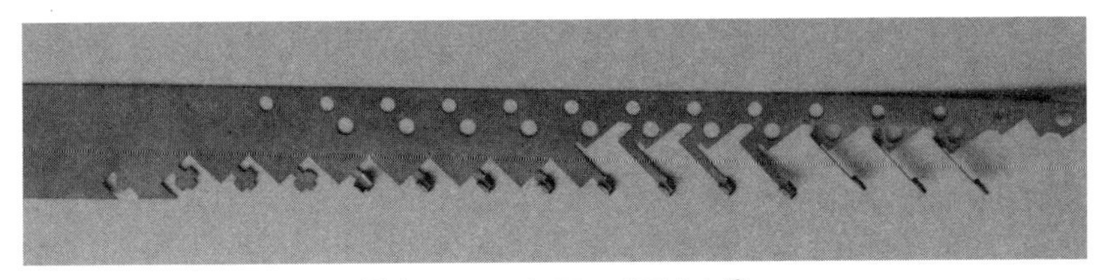
写真 3.8.4　加工レイアウト②

C やや複雑なブラシ加工

穴数や曲げ箇所が多くなり、加工に多少手間がかかるようになったブラシである。材料板厚は 0.15 mm、材質はベリリウム銅である。加工の基本的な部分（傾斜取り、片側キャリア）は変わっていない。

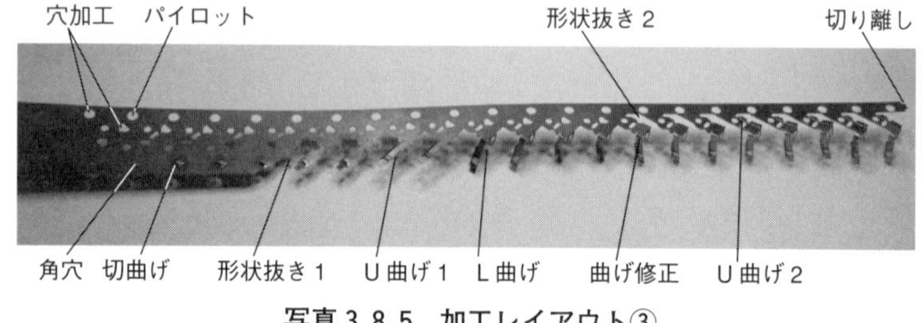

写真 3. 8. 5　加工レイアウト③

写真 3. 8. 5 は加工レイアウトを示している。形状抜きの工夫と材料ガイド、特にリフターの配置と曲げのある側の幅方向ガイドを工夫し、材料送りの安定を考えている。リフター用のアイドル工程を取ることも行っている。しかし、そのために加工レイアウトが長くなることは好ましくない。順送り加工では、できるだけレイアウトは短くなるように検討する。

写真 3. 8. 6 は切曲げ工程の拡大である。角穴をあけ、それを中心にして左右に切曲げを行っている。切曲げの縁が変形（バリ）している。これは１工程で切る、曲げるを行ったことに原因がある。切りしろが少なく、曲げにも無理があり、パンチの傷みが早いことが原因である。スリットと曲げを分けて２工程で加工すべきだった。

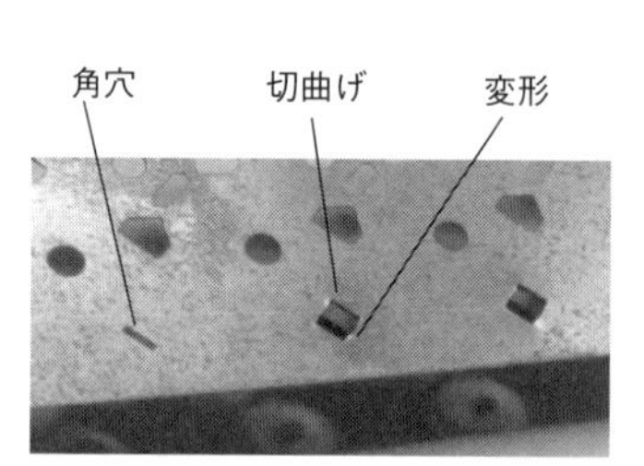

写真 3. 8. 6　切曲げ工程

写真 3. 8. 7 は切曲げ両側をＵ曲げする工程と、Ｌ曲げ工程および、Ｌ下曲げ工程の拡大である。

Ｌ曲げ部分は板ばね部分の付け根に当たり、疲労破壊などを考慮してか、曲げ半径をかなり大きく取ってる。そのためスプリングバックも大きくなり、１回の曲げでは形状を作れないと判断し、２工程曲げをしている。

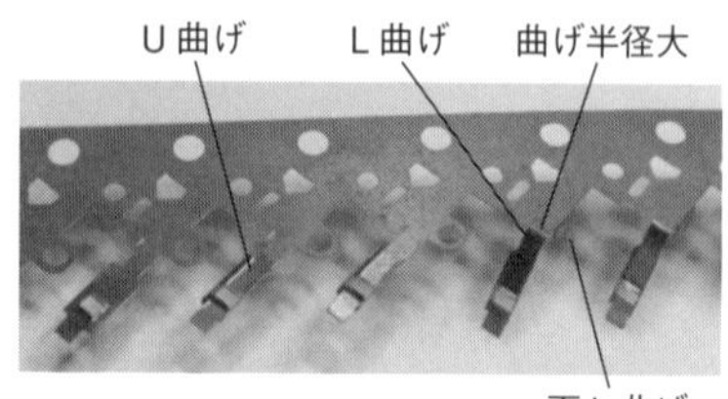

写真 3. 8. 7　Ｕ・Ｌ曲げ工程

写真 3. 8. 8 は曲げ修正から切り離し工程である。

曲げ修正はＬ曲げのスプリングバック対策として、曲げ位置を少しずらして再度L曲げを行っている。ベリリウム銅は腰が強く、スプリングバックも大きい。曲げ半径が板厚程度であれば、1工程加工で角度出しは可能であるが、曲げ半径が大きくなると1工程加工では難しい。

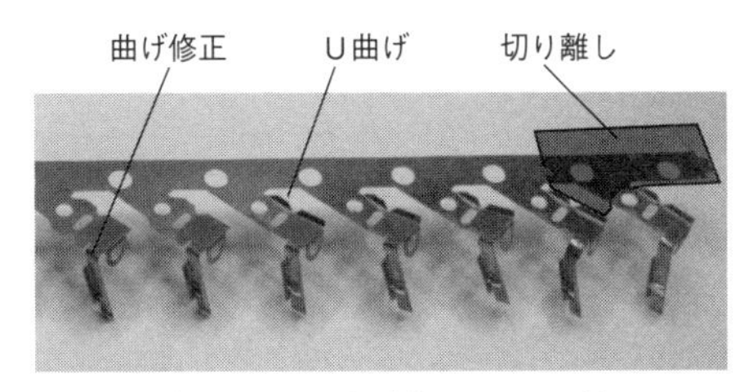

写真 3.8.8 曲げ修正～切り離し

U曲げ加工は特に問題はない（写真は取り扱いで変形している）。

切り離しはカット部分が大きく、製品の回収に難しさがある。製品が軽く、油が付着するなどして、自重で落下させることは難しい。そこで、エアーを吹いて強制的に回収する工夫が必要である。

部分的にバリ方向が変わってしまうが、抜き落としで回収できることが理想である。エアーを吹くことで材料にバタツキが起き、送りミスにつながることがあるのでこの点にも注意が必要である。

D 複雑なブラシ加工

このブラシはカーボンホルダー部、板ばね部分ともに難しい形状をしており、**写真 3.8.9** に示すように工程が長くなっている。板ばね部が特に問題で、カムを使って加工している。

写真 3.8.10 は、形状抜き部の拡大である。今までのものは切欠きで形状を作っていたが、この製品では一部を穴抜きで加工している（形状抜き 3）。つなぎ部を残し、材料の強度低下に配慮している。

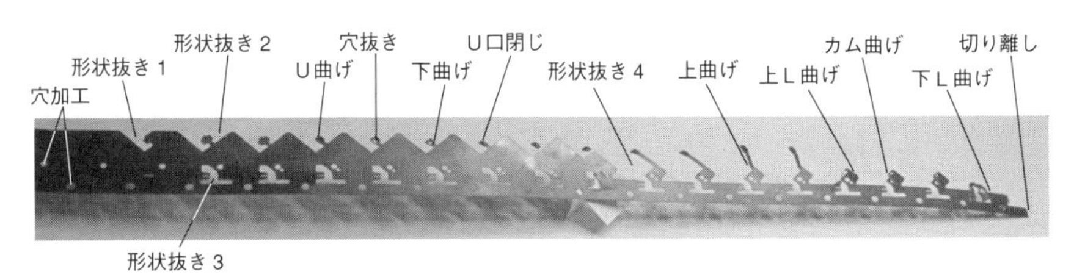

写真 3.8.9 加工レイアウト④

写真 3.8.11 は、カーボン保持部の加工である。この加工を行えるように形状抜きしている。

まずＵ曲げを行い、穴抜きをしている。穴を先に抜くと、曲げがうまくできない。次の工程でＵ曲げの首下から、「への字」に下曲げしている。最終工程ではＵ曲げした先端を閉じている。小さな部分であるが､内容が多く、工程を食っている。

写真 3.8.12 は板ばね部分の形状を作り、曲げ加工を始める部分の拡大である。

大きな形状抜き 4 で、ブラシのブランクができ上がった。形状加工では材料強度を考えて作ってきたため、マッチングと示した部分に形状抜き 1, 2, 4 によるマッチングができる。この部分は板ばね部分であり、できればマッチングは作りたくないところである。材料送りの安定との兼ね合いから、このようなレイアウトになった。

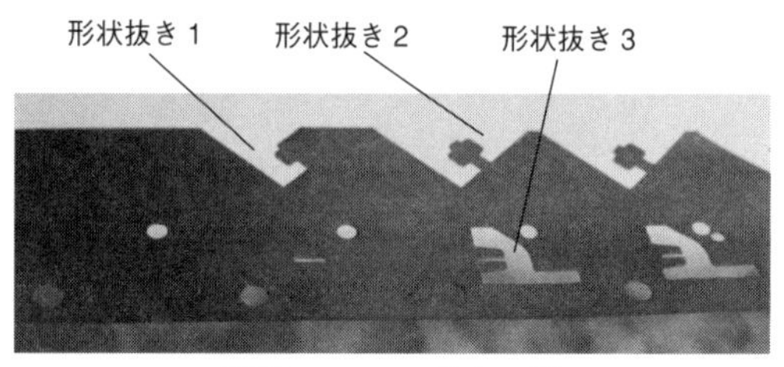

写真 3.8.10　抜き工程

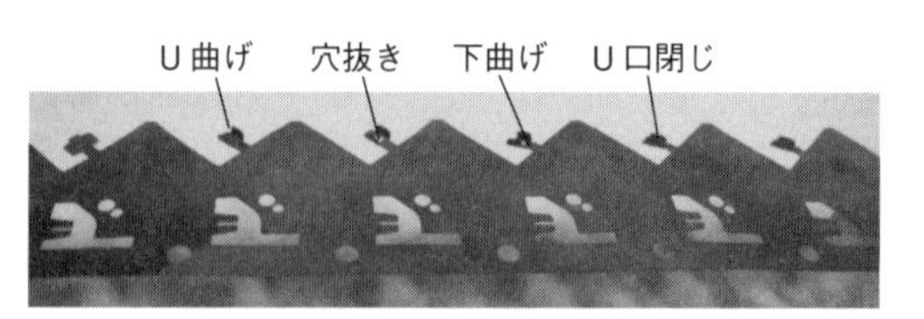

写真 3.8.11　カーボン保持部加工

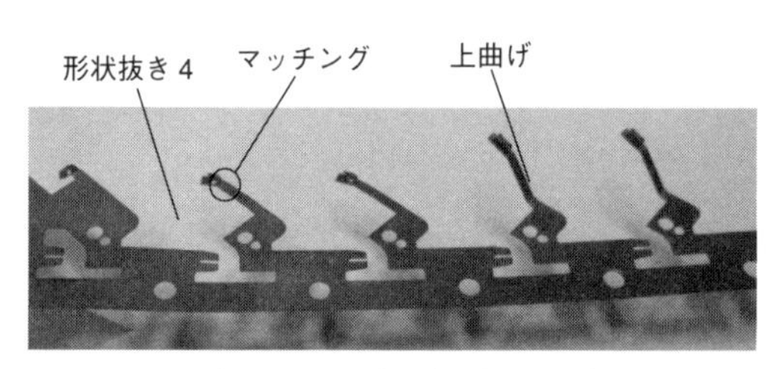

写真 3.8.12　板ばね部加工①

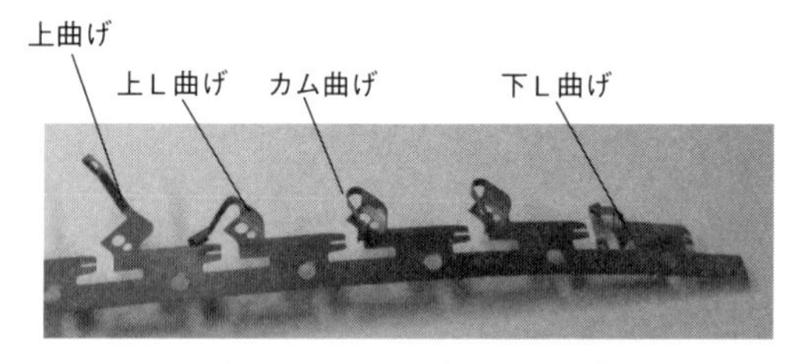

写真 3.8.13　板ばね部加工②

写真 3.8.13 は、上曲げした板ばね部分を上にＬ曲げしている。この上曲げはストリッパで曲げている。次の工程で上曲げ部分をカムで丸めている。このカムもストリッパに組み込まれている。さらに、次の工程で下曲げして加工は終わり、切り離して製品を回収している。

第4章
曲げの応用で絞り形状を引き出す成形加工の最適化

L 曲げの加工ラインが直線から曲線に変化すると、フランジ成形加工となる。曲げの形状変化と加工ラインの変化が、さまざまな成形形状となって現れる。これに張出し加工が加わり、板成形加工が成り立っている。成形加工は変化が多く、工程設計が難しいという特徴を持つ。そこで成形形状を解きほぐして、工程設計と金型構造を考えるヒントを説明していく。

4.1 曲げ・縮み・伸び要素で立体形状に成形加工の特徴と利用例

ここでのねらい　成形加工の特徴をつかみ、利用と加工の要点を知る

成形加工の特徴

成形加工は、**写真4.1.1**のような形状加工を行うものである。

板材から立体的な形状を作る加工のすべてを成形加工と呼ぶが、曲げ変形のみで形状を作る曲げ成形（通常呼びは曲げ加工、加工ラインが直線）、材料に縮み変形を与えて形状を作る深絞り加工（通常呼びは絞り加工）以外の形状加工を、狭い意味で成形加工と呼ぶ。

成形加工は、曲げ変形、縮み変形、伸び変形の要素で加工される。縮み変形は外周から材料を引き込んで形状を作るが（**写真4.1.2**の円筒絞り加工を一例として紹介する）、写真4.1.1のような製品を作るには、平面を確保することが難しく適さない。材料を伸ばして形状を作る方法が主体となる。材料を伸ばして形状を作る代表的なものが、**写真4.1.3**に示す張出し成形である。

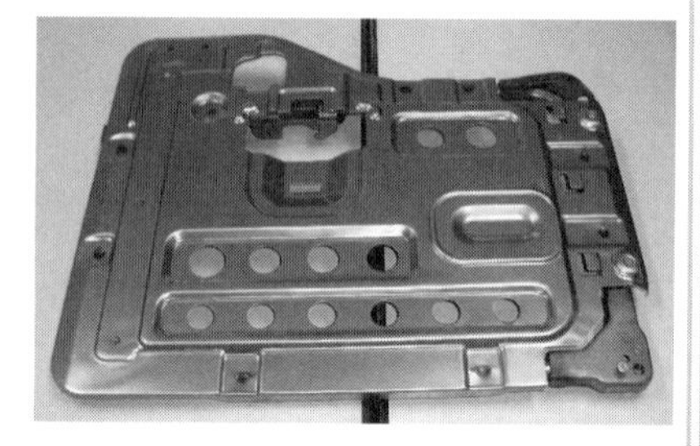
写真 4.1.1　成形加工品

写真 4.1.2　絞り加工

この面積の材料を伸ばして立体を作る

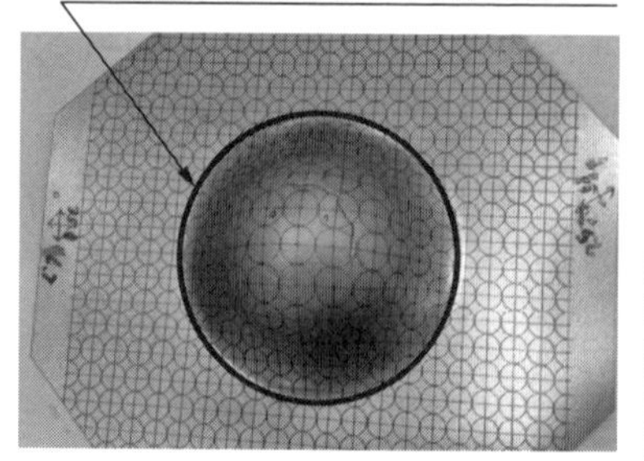
写真 4.1.3　張出し加工

張出し成形は、立体形状を作るのに必要な材料面積を伸ばして、表面積を広げ、広がった面積を利用して立体形状を作る。そのため、フランジ部分に変形が生じないか軽微なため、平面が確保できる。

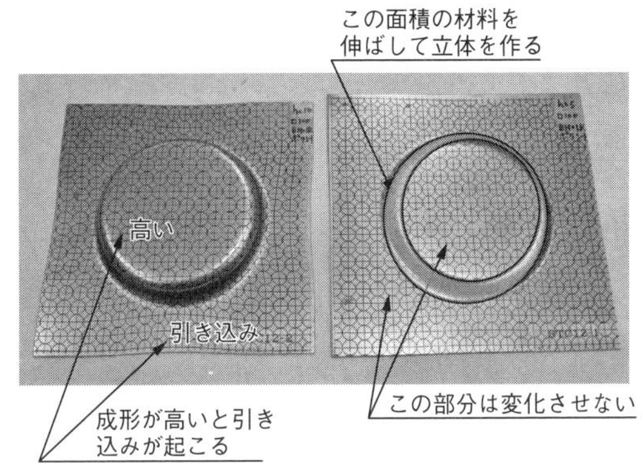

写真 4.1.4　上部に平面のある成形

写真 4.1.4 は上部に平面を持った形状である。このような形状ではリング状の部分の材料を伸ばし、形状を作ることとなる。形状が高すぎると縮み要素が入り込み、フランジに引けが発生するようになるため、フランジ平面度を悪くする。

成形形状が高くなると、伸び要素だけでは加工ができなくなり、縮み要素を取り入れて加工するようになる。この場合にはフランジ外周が変形するため、外周のトリミングが必要となる。

加工法の検討

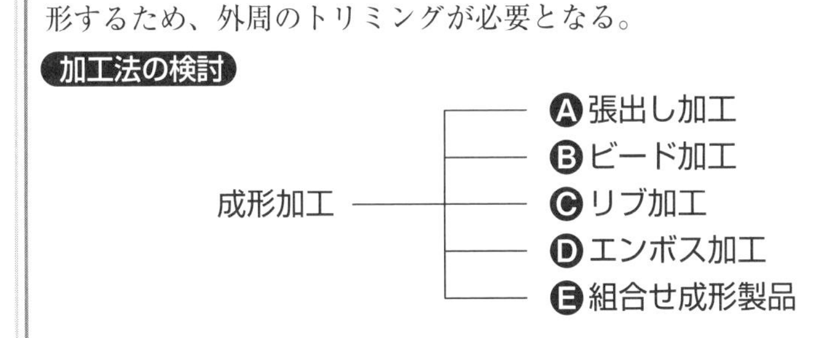

A 張出し成形

張出し成形は、材料を伸ばして形状を作る。**写真 4.1.5** の半球形状が基本形状と言える。フランジ部を強く拘束して球状パンチを材料に押しつけ、均一に材料を伸ばして成形する。写真 4.1.5 の製品は、半球を成形した後に輪郭抜きをしている。**写真 4.1.6** は浅い凸形状で全体がテーパ状になった形状、このような形も張出し加工となる。**写真 4.1.7** は開口部を持った張出し加工である。

写真 4.1.5　張出し成形

写真 4.1.6　テーパー状の張出し

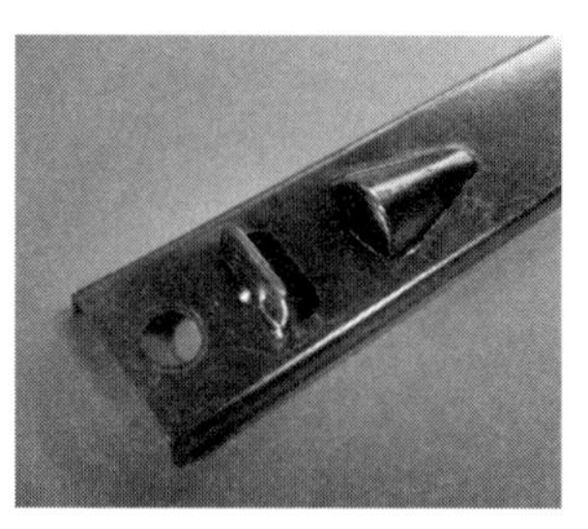

写真 4.1.7　開口部のある張出し

Ⓑ ビード加工

ビード加工は、半球成形を半分に分け、中間に直線部を持たせた形状である。**写真 4.1.8** のような形のものである。直線で細長い形状から、「ひも出し加工」と呼ばれることもある。加工要素は伸びである。

ビードの断面形状が半円形をしているものを丸ビード、三角形をしているものを角ビード、上部に平面を持ったものを平ビード（**写真 4.1.9**）と区別して呼ぶこともある。平ビードの上部平面形状は長い長方形で、この形が正方形に近くなったり、L 字形や変形した形状になるとエンボス加工と呼び方が変わる。

ビードの用途は面の強化が主なものと言える。**写真 4.1.10** は角絞りにも用いられたものであるが、絞り底面の強化とたるみを取る目的で使用されることも多くある。このような細い形状でリング状になったものもビードと呼ぶが、曲線の連なりになるとエンボスと呼ぶ。例えば、自動車のナンバープレートはビードとは呼ばず、エンボス加工と呼ぶ。

写真 4.1.8　ビード加工

写真 4.1.9　平ビード

写真 4.1.10　リング状のビード

C リブ加工

張出しを平面ではなく、**写真 4.1.11** のような曲げライン上や成形ライン上に加工したものをリブと呼ぶ。写真 4.1.11 のようなリブは、その形状から三角リブと呼ぶ。曲げ部の強化や曲げ角度を安定させるために用いる。**写真 4.1.12** は形状を強化するために用いられている例である。リブの位置は曲げや成形形状の左右対称となる中央に設けることが適切で、中央から位置がずれると曲げや成形の傾きを起こす原因となる。

リブは、原則として曲げなどの本体加工と同時に加工する。ただし、形状強化を目的とした大きなリブでは、リブの予備成形を曲げなどの成形前の平板な状態のときに加工しておき、曲げなどの本体加工の際に目的形状に仕上げる 2 工程加工も行われる。

写真 4.1.11　リブ（三角リブ）

写真 4.1.12　形状強化リブ

D エンボス加工

エンボス加工は、浅い凸で形状を作る加工である。**写真 4.1.13** は模様を打ち出した典型的なエンボス加工である。**写真 4.1.14** のような形状は、模様と同時に加工の際の細かなキズを目立たなくさせる目的で加工することもある。

模様付の加工では、パンチ・ダイの模様形状を合わせてしっかりと材料をはさむように加工することもあり、このような条件の加工では材料に圧縮要

写真 4.1.13　エンボス加工①

写真 4.1.14　エンボス加工②

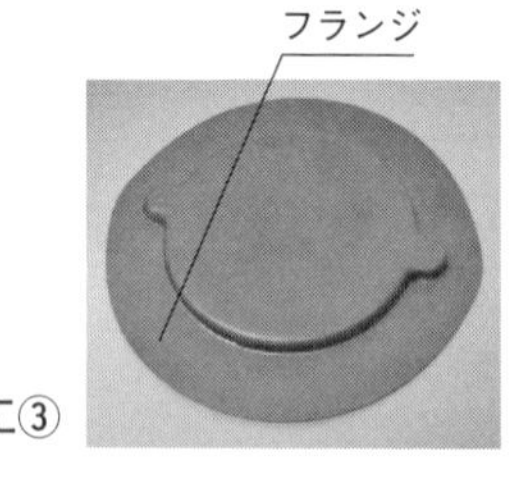

写真 4.1.15
エンボス加工③

素が働くため、板鍛造とすることもある。しかし、多くの形状加工では伸び要素を中心に形状が作られることから、エンボス加工としている。

写真 4.1.15 は一見すると絞りに見えるが、凸の高さが低いときには伸び要素で加工される。高さが出てくると、伸び要素だけでは加工が困難となり、フランジを引き込んで形状を作る絞り（縮み）要素も取り入れながら加工される。絞り要素が入ってくると輪郭が変化するため、輪郭の切り直しのトリミングが必要となってくる。

形状が複雑になると、絞り要素での材料引き込みが各部で同じとならなくなり、フランジにしわが発生するようになる。これを避けるには、各部の引き込みのバランスを取る目的で、成形にブレーキをかけるための絞りビードなどの利用も必要になる。

E 組合せ成形製品

写真 4.1.16 は曲げ製品であるが、曲げ部の強化に三角リブ、面の強化にビードが使われている。4 カ所に半球の突出しがある。これらはすべて張出し要素での加工である。

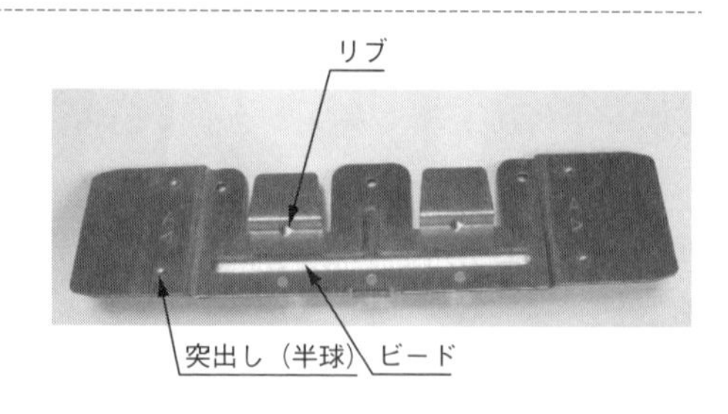

写真 4.1.16　組合せ成形製品①

写真 4.1.17 は、中央の張出し

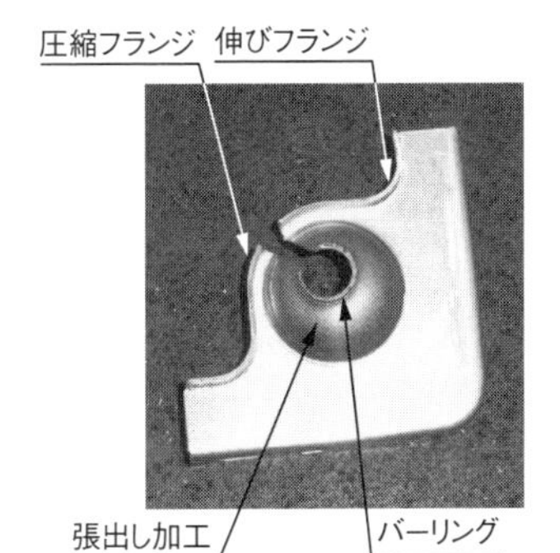

写真 4.1.17　組合せ成形製品②

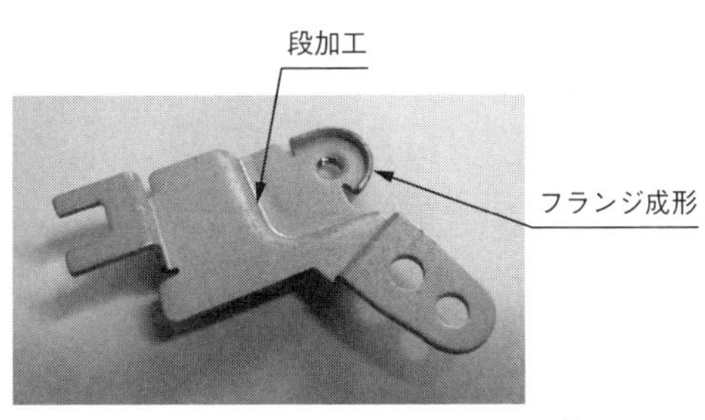

写真 4.1.18　組合せ成形製品③

成形と外周のフランジ成形が主体の製品である。張出しに割が入っているが、成形前に割を入れておいての加工はできない。張出し成形後に割を入れ、その後にバーリング加工している。

写真 4.1.18 は、フランジ成形とカーブした段加工が成形形状である。明確な呼び方がない形状である。成形製品にはこの製品のように、形状の呼び方に困る形状もある。

写真 4.1.19　組合せ成形製品④

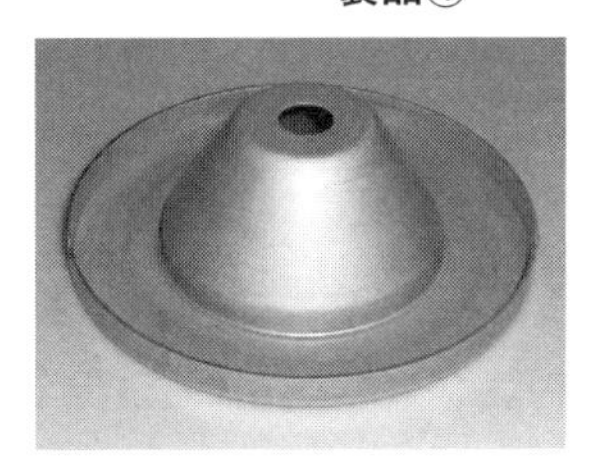

写真 4.1.20　テーパ絞り製品

写真 4.1.19 はフロッピーディスクのセンターコアである。一見すると絞り製品に見えるが、絞りが浅いため伸び要素と絞りの組合せ加工となっている。ダイの肩半径を小さくし、底部に引っ張りを働かせながら、側壁部をわずかに伸ばしながら絞り、残留する変形応力を減少させ加工する方法がとられている。絞りと思いながら、伸び要素を利用した成形加工品と見ることもできる製品である。

写真 4.1.20 はテーパ絞り、外周は縮みフランジ成形と見ることができる。テーパ絞りの多くは伸び要素で加工される。単純に絞りと判断して加工すると、失敗することが多い。張出し成形として加工を考えると、加工上の注意点がよく見えてくる。

形状加工では、加工の際に働く要素が伸びか縮みかをつかむことが、加工上の問題点を理解するのに役立つ。

4.2 製品形状から分解して検討する 成形加工の形状と金型構造

ここでのねらい　成形形状を分解して基本要素を拾い出し、加工の内容を整理する

成形製品の特徴と工程検討

成形製品は複雑な要素を含んでいる（**写真4.2.1**）。加工に先立ってその内容を理解し、加工方法および加工に必要な構造を決めることが求められる。

その際に、製品形状全体を１つとして眺めて判断することは難しく、製品形状を分解して形状を判断する。そして加工に必要なものを見極め、加工工程と加工に必要な構造を決めるとわかりやすい。ここでは成形加工の要素となるものを考え、その加工構造と特徴を解説する。

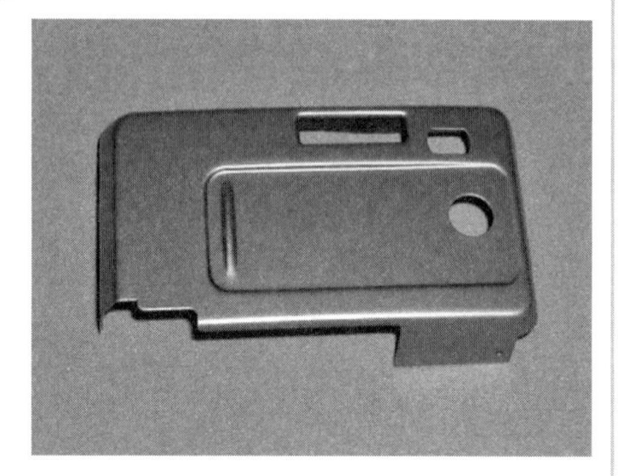

写真 4.2.1　成形製品

成形加工の要素

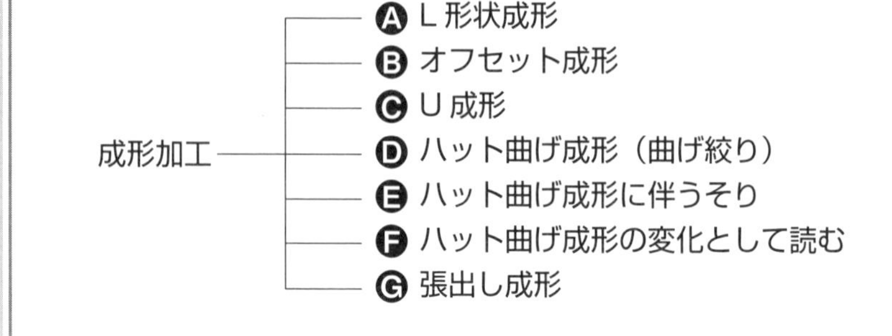

A L形状成形

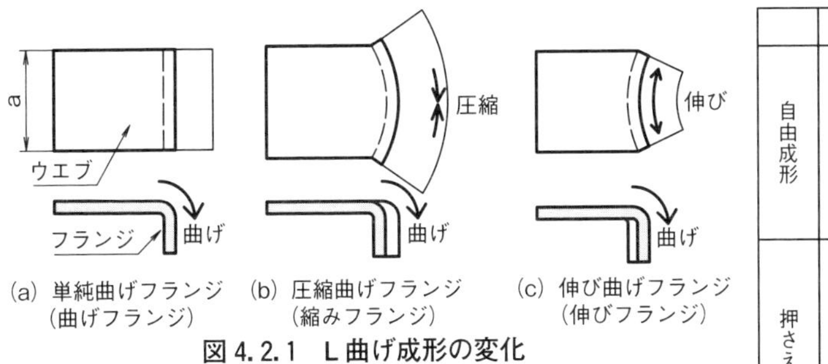

図 4.2.1 L曲げ成形の変化

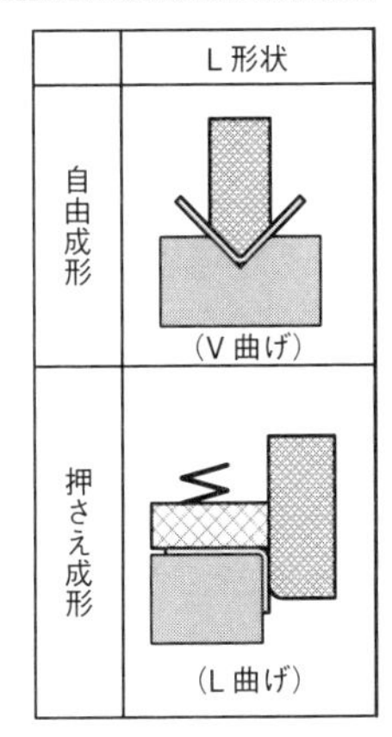

図 4.2.2 L加工構造

図 4.2.3 自由成形途中

L形状は、**図 4.2.1** に示す3様態がある。その形状加工に使われる加工構造は**図 4.2.2** の構造となる。自由成形では**図 4.2.3** の加工途中形状を経て、成形される。単純曲げフランジではフランジ部分には応力が働かないが、圧縮曲げフランジでは加工ラインが凸形状となることでフランジに圧縮力が働き、フランジ部にしわの発生の可能性と板厚増加がある。

伸び曲げフランジでは、加工ラインが凹形状となることでフランジ部に伸び力が働き、フランジ部の板厚は減少し、ときには割れることもある。凹凸の曲率は大きい方がよく、小さくなるほど加工は難しくなる。自由曲げ加工では左右のバランスが崩れることで形状、寸法安定には課題がある。

B オフセット成形

オフセット成形は、**図 4.2.4** に示す3様態がある。曲げ加工ではZ曲げと呼ばれる。この加工では、曲げと曲げ戻しが行われながら、たて壁が作られる。図4(a)にRAと示した丸みが小さいと、キズの発生や割れの発生となる。

加工に必要な構造は**図 4.2.5** に示すような形となり、自由成形と押さえ成形がある。押さえ成形は2形式がある。**図 4.2.6** に示す自由成形では、加工

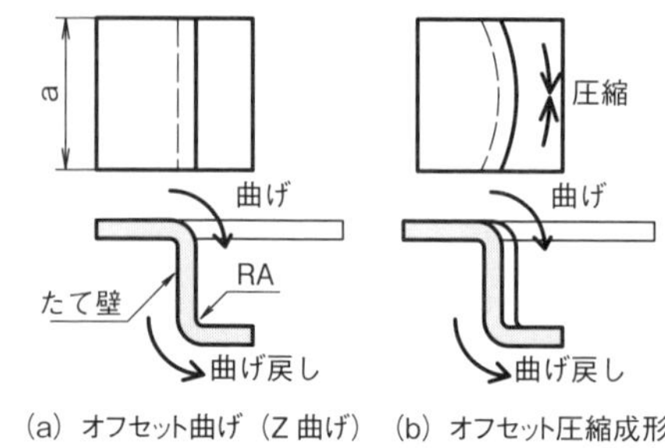

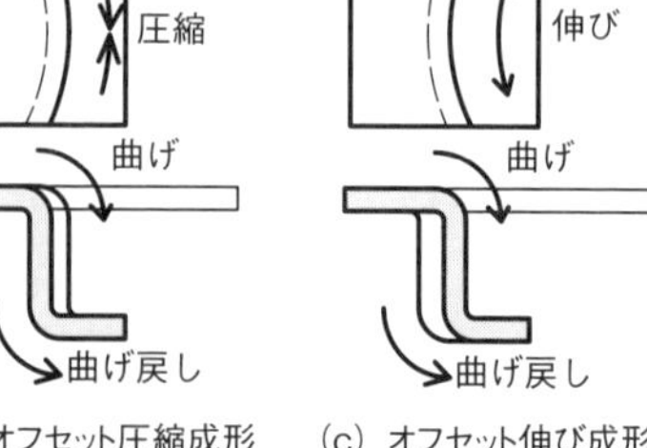

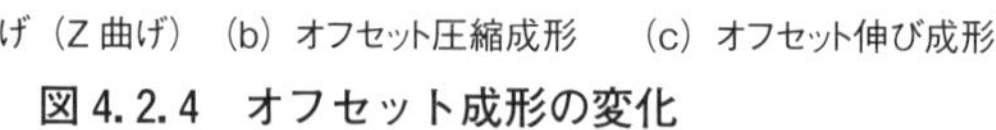
(a) オフセット曲げ（Z曲げ） (b) オフセット圧縮成形 (c) オフセット伸び成形

図 4.2.4　オフセット成形の変化

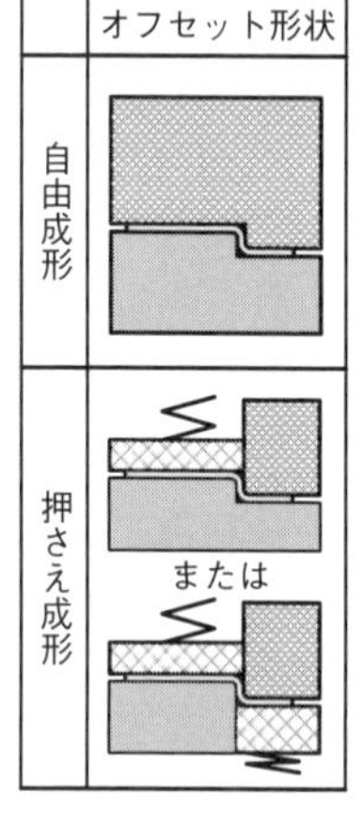

図 4.2.5 オフセット加工構造

過程ので材料拘束がないためオフセットの大きなものには適さない。

押さえ成形では材料を拘束し、動きを規制して加工の安定を図るものである。加工形状の断面は曲げ、曲げ戻しとなっていて、平面では、圧縮または伸びもしくは両者のないものに分かれ、それぞれの特徴が現れてくる。

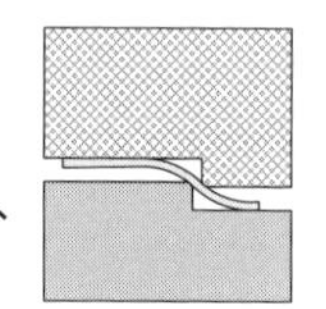

図 4.2.6 オフセット成形途中

Ⓒ U成形

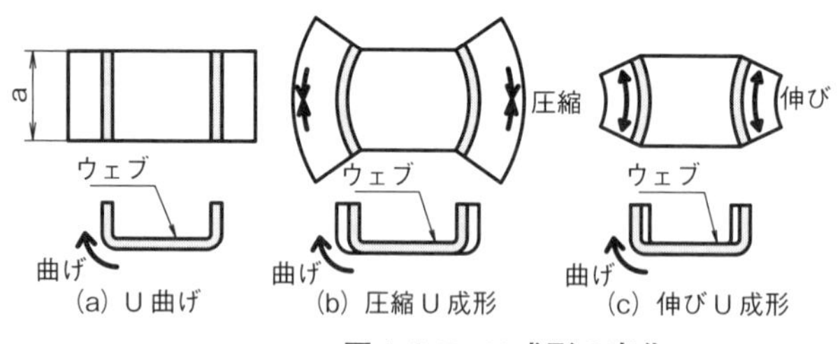

(a) U曲げ (b) 圧縮U成形 (c) 伸びU成形

図 4.2.7　U成形の変化

U形状
自由成形
押さえ成形

図 4.2.8 U成形構造

U形状成形はL形状成形に比べ、**図 4.2.7** でわかるように加工バランスは良くなる。U成形構造は**図 4.2.8** に示す2つの構造がある。自由成形では**図 4.2.9** に示すような形状を経て成形が進む。

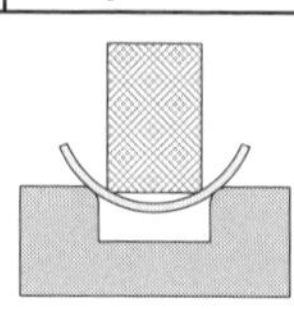

図 4.2.9 U自由成形途中

D ハット曲げ成形（曲げ絞り）

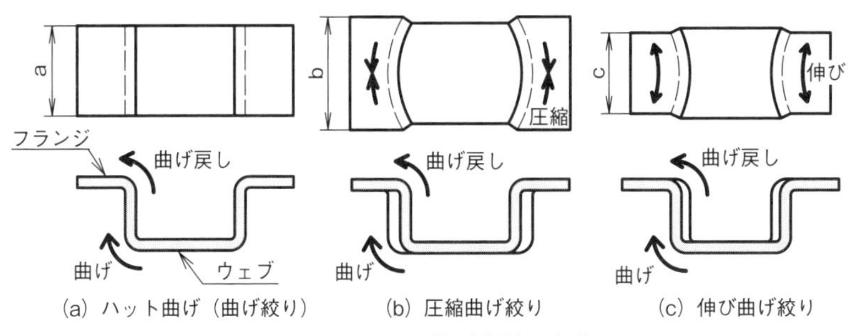

図 4.2.10　ハット曲げ成形の変化

ハット曲げ成形は、曲げ絞りとも呼ばれる加工である。加工ラインが直線から円弧状に変化すると、フランジ面には圧縮または伸びが働くようになる（**図 4.2.10**）。加工に必要な構造は**図 4.2.11** に示す4つの構造がある。

自由成形では、**図 4.2.12** に示すような途中経過を経て成形される。この途中過程の不安定さを解消するねらいから、押さえ成形の形が考えられている。加工ラインが凸円弧となる形状では、材料押さえはしわ押さえの働きも持つようになる。図 4.2.11 の(a)、(b)、(c)の構造を用いてフランジを絞り切り、U字成形とすることもある。

図 4.2.10 の(b)、(c)形状ではたて壁部分の変動があり、フランジ部分を図のように作るためのブランク展開は難しくなる。したがって仮ブランクを作り、トライ調整を繰り返してブランク形状を求めるようになる。

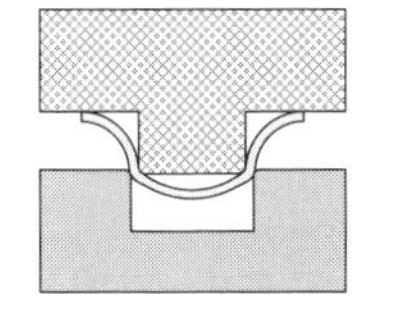

図 4.2.12　曲げ絞り途中

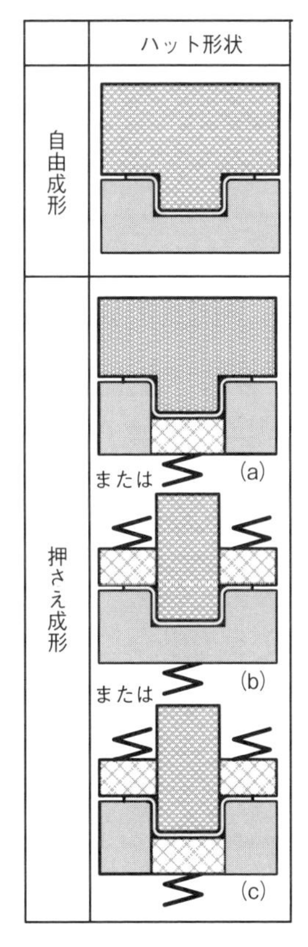

図 4.2.11　曲げ絞り構造

Ⓔ ハット曲げ成形に伴う反り

ハット曲げ成形では図 4.2.13(a)に示すように曲げ、曲げ戻しがたて壁部分に働くため、その影響によってたて壁部分に(b)図のような反りが発生する。この現象は軟質材では小さく、引張強さの大きな材料では大きく発生する。反りと角度の開きが共存するため、形状確保は通常のスプリングバック対策より難しくなる。

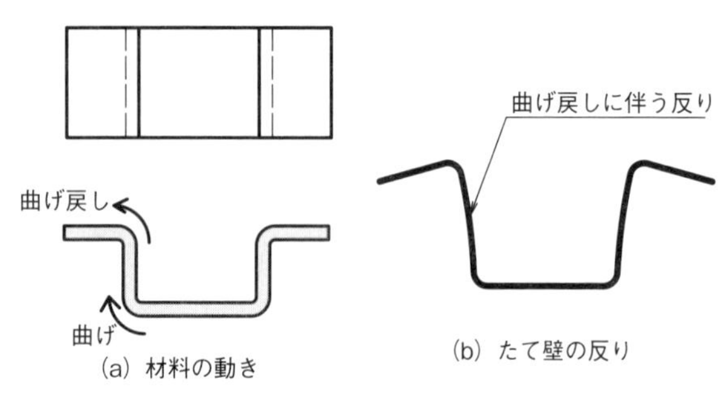

図 4.2.13　ハット曲げ成形（曲げ絞り）の反り

Ⓕ ハット曲げ成形の変化として読む

成形形状を断面と平面形状から眺めると、成形の内容を理解しやすい。断面から、今まで見てきた加工に必要な構造のどれかに当てはまる。平面では曲げ、圧縮および伸びのどれかに該当する。

図 4.2.14 の深絞りは、底部を動かさずに外から材料を引き込む加工ライン凸の成形と見ることができる。図 4.2.15 は穴のある形状で加工ライン凹

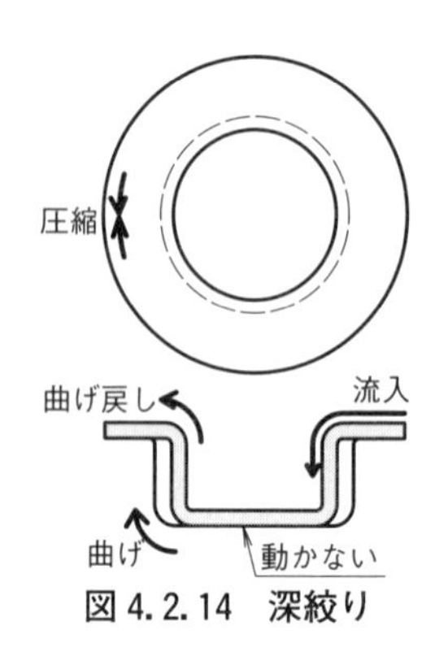

図 4.2.14　深絞り

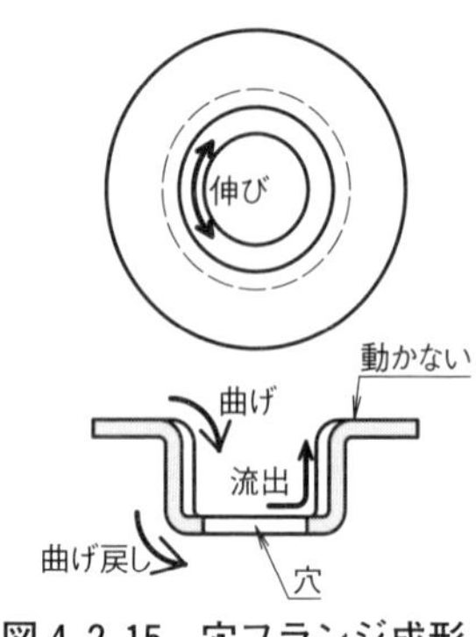

図 4.2.15　穴フランジ成形

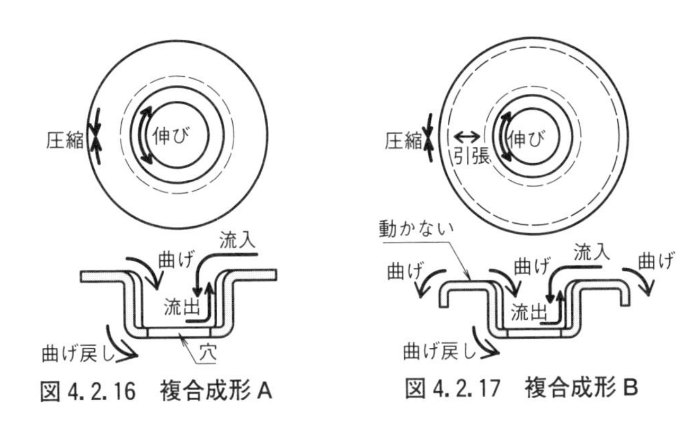

図 4.2.16　複合成形 A　　図 4.2.17　複合成形 B

と考えると、フランジを動かさずにブランクの穴を広げ形状を作る方法と深絞りとして加工し、穴をあける方法が考えられる。

図 4.2.16 は深絞りと穴フランジの複合として加工を考える方法である。**図 4.2.17** はフランジ部分を動かさず、穴広げと縁の凸形状成形の複合としての加工が考えられる。

Ⓖ 張出し成形

以上、説明してきた内容と異なるものが張出しである。張出しは伸びを利用してフランジを作るものとは異なり、**図 4.2.18** に示すように材料の伸びを利用して立体を作るものである。ここまでに説明してきた内容に、張出し成形を加えて形状を作るものもある。

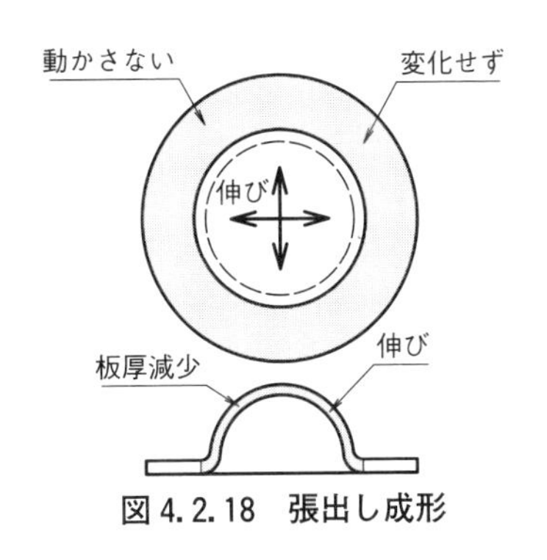

図 4.2.18　張出し成形

4.3 しわや割れに注意 フランジ成形製品のブランク

ここでのねらい フランジ成形製品の形状とブランクの関係を、実際の製品形状とブランクから観察する

製品の特徴

フランジ成形は、**図 4. 3. 1** に示す基本形状の組合せでさまざまな形状が作られている。ブランクも基本形状の合成によってでき上がっている。製品形状から派生するしわや割れに配慮して、ブランクや加工構造が工夫される。

加工方法の検討

写真 4. 3. 1 は曲げフランジ製品である。この製品では曲げ変形のみで形状を作るため、加工構造は**図 4. 3. 2** に示すような構造を採用する。しかし、圧縮フランジ成形ではフランジが立ち上がっていく過程で、しわが発生することがある。そのため、**図 4. 3. 3** に示すような構造を採用することが多くなる。

以下に示す事例製品は、図 4.3.2 および図 4.3.3 の加工構造を用いて 1 回の加工で、形状を作っているものである。

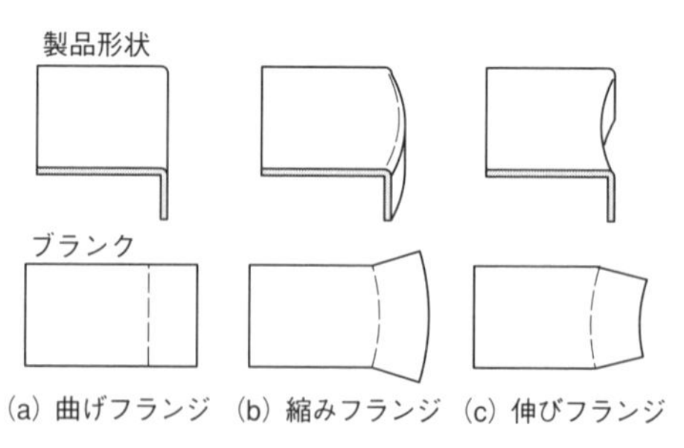

図 4. 3. 1　フランジ成形の基本形状

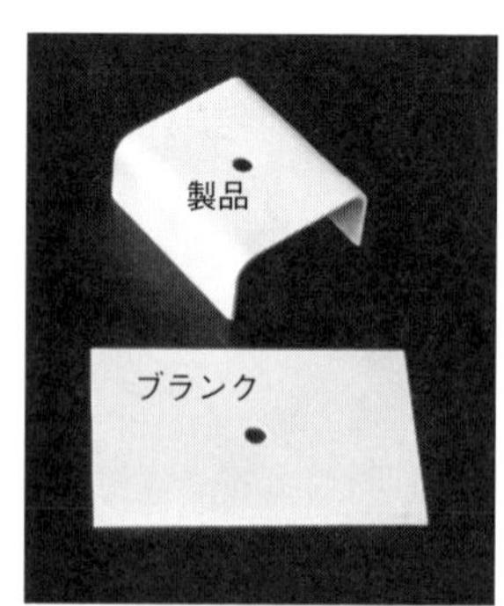

写真 4. 3. 1　曲げフランジ製品

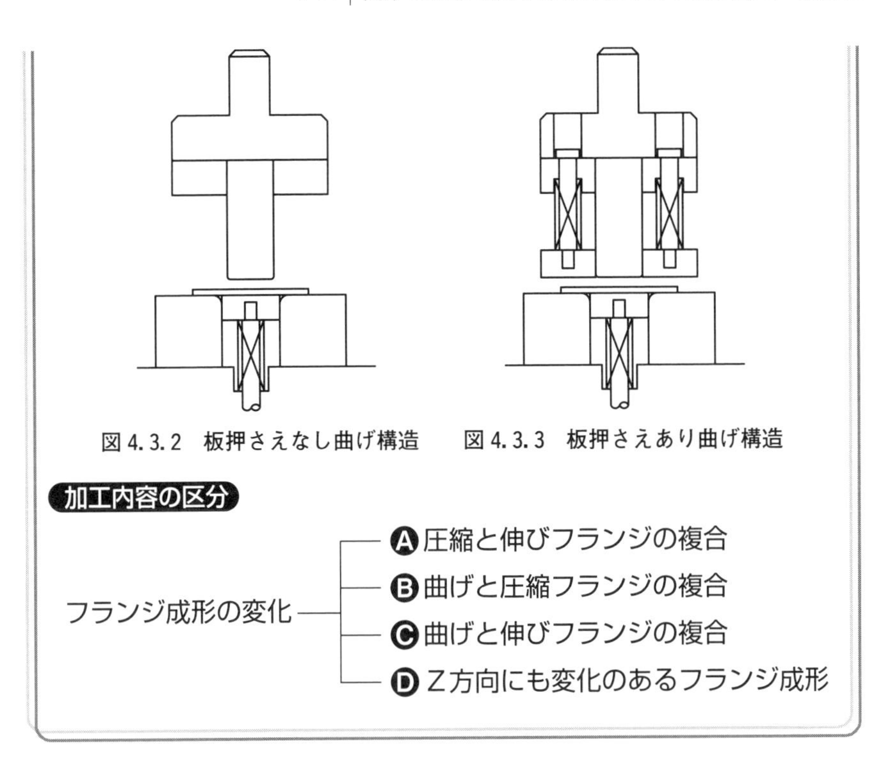

図 4.3.2　板押さえなし曲げ構造　　図 4.3.3　板押さえあり曲げ構造

Ⓐ 圧縮と伸びの複合形状

圧縮と伸びの複合形状は、フランジ成形ではよく出てくる形である。注意点としては、圧縮形状より伸び形状部分の割れで問題を起こすことが多い。この部分の半径を大きくすることと、フランジ高さを抑えた製品形状とすることが、加工での不具合を少なくするポイントとなる。また、直線部の長さによっても、押出しや引かれの影響が変わるので対応が難しい。

写真 4.3.2 の製品は、バランスの良い製品形状をしており、伸びフランジ部分の割れ対策をブランク形状でとっていることから加工しやすい。

写真 4.3.3 の製品は、伸びフランジ部分の長さが短いため、幅方向からも材料が引かれる形となっている。

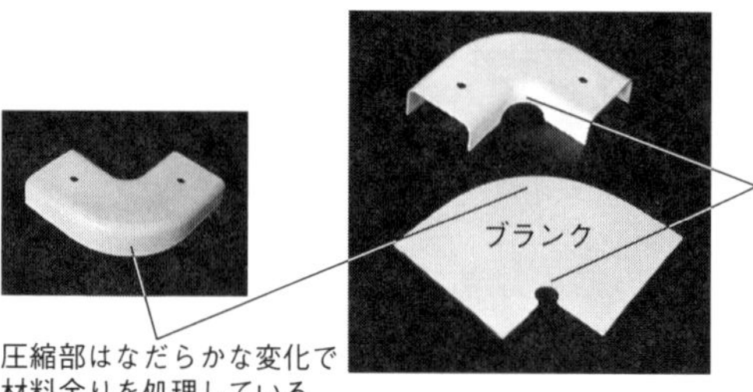

写真 4.3.2　圧縮と伸びフランジの複合形状①

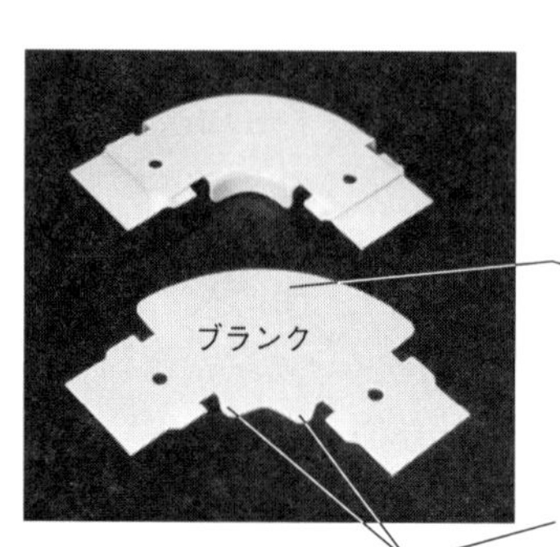
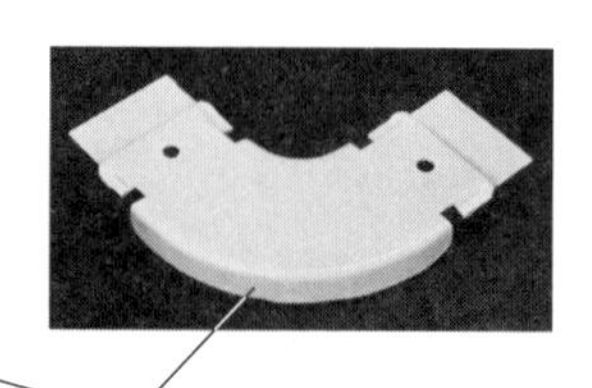

写真 4.3.3　圧縮と伸びフランジの複合形状②

Ⓑ 曲げと圧縮フランジの複合

写真 4.3.4 の製品は、ブランクから 1 回の加工で形状を作っている。そのため、ブランク全体が動かされている。このような加工は、製品形状に対して材料板厚が比較的厚いときに採用できる方法である。**写真 4.3.5** は同じような形状であるが、形状に対して板厚が薄いため、圧縮を受ける部分にしわが発生している。

写真 4.3.6 は U 曲げを最初に行い、その後に V 曲げを行って圧縮部分の成形を行っている。工法の違いによって、ブランクの形も変化している。このように成形加工では、加工方法が変わることでブランクも変化するので、材料の動きを読んで変化を予測することが求められる。

最近は、成形品のブランク展開ソフトが使われることが多くなってきているが、1 回の加工で成形することを前提にしていることが多い。そのため、

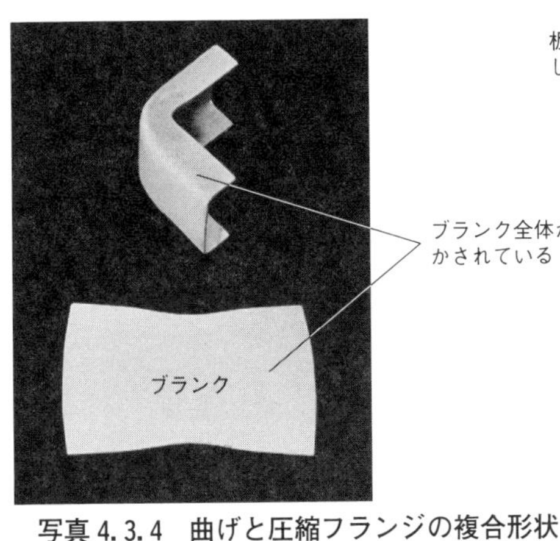

写真 4.3.4　曲げと圧縮フランジの複合形状

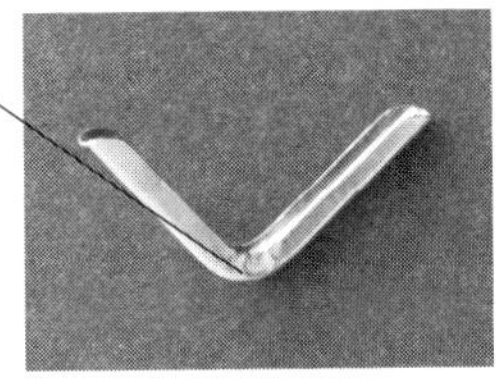

写真 4.3.5　1工程加工でのしわの発生

写真 4.3.6　工法が変わるとブランクも変わることがある

複数工程で加工することを検討するときには、工程ごとの形状を決めて展開することが必要となる。

Ⓒ 曲げと伸びフランジの複合

写真 4.3.7 は曲げと伸びフランジの複合となっており、図 4.3.1 に示した基本形よりも厳しい加工となっている（**写真 4.3.8**）。フランジ高さを極力抑えることが求められる。伸びの発生するせん断面は、できるだけきれいな仕上げとする努力も必要である。

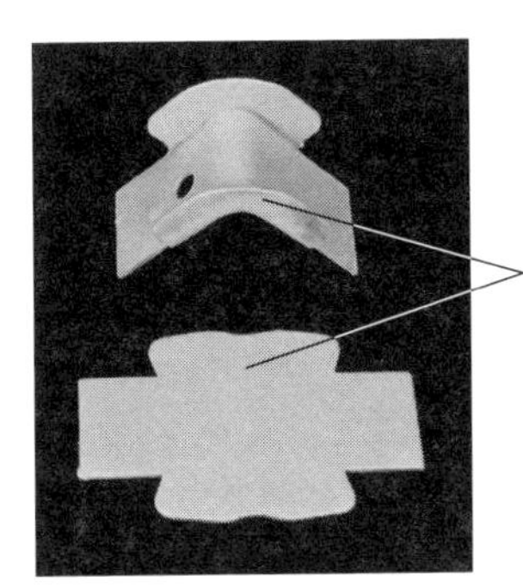

写真 4.3.7　曲げと伸びフランジの複合形状

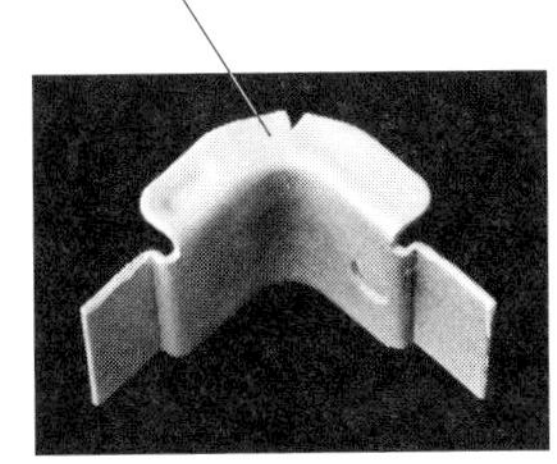

写真 4.3.8　割れの発生

D Z方向にも変化があるフランジ成形

写真4.3.9のような形状になると、金型構造は図4.3.3の材料押さえのある加工構造が必要となる。それは、**図4.3.4**のA部が最初にパンチに接することで加工が始まる。

このような状態では、ブランクには平均した加圧力が働かないため、ズレて、でき上がり形状が期待通りとはならない。そのため、材料押さえでブランクをしっかりと押さえて、加工する必要が出てくるわけである。パンチ・ダイとブランクとの当たりのバランスを取るために、**図4.3.5、4.3.6**に示すような予備成形を行うことが必要な場合もある。

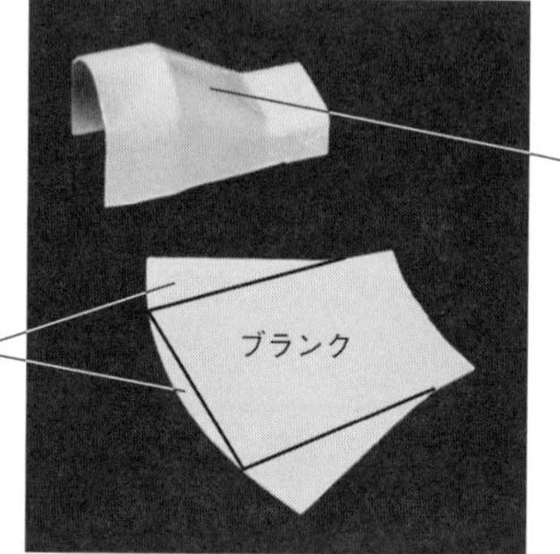

写真4.3.9
Z方向にも変化があるフランジ成形

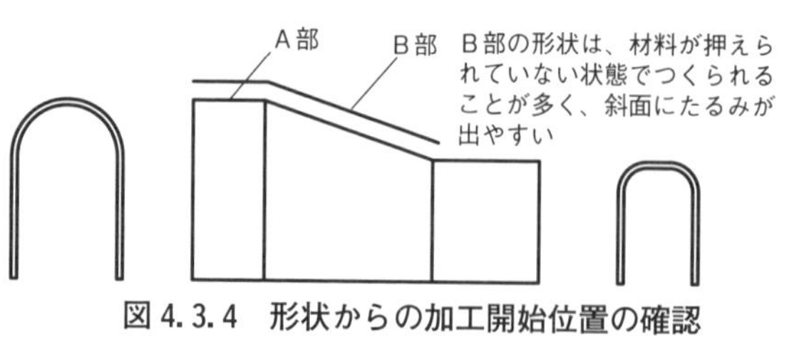

図4.3.4　形状からの加工開始位置の確認

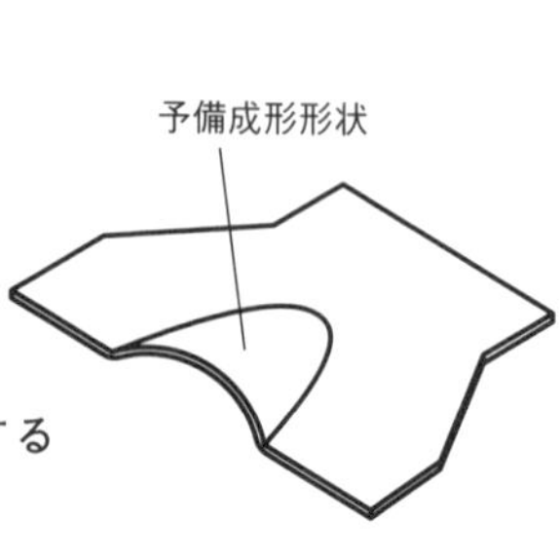

予備成形形状

図4.3.5
加工を容易にするための予備成形

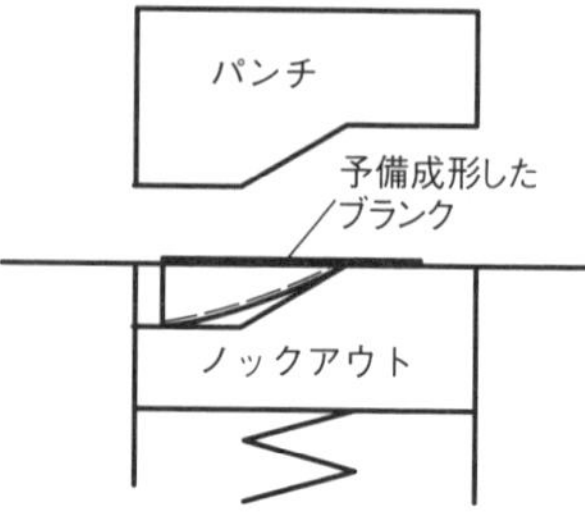

図4.3.6　予備成形したときの状態

4.4 しわの発生要因を極力つぶす U・V曲げ組み合わせ形状の加工方法

ここでのねらい しわ対策として考えられるいくつかの加工方法を解説する

製品の特徴

写真4.4.1はブランクと仕上り製品である。材料はカラー鋼板。製品は、U曲げとV曲げを組み合わせたシンプルな形状である。しかし、**写真4.4.2**のようなしわの発生が問題点である。

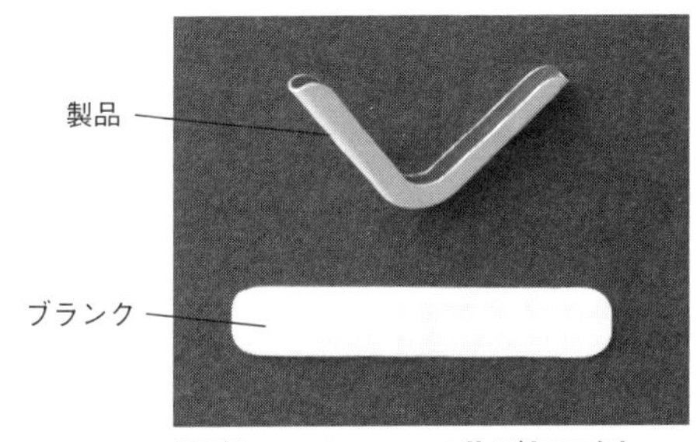

写真4.4.1 U・V曲げ加工例

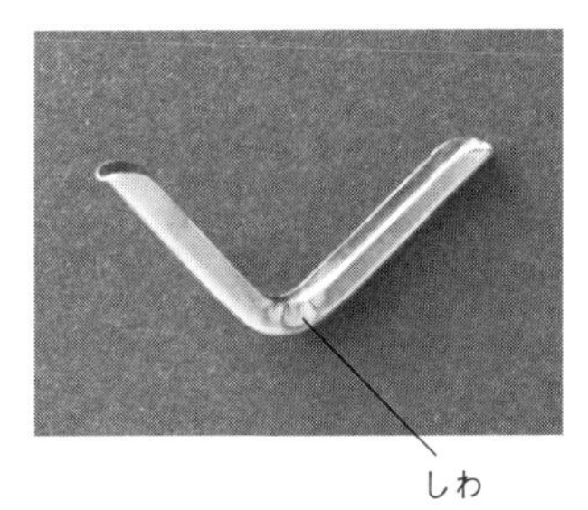

写真4.4.2 U・V曲げ時のしわ不良

加工法の検討

加工内容としてはU曲げとV曲げの組合せ加工となるが、**図4.4.1**に示すようにV曲げ時に材料の重なりが発生し、しわの発生が考えられる。しわの発生を防ぎながら、形状を作る工程の検討がここでのテーマである。

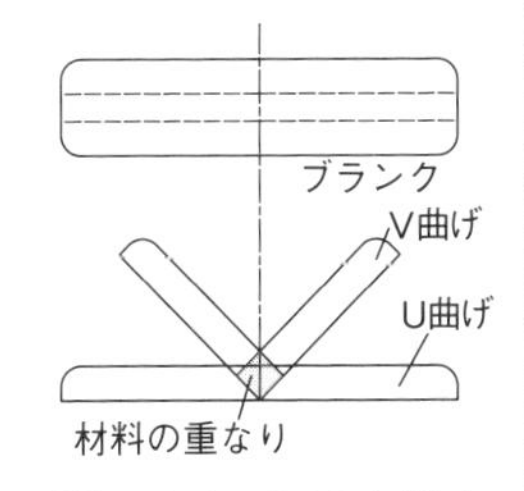

図4.4.1 加工内容と問題点

着眼点

材料重なり部分の加工を、曲げと見て加工を検討する方法と、絞りと見て検討する方法が考えられる。この製品のようにカラー鋼板が使われている場合、塗装のはがれやキズに対する注意も念頭に置かなければならない。

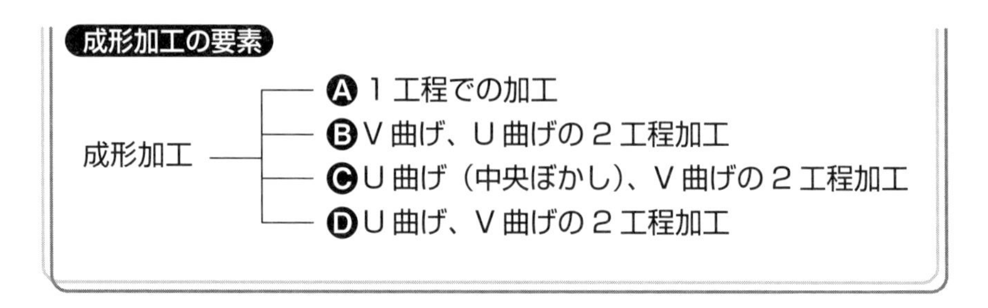

A 1工程での加工

製品形状に合わせた形を金型に作り、ブランクから一気に形状を完成させてしまおうとする考え方である。現場では「バカ押し」と呼ばれる加工方法である。

金型構造は、V曲げとU曲げの複合構造と言える。加工の流れは、ブランクをV曲げする。V曲げ後にU曲げを行うので、製品をカバーするV曲げ深さが必要となる（**図4.4.2**）。

V曲げ開始から、U曲げが始まるまでの間は、材料押さえが働かない。そのため、ずれが起きやすくなる。U曲げ開始となる際に、ノックアウトによる材料押さえが働く。

圧縮を受ける部分は絞り要素となり、曲げ条件のダイ肩半径（ダイR）では変形抵抗が大きくなり、割れが発生する。そのため、絞り用のダイ肩半径とする（大きくする）（**図4.4.3**）。絞りRを採用した部分は、製品の板厚とフランジ高さの関係によってしわが発生することがある。この例のような製品の加工では、加工開始から完了までの距離が長くなり、あまり適さない。

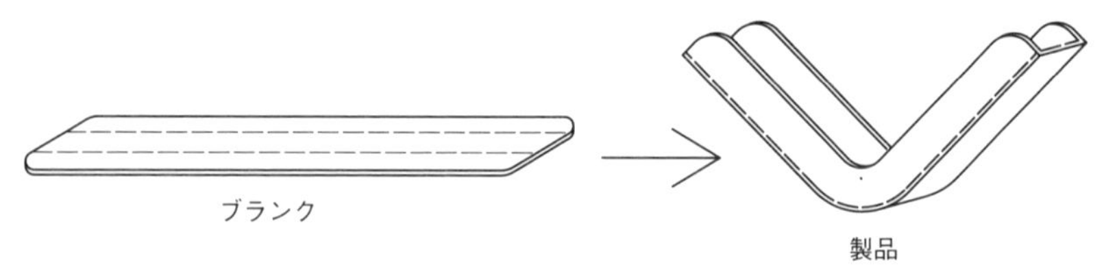

図4.4.2　加工の流れ

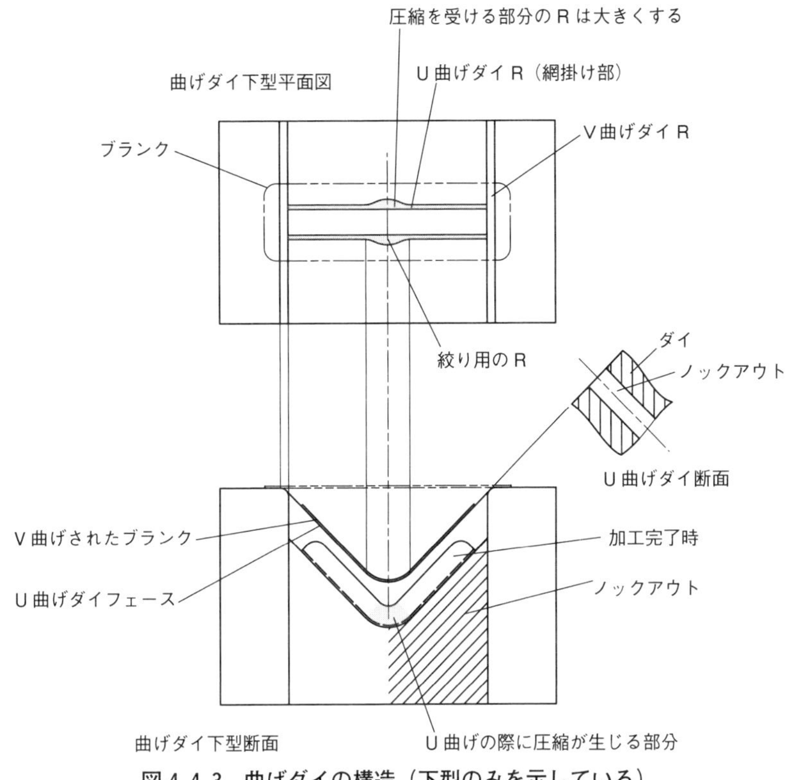

図 4.4.3　曲げダイの構造（下型のみを示している）

Ⓑ V曲げ、U曲げの2工程加工

V曲げは、普通のV曲げ構造を用いて加工すればよい。U曲げは、前項で示した図4.4.3の構造と同じである。V曲げの部分を外して、U曲げのみの加工ができるようにした構造である（**図4.4.4**）。ダイ肩形状は圧縮が働く部分では、ダイ肩Rを大きくする必要がある（**図4.4.5**）。

曲げ後にフランジを成形するこの方法は、この例の形状のようのもののほ

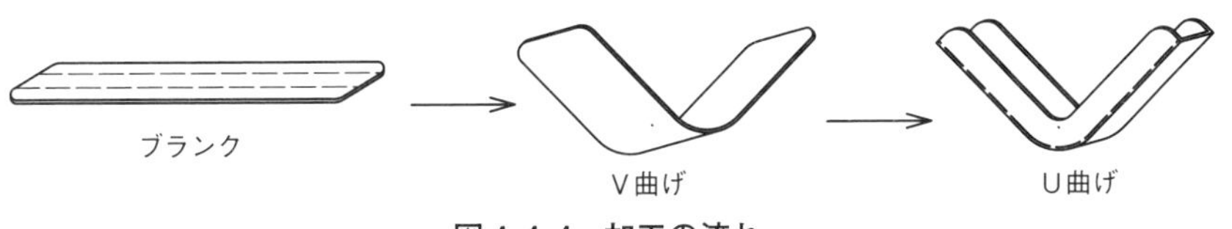

図 4.4.4　加工の流れ

かに多く採用されている。この例では上型を示していない。**図 4.4.6** に示すように、上型はパンチのみで成形する方法（図 4.4.6 a）と材料押さえを組み合わせて用いるもの（図 4.4.6 b）とがある。製品の板厚が薄く、フランジの高さが高い製品では、材料押さえを働かせて加工する方法となる。

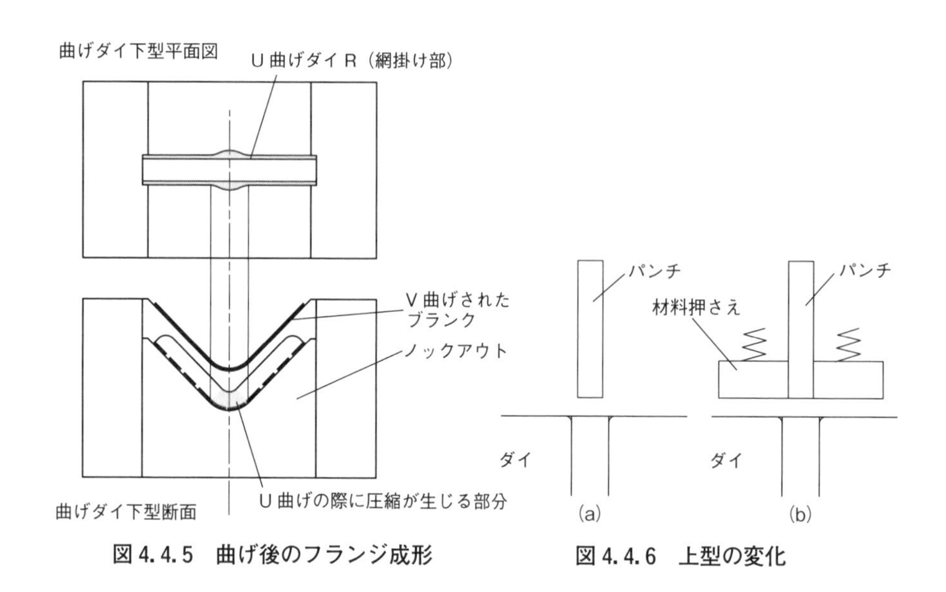

図 4.4.5　曲げ後のフランジ成形

図 4.4.6　上型の変化

Ⓒ U 曲げ（中央ぼかし）、V 曲げの 2 工程加工

V 曲げに関係する部分の U 曲げをぼかし、U 曲げを行いながら、ぼかした部分を一緒に絞るという考え方の加工法である（**図 4.4.7**）。V 曲げで材料押さえを働かせることができないので、フランジ高さの低い製品の加工に適す（**図 4.4.8、4.4.9**）。

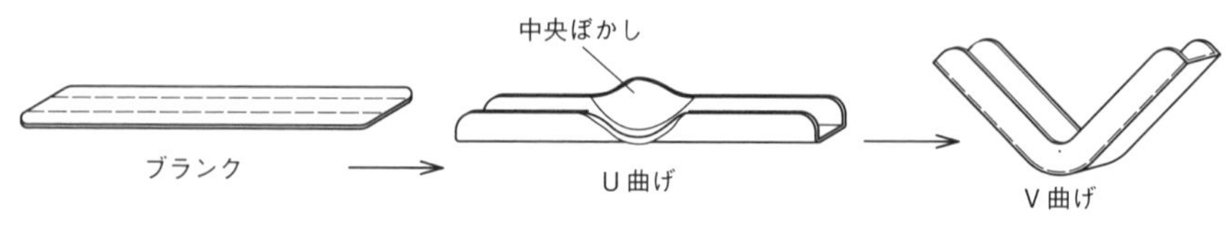

図 4.4.7　加工の流れ

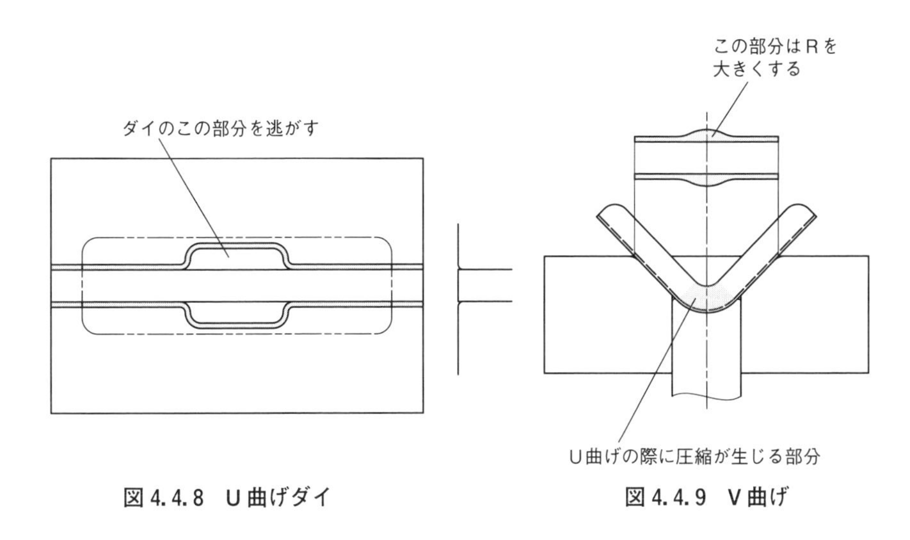

図 4.4.8 U曲げダイ　　図 4.4.9 V曲げ

D U曲げ、V曲げの2工程加工

U曲げしたフランジを拘束して、V曲げ時に座屈しないようにして加工する方法である（**図4.4.10**）。高いフランジの製品には適用できない。今回の写真の製品はこの方法で加工している（**図4.4.11**）。

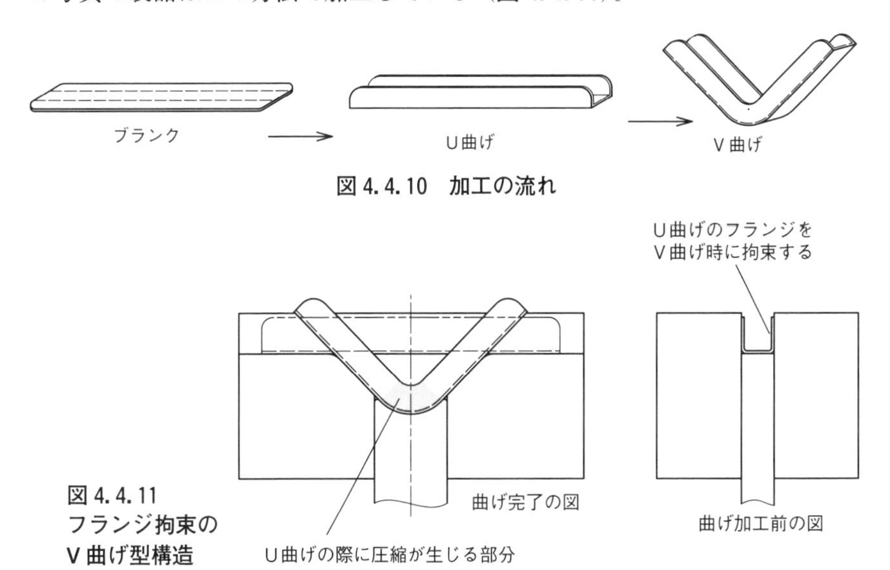

図 4.4.10 加工の流れ

図 4.4.11 フランジ拘束のV曲げ型構造

4.5 材料の座屈を利用して行う カール形状の加工

ここでのねらい　カール加工を知り、その特徴をつかんで加工方法を知る

カール加工の特徴

カール加工は、板の縁を丸めて形状を強化したり、手触りを良くし、安全への配慮を払う（**写真4.5.1**）などの目的と、丸めた形状の中に軸を通して軸受として使い、ヒンジのような形を作る（**写真4.5.2**）ときなどに使われることが多い。カールで作る丸みの大きさは、**図4.5.1**に示すものが多く使われている。丸め形状が小さいため、加工は材料の座屈を利用して行われる。

写真4.5.1　カール加工例1

写真4.5.2　カール加工例2

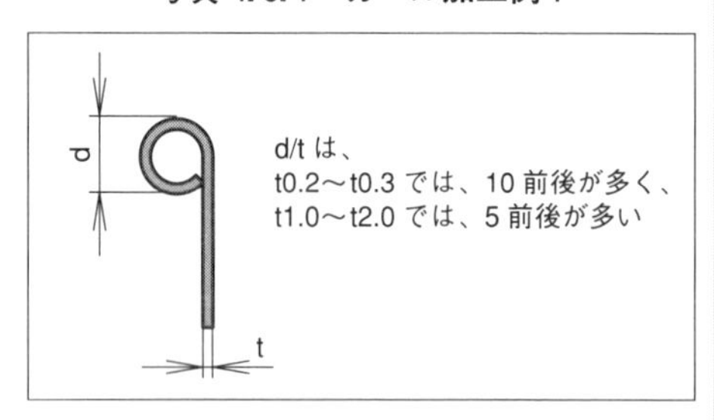

図4.5.1　カールの大きさの目安

カール加工の種類

カール形状は、カールラインが直線のカール曲げ(**図4.5.2**(a))、カールラインが曲線となった場合の、外巻きカール（図4.5.2(b)）と内巻きカール（図4.5.2(c)）の3種類がある。外巻きカールは、伸びを伴いながら形状が作られていく。内巻きカールは逆に圧縮されながら形状が作られていく。**写真4.5.3**のような箱型形状のものは、直線カールと外巻きまたは内巻きカールの組合せ形状となる。

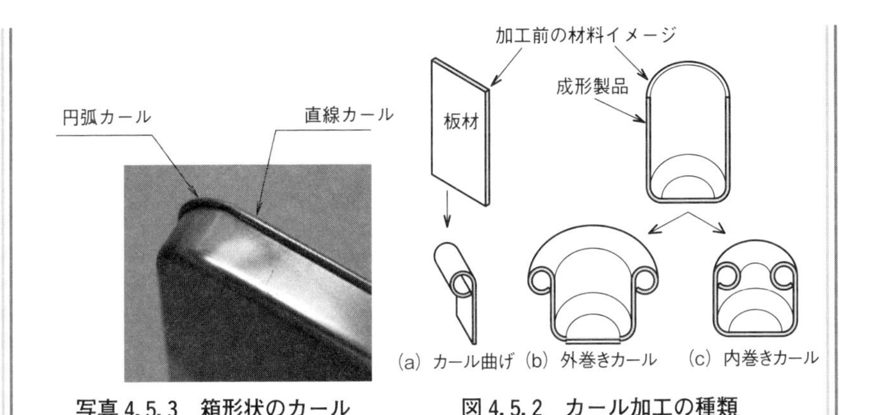

写真 4.5.3 箱形状のカール　　図 4.5.2 カール加工の種類

カール加工の注意点

カール加工は座屈を利用して形状を作る。そのため、カール端を予備成形しておかないと、**写真 4.5.4**(a)のような直線部ができる。予備成形を行うことで写真 4.5.4(b)のようなきれいな形状を得ることができる。

写真 4.5.5 はカールの途中に段がある形状の加工例で、割れが発生している。これは加工の途中から低い段部の加工が始まるときに、予備成形をしなかったときと同様に先端部の変形抵抗が大きく、変形できずに縁が割れた例である。このような形状を割れなしで加工することは難しい。

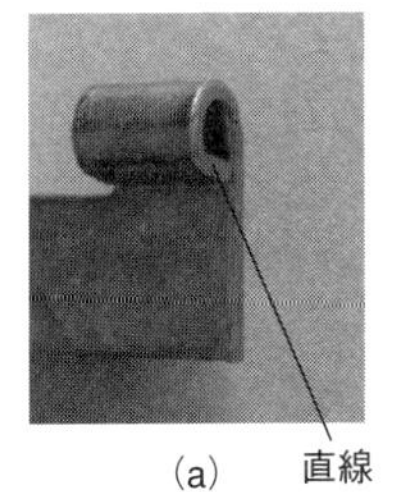

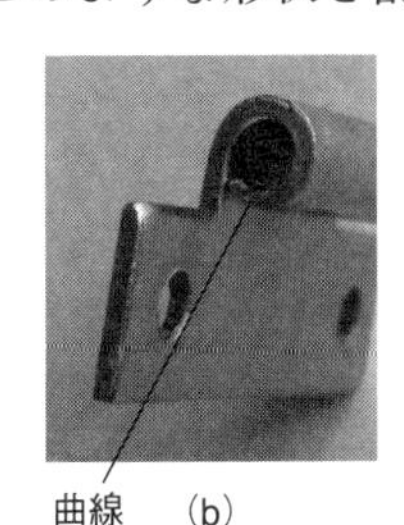

写真 4.5.4 カール形状

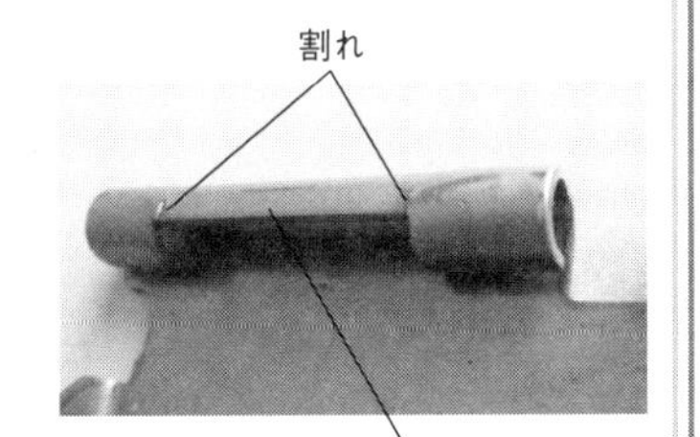

写真 4.5.5 カール部の割れ

加工法の検討

カール形状の加工
- Ⓐ カール曲げ
- Ⓑ 外巻きカール
- Ⓒ 内巻きカール
- Ⓓ 順送りでのカール加工例

Ⓐ カール曲げ

カール曲げの標準的な工程を示す（**図 4.5.3**）。

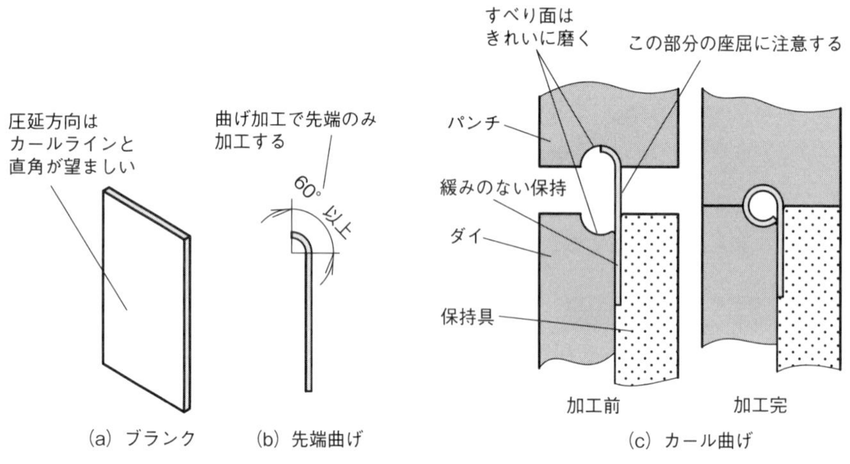

図 4.5.3　カール曲げ

Ⓑ 外巻きカール

外巻きカールの加工法を**図 4.5.4** に示す。

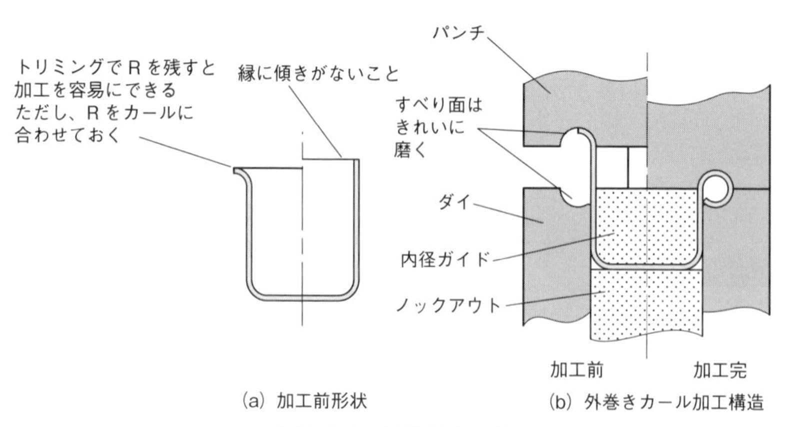

図 4.5.4　外巻きカール

C 内巻きカール

内巻きカールの加工法を**図 4.5.5** に示す。

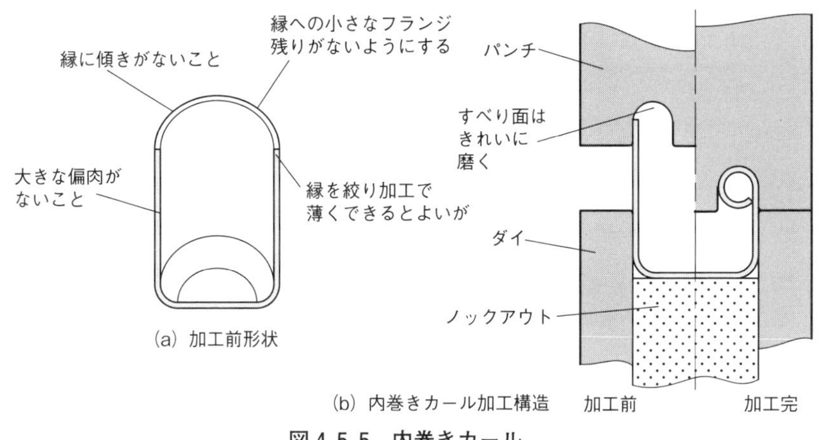

図 4.5.5　内巻きカール

D 順送りでのカール加工例

順送り加工でのカール加工例を**図 4.5.6** に示す。**図 4.5.7～4.5.9** に金型構造を示す。

2 曲げについては、図 4.5.8 のレイアウトでは 90° 曲げとして問題はないが、カールラインが送り方向と直角となる場合先端曲げがダイに引っ掛かり、材料リフトに支障が出る。このことを考慮して角度を開いた例としている。

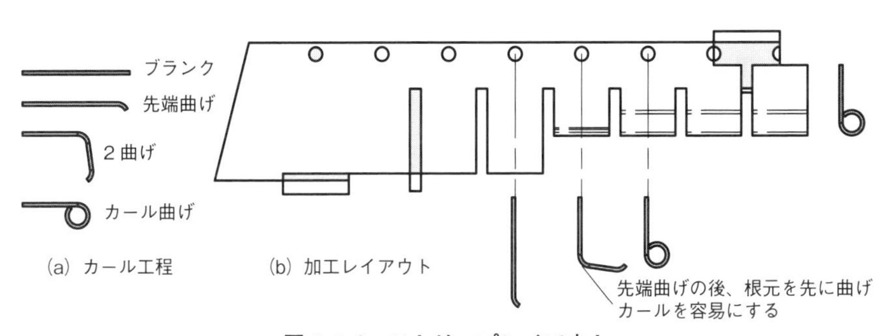

図 4.5.6　ストリップレイアウト

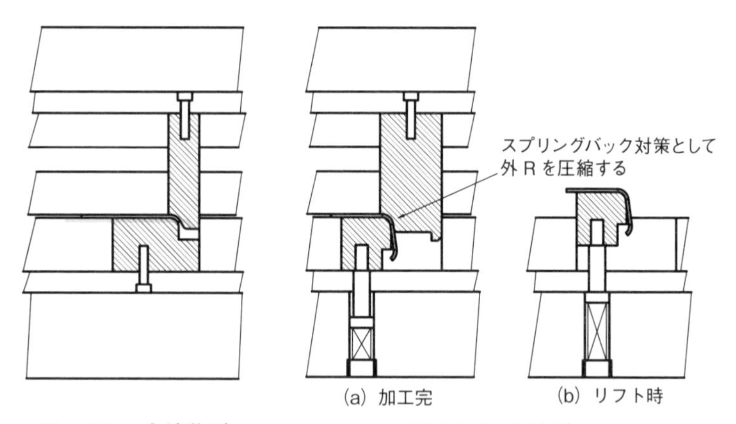

図 4.5.7　先端曲げ　　図 4.5.8　2 曲げ

カール工程では、パッドとノックアウトで材料を強く押さえ、ずれの防止を図る。下降していくとき、2曲げ先端をカールダイにうまく誘い込む。2曲げでのスプリングバックによる角度のばらつきは、加工ミスの原因となるので注意する。ここまでがうまくいけば、後は問題なく加工できる。

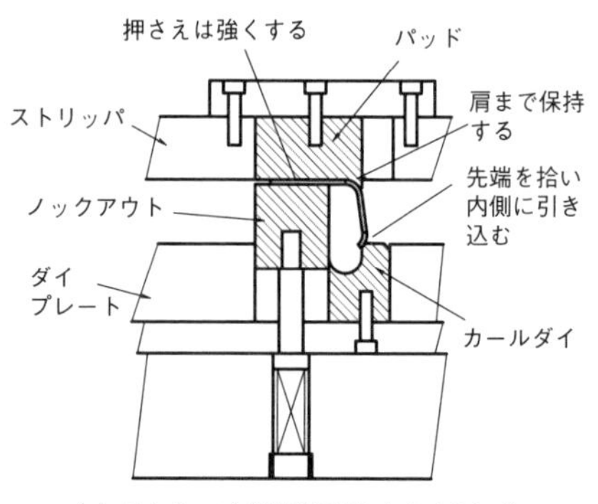

(a) ストリッパが材料に接したタイミング

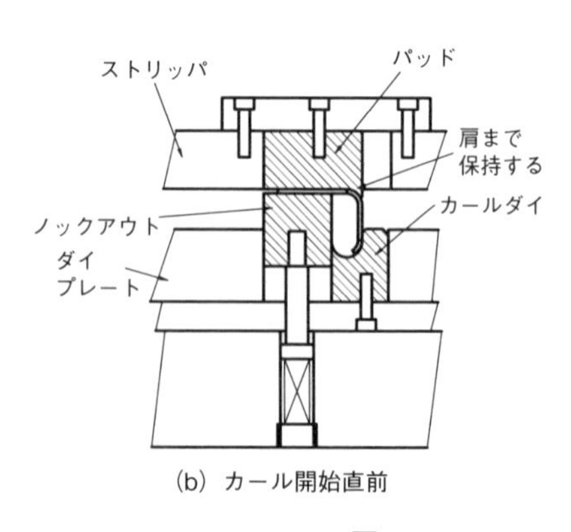

(b) カール開始直前

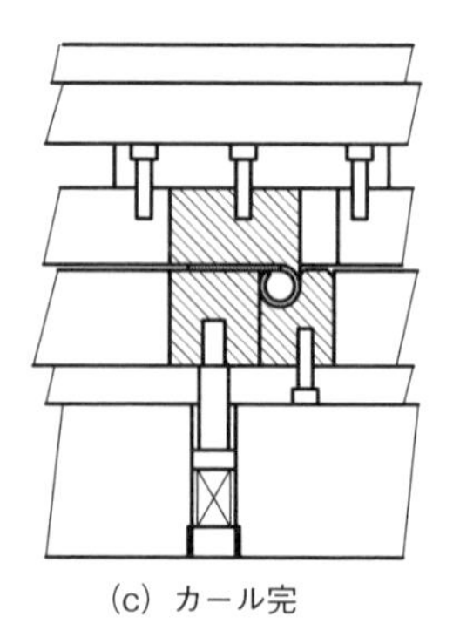

(c) カール完

図 4.5.9　カール工程

4.6 材料の伸びに着目 バーリング加工応用のヒント

ここでのねらい　バーリングの種類と利用方法を知る

バーリング加工の特徴

バーリング加工は**図 4.6.1** に示すように、板材に穴をあけ、その穴の縁を立てることでフランジを成形する加工方法である。穴フランジ成形ともいう。

写真 4.6.1　バーリングでの材料伸び

バーリング加工での材料の動きは、穴の縁の材料を伸ばして面積を広げながら、曲げ変形を使ってフランジを成形する。その様子を示したものが**写真 4.6.1** である。立ち上がった部分が大きく伸ばされていることがわかる。

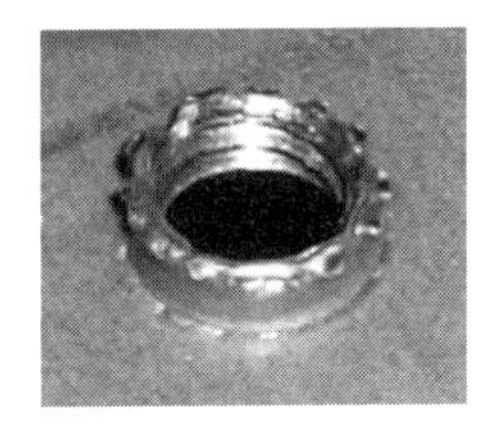

写真 4.6.2　バーリングの縁割れ

バーリング縁の伸びが最も大きく、元の方での板厚減少は小さい。バーリングの加工限界は材料の伸び限界にある。限界を超えると**写真 4.6.2** のような割れが縁に発生する。

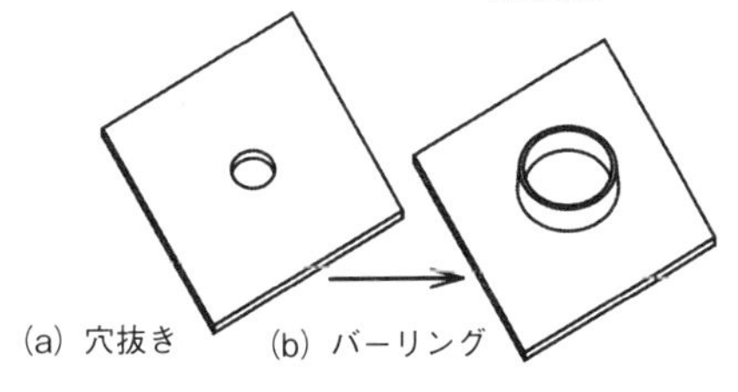

図 4.6.1　バーリング加工

加工法の検討

バーリング加工
- Ⓐ 普通バーリング
- Ⓑ しごきバーリング
- Ⓒ 丸以外のバーリング
- Ⓓ 下穴なしバーリング

Ⓐ 普通バーリング

普通バーリングは、**図 4.6.2**のような断面形状となる加工方法である。バーリングパンチによって自然な形に成形されたものである（**写真 4.6.3**）。

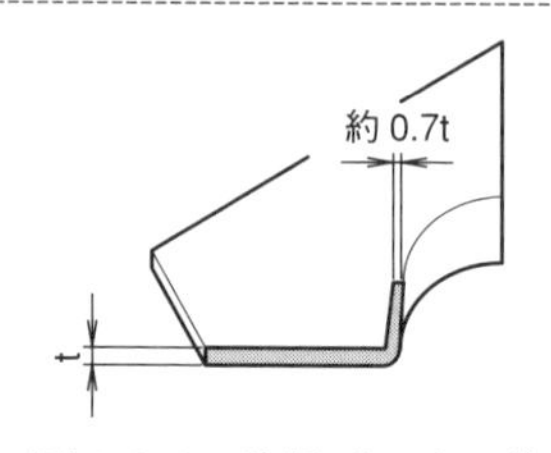

図 4.6.2　普通バーリングの断面形状

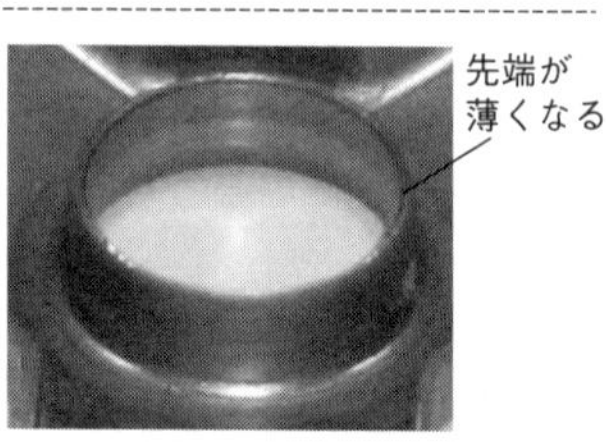

写真 4.6.3　普通バーリングの形状

利用例としては、バーリングの内径精度が良いことを利用して、部品の圧入用の穴として使う方法もある。フランジの立ち上がりが圧入部品の安定保持に役立っている（**写真 4.6.4**）。

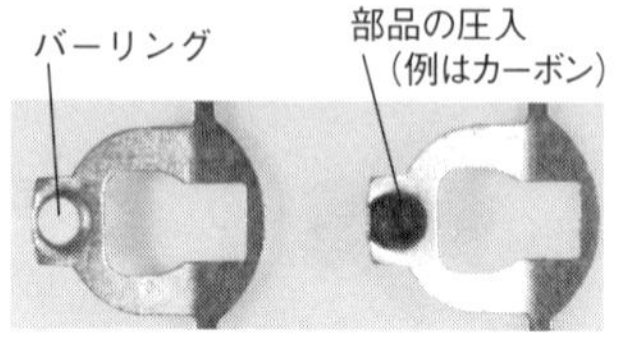

写真 4.6.4　普通バーリング利用例

写真 4.6.5　絞り部品

写真 4.6.5のように、絞り部品の一部をバーリングを利用して作ることもある。縁を立てたいときには絞り加工だけで形状を作るより、加工を容易にできる。

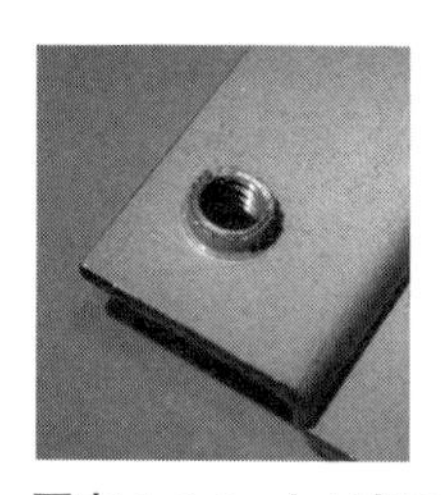

写真 4.6.6　ねじ加工

写真 4.6.6はねじ穴としての利用である。ねじ用のねじ穴はねじ山が 3 山以上必要であるが、ねじ径と材料板厚の関係によっては山数が確保できなくなる。それを、バーリングを利用してねじ山の数を確保している。材料板厚とねじ径の関係からバーリング条件は決められている。

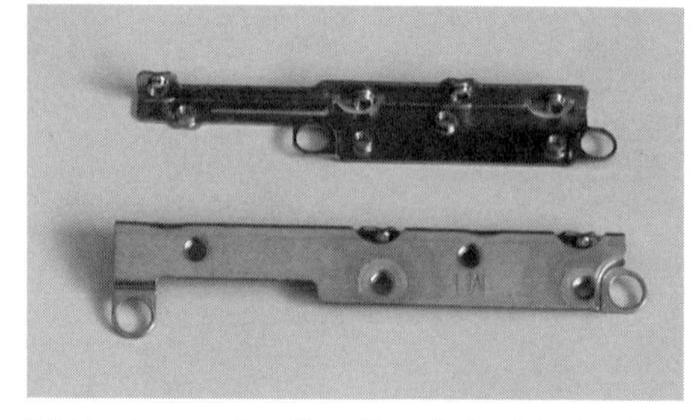

写真 4.6.7　バーリングの密度が高く、加工を難しくしている利用例

写真 4.6.7はバーリングを採

用した部品の例であるが、バーリングの密度が高く加工が難しい形状になっている。バーリングが接近し、曲げがあるため、効率良くプレス加工することが難しい。このような部品設計は避けたいものである。

Ⓑ しごきバーリング

しごきバーリングは、普通バーリングがクリアランスを板厚と同じに設定するところを、板厚減少を見込んだ小さなクリアランスで、おおよそ板厚の70～60%に設定して加工する方法である（**図4.6.3**）。このようにすることでバーリング側壁の板厚が均一となり、バーリング外形を位置決め用のボスなどの用途として使えるようになる。**写真4.6.8**は、板厚を均一にして外観を良くした加工例である。

用途として注意が必要なのは、このしごきバーリングにタップ加工を行いねじ穴とすると、強度が弱くなり根元からちぎれる恐れがある点である。ねじ穴として使うときには普通バーリングが適している。

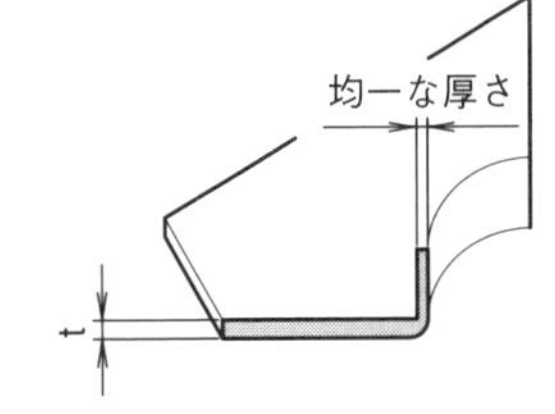

図4.6.3 しごきバーリングの断面形状

写真4.6.9はしごき量を大きくして、内径、外形とともにバーリング高さを求めたものである。通常、1回のしごき量としては30～40%程度が限界と言われている。写真のような形状は簡単に加工することは難しく、バーリングパンチの形状などに工夫が必要となる。

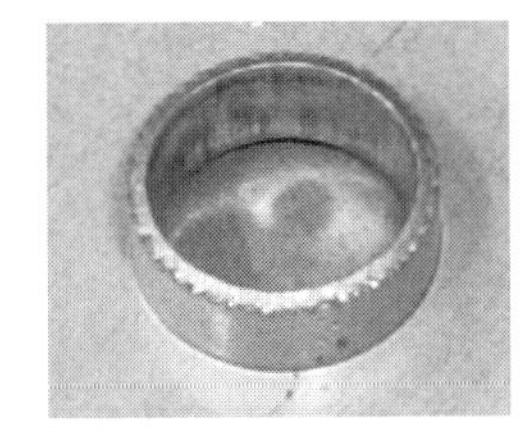
写真4.6.8 しごきバーリング

写真4.6.10はバーリングかしめと呼ばれるもので、リベットやボスを使わずにバーリングを利用して、バーリング外形で位置決めを行

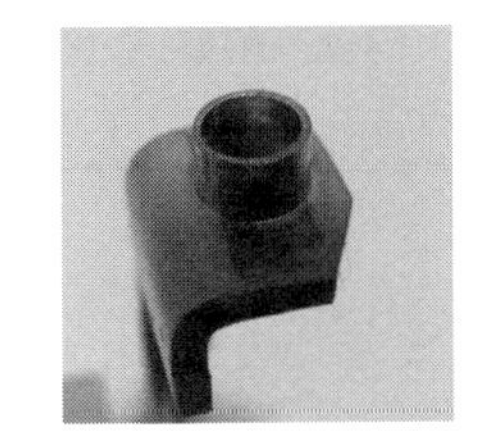
写真4.6.9 高さを求めたバーリング

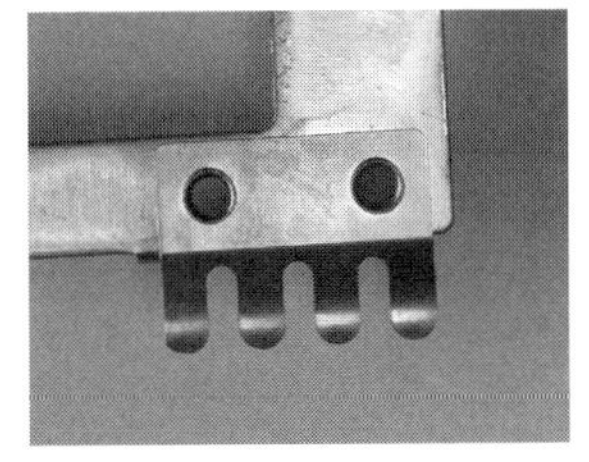
写真4.6.10 バーリングかしめ

い、その後に、バーリングの縁を広げて接合する。気密性を必要としないもので、写真のように接合相手部品が薄いものには、プレス加工のみですべてを作ることができるので便利である。

Ⓒ 丸以外のバーリング

丸形状外のバーリングもある。**写真 4.6.11** は長穴形状のバーリング例である。バーリングと曲げを組み合わせた形状と言える。直線部分の板厚減少は起きない。

コードなどの線材を通すときにコードを傷めないようにする目的で、穴の縁を処理したいときなどに有効な方法である。バーリングした縁をさらに折り返して、カールやヘミングとすることもある。

写真 4.6.12 は角形状のバーリングである。長穴と同様の使い方や穴を用いて面の強度対策としても使える。コーナーの丸みは大きい方が加工しやすい。また、コーナー部分を直線部分の高さと同じにするのではなく、少し下げることで割れの発生を防げる。

バーリングは長穴や四角形以外の自由な形状でも加工できる。コーナー部分や円弧部は、材料の伸び限界での制約を受けるため半径は大きく、高さは低くすることで加工上の問題を軽減できる。

写真 4.6.11　円弧ー直線の形状例

写真 4.6.12　角のバーリング

Ⓓ 下穴なしバーリング

バーリング加工は、下穴をあけ、その後にバーリングを行い、穴の周囲にフランジを立てるため、2 工程の加工となる。下穴加工を含め 1 工程で加工できないかとの工夫が行われて、穴加工、バーリングの 1 工程加工の方法があるが、穴かす処理に問題が多く困ることが多い。

写真4.6.13は、**図4.6.4**(a)のバーリングパンチを用いて加工した形状である。写真4.6.13に2つの突起があるが、これは穴かすとなるべきものが残ったものである。下穴を加工すべき形状で、材料を裂き、その後に加工することでスクラップなしでバーリングすると、このようになる。

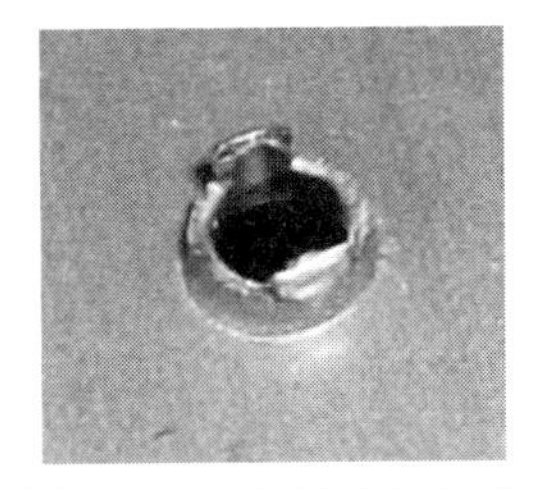

写真4.6.13 下穴なしのバーリング加工例

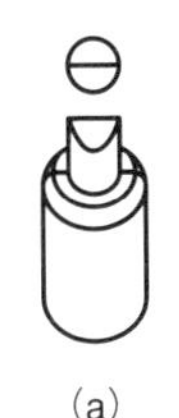

(a) (b)

図4.6.4 下穴なしバーリングパンチ形状

図4.6.3(b)のバーリングパンチは、先端を4面面取りして釘の先のような形にしたもので、このパンチを使用してバーリングすると、**図4.6.5**のように4山ができ、その先端は尖る。バーリングパンチの先端を3面面取りすると、でき上がるバーリング形状は3山のある形状となる。

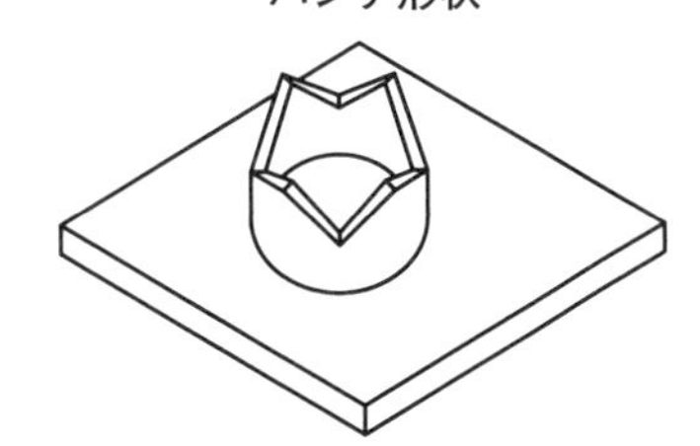

図4.6.5 下穴なしバーリング(4分割)

このようなバーリングは、**写真4.6.14**に示すタッピンねじを用いた締結用の穴として使用されることが多い。バーリング先端に尖った形状ができるため、危険であることから一度組み立ててしまうと、その後に分解しないようなところに使用されることが多い。

写真4.6.14 タッピンねじ例

バーリングは簡単な加工であるが、ここに示したようにいろいろな用途に使われているおもしろい加工である。バーリングと絞り加工や張出し加工と組み合わせて、高さのある加工を行うこともよくある。2部品をプレス加工して型内で組み立てる加工では、バーリングかしめは使いやすい手段と考えている。バーリングの利用方法はもっとあると創意工夫に励んでほしい。

4.7 じっくり眺めて形状の肝を読み解く 成形製品加工の急所

ここでのねらい　成形製品の加工のポイントと工程設計の基本をつかむ

成形製品の特徴

成形は、材料板厚を大きく変化させずに立体的な形状を作る加工である。形状を作るには、曲げ、圧縮および伸びなどの力を材料に作用させて形状を作る(**写真 4.7.1**)。

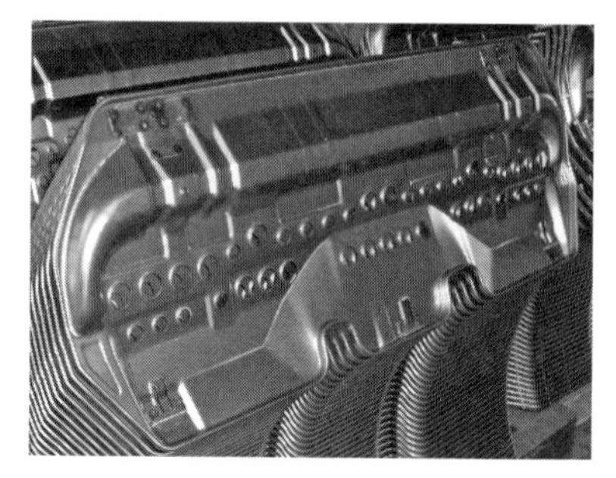

写真 4.7.1　成形品加工例

製品の形状は、用途によりさまざまな形が求められる。その形状を読み解き工程を作る。読み解く内容はどのような加工要素で構成されている形状か、加工要素の特徴はどのようなもので、考えられる不具合は何か、その対策はどうすべきかなどを勘案して工程を作る。

このとき、形状に必要な材料をどのように動かして作るかなどを考慮する難しさがある。最近では、シミュレーションの活用によりある程度の読みが行えるようになってきたが、まだ経験に頼る部分も多い加工である。

工程の検討

成形品の工程設計
- Ⓐ 成形加工の考え方
- Ⓑ 成形形状の要素分解
- Ⓒ 成形加工の基本形
- Ⓓ 段のある成形
- Ⓔ 複雑な形状の工程
- Ⓕ L・R形状の一体加工
- Ⓖ 加工を容易にするための形状補正

Ⓐ 成形加工の考え方

成形形状を一体で眺めて、加工内容を把握することは難しい。成形形状を分解して要素に分け、その要素の特徴から加工を把握し、要素間の関係をつなげるようにして考えると比較的わかりやすくなる。

図4.7.1は、曲げの変化として考えられるフランジ成形である。内容は、曲げ変形に圧縮（縮み）または伸び要素が働くかによって状態が変わる。

図4.7.2は段曲げまたはZ曲げ、オフセット加工と呼ばれるものの変化である。断面がZ形状になると、Rdは材料の流れ優先の大きさが必要となる。曲げ、曲げ戻しの作用とともに、縮みまたは伸びが作用するかによって状況が変化する。

図4.7.3はブランクの変化から見たものである。絞り加工はブランク外周を縮小させながら形状を作る。張出しはブランク外周を変化させずに、特定の面積の板厚を減少（伸ばして）させ、表面積を広げて形状を作るものである。

成形加工では外周を変化させても問題のないものと、変化させることが難しいものがある。加工と工具の関係にも注意する必要がある。絞り加工では形状はダイに倣うので、ダイ面と材料の摩擦はできるだけ小さくし、材料が滑らかに移動できるように形状を整え

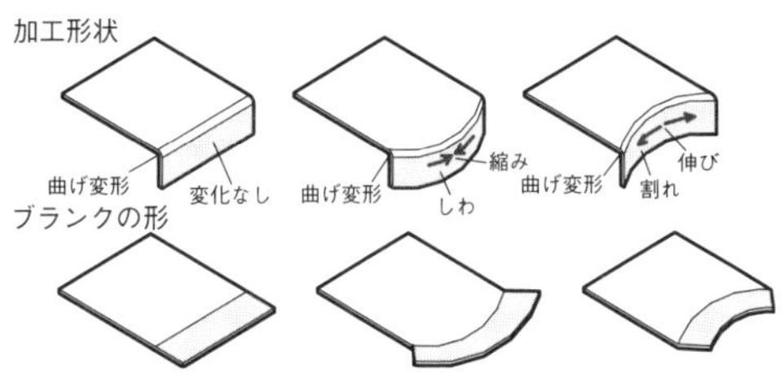

図4.7.1 フランジ成形の種類

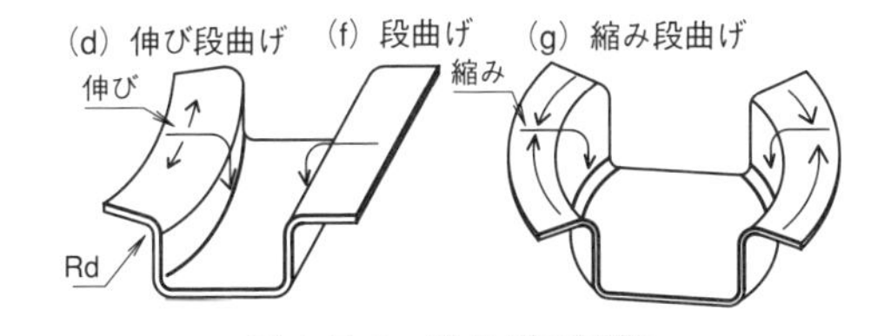

図4.7.2 段曲げの種類

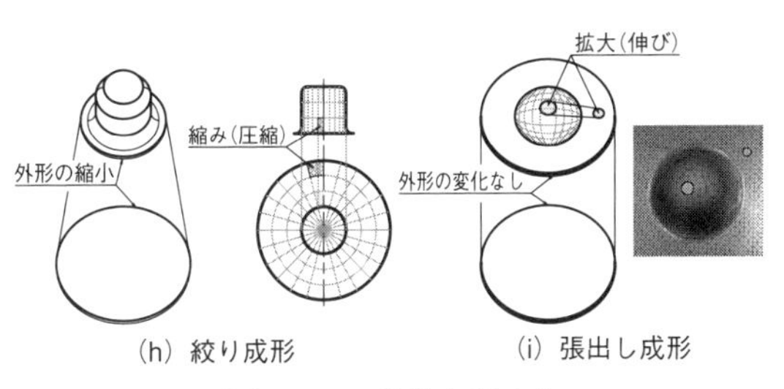

図4.7.3 絞りと張出し

る。張出しでは形状はパンチに倣うので、パンチ面と材料の摩擦はできるだけ小さくするとともに、各部の摩擦が均一になるようにすることが加工のポイントとなる。

成形形状の各部がどの要素となるかを見極めることを行い、直接形状が作れるかどうかを判断して、難しい場合には予備成形や製品形状の補正を行うことも検討し、加工工程を作り上げていく。

B 成形形状の要素分解

図 4.7.4 の形状に、前項の加工要素を当てはめたものである。多くの要素が関係していることがわかる。内容は外形形状ばかりでなく、穴に関係する部分にも及ぶ。このようにして部分的に発生が予測されるしわや割れを読み、対策を検討したり、加工順序を検討したりする。

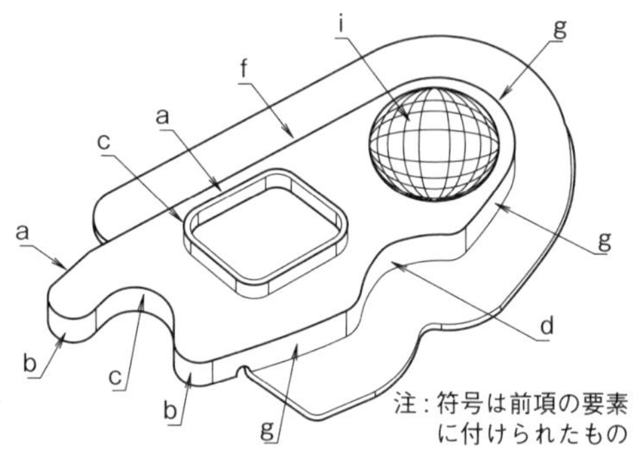

図 4.7.4　製品形状の構成要素

この形状の場合、角形状のバーリングを外周絞りの前に行うと変形が出ないか、張出し形状も同様である。材料押さえや加工力の影響で加工順序を考えることも検討する。しかし、注意しすぎて工程が多くなりすぎ、コストアップになるのも困る。ラインを構成するプレス機械の台数に合わせる必要もあるなど、制約の中で工程を考えることは多い。

C 成形加工の基本形

成形加工の基本形を角形状に置き、その構成要素と形状の変化で、工程の変化や必要要素をつかむと成形がわかりやすくなる。

図 4.7.5 の高さ（H）が低ければ、**写真 4.7.2** のように張出しとして加工できる。張出しの場合は、直辺部は斜面とする方が加工が容易になる。絞り

の場合は垂直な直辺がよい。Rcは大きい方がよい。Rcの5倍程度までであれば1回の成形で加工できる。

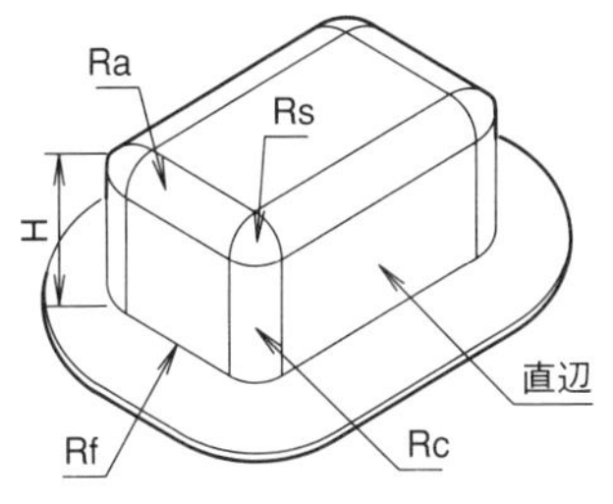

図 4.7.5 成形の基本図

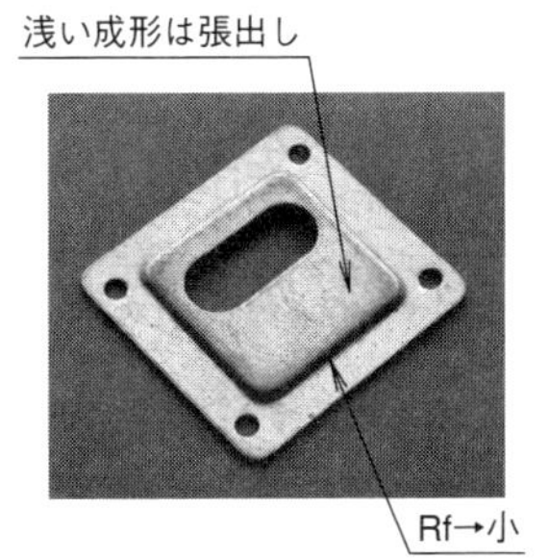

写真 4.7.2 浅い成形

Rs部は球面となり、張出し要素が働く、Raは製品形状で加工できる可能性は高いが、Rfは絞りとして加工する場合には加工優先の大きさとする必要がある。成形後、リストライクで製品の求めるRfとする。

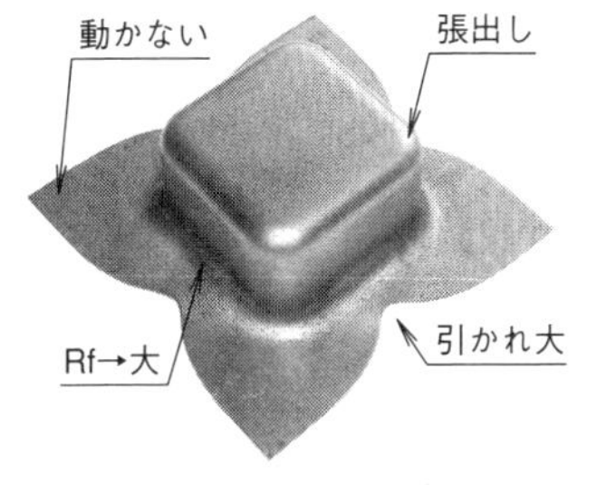

写真 4.7.3 深い成形

写真 4.7.4 直辺引かれ対策例

絞りとした場合、**写真 4.7.3** に示すように直辺部は材料流動がよく、大きく引かれる。このコントロールのために、絞りビードなどの制御機能を働かせることもある。**写真 4.7.4** は角ブランクの対角が直辺部に来るようにして、引かれを対策した例である。コーナーの45度ラインの材料は動きが悪くなる。このようなポイントをつかんでおくことが基本と言える。

D 段のある成形

図 4.7.6 のような段のある形状で、段の高さが高いものは一体で成形すると段部に割れが出たり、しわが発生したりしてうまく加工できなくなる。そのため、上部の段部を先に成形し、次工程で本体を成形する。

フランジのある製品では角絞りとなるため、ダイRは大きく取る必要があり、その後、リストライク、トリミング工程を経て完成する。フランジのない製品では、上部成形後にトリミングを行い、見込みでブランクを決めて

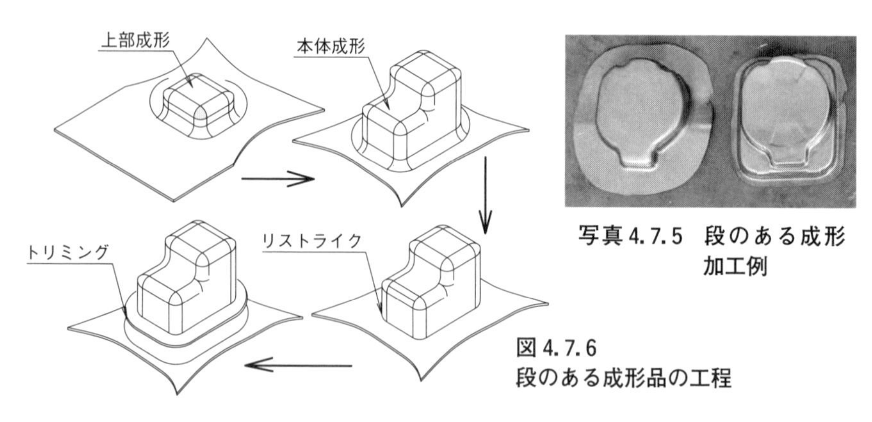

写真 4.7.5　段のある成形加工例

図 4.7.6
段のある成形品の工程

本体の成形を行うケースが多い。

写真 4.7.5 は上部、本体と加工した例である。成形では比較的このような加工は多い。

Ⓔ 複雑な形状の工程

複雑な成形形状の工程について**図 4.7.7** を参考に示すと、尖った形状は材料に伸び要素が大きく働き、割れが出やすくなる。そのため、先行してこの部分だけ成形することが難しくなり、**図 4.7.8** のように、必要なボリュームを予備成形として作り、加工することが多くなる。

予備成形では均一に材料を伸ばすことがポイントで、局部的に薄い部分がある

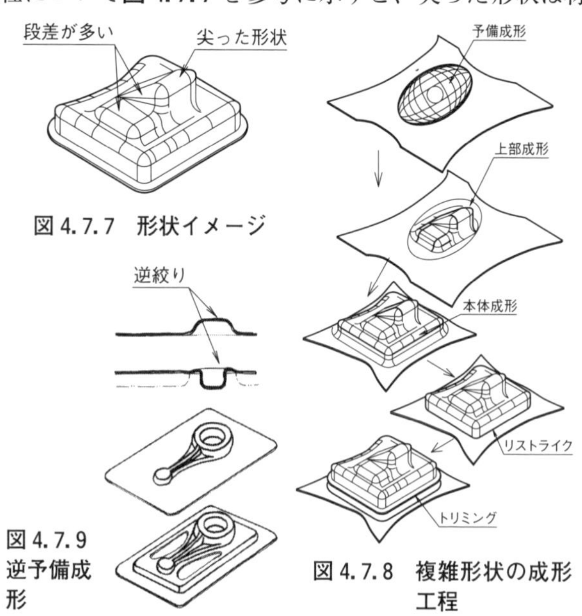

図 4.7.7　形状イメージ

図 4.7.8　複雑形状の成形工程

図 4.7.9
逆予備成形

とそこから割れる。予備成形は同方向にする場合と、**図4.7.9**のように逆絞りとすることもある。

段が多くなると、成形の下死点付近で個々の形状が作られるため、細かなしわや割れが出やすくなる。このような場合も予備成形を使い、対応することも出てくる。

Ⓕ L・R形状の一体加工

製品形状によっては、単体では加工が難しい形状もある。左右（L・R）があるものでは、**写真4.7.6**のように一体とすることで成形加工が容易になるケースは意外と多い。その後に分断する。この場合の欠点は、分断加工が立て切りとなることが多くなり、分断金型のメンテナンスが面倒となることである。

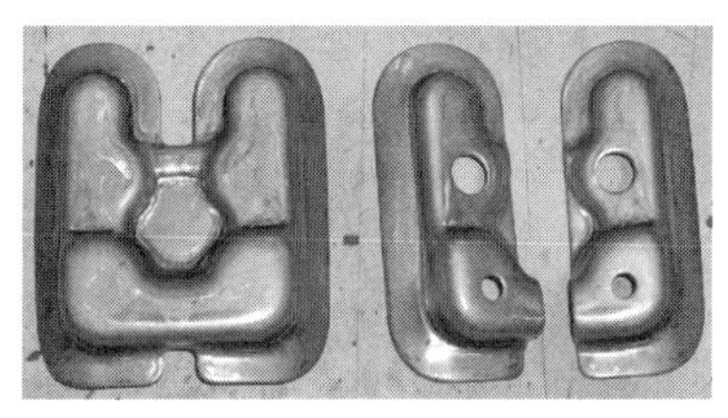

写真4.7.6 L・R同時加工

Ⓖ 加工を容易にするための形状補正

写真4.7.7の上の写真が製品形状である。この形状のままでは成形加工が難しいため、加工を可能にした形状が下の写真である。この形状は工程設計者の考え方で差異が出るが、材料歩留りが悪くなるのは共通する。このような製品も、成形後のトリミングに問題が残ることが多い。できる限り、このような補正がなくても加工できる製品形状が望まれる。

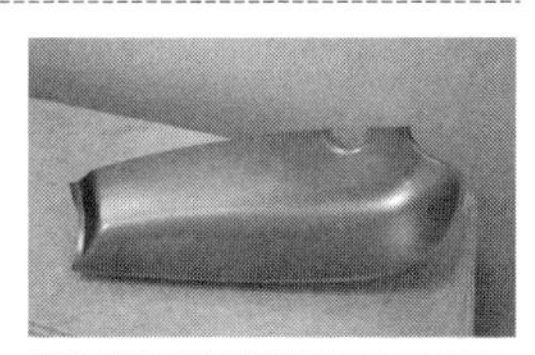

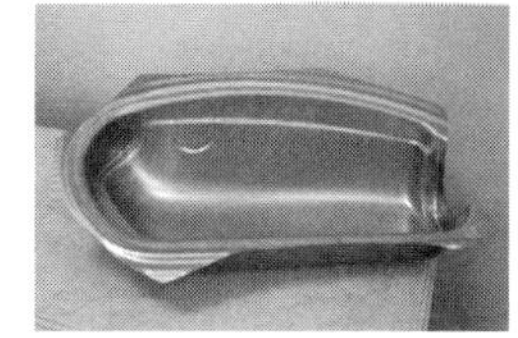

写真4.7.7 製品形状の補正

成形加工では、バカ押しと呼ばれる製品形状そのままをパンチ・ダイに作り加工する方法と、材料押さえを働かせながら加工する構造を採用する場合がある。工程設計では、加工に用いる金型構造をイメージすることも並行して検討し、兼ね合いを考えることを忘れてはならない。

column　ダイクッション・跳ね出しの活用

絞り加工などの加工では、しわ押さえ対策として金型にしわ押さえ機能を持たせる。押さえ力を金型内に持たず、プレス機械側に置いたものをダイクッションと呼んでいる。ダイクッションはボルスタ下に置かれ、**図1**のような使われ方をする。

ダイクッションを利用すると、金型は逆配置（パンチが下、ダイが上）構造となることが多い。この構造では上型の中に製品が入り込むので、その都度、排出する必要がある。この排出を行うために用意されたものがノックアウト機構である。使い方は**図2**のようになる。下死点で製品は上型のダイ内に収まり、ノックアウトを押し上げる。それに連動するピンがノックアウトバーを押し上げる。この状態でスライドが上昇する。ノックアウトバーはストッパに当たり、止まる。スライドはさらに上昇すると、ノックアウトが押し下げられ、製品を排出する。

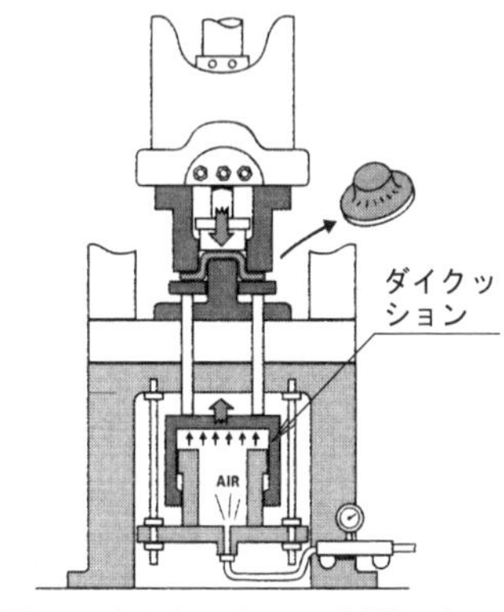

図1　ダイクッション利用の加工

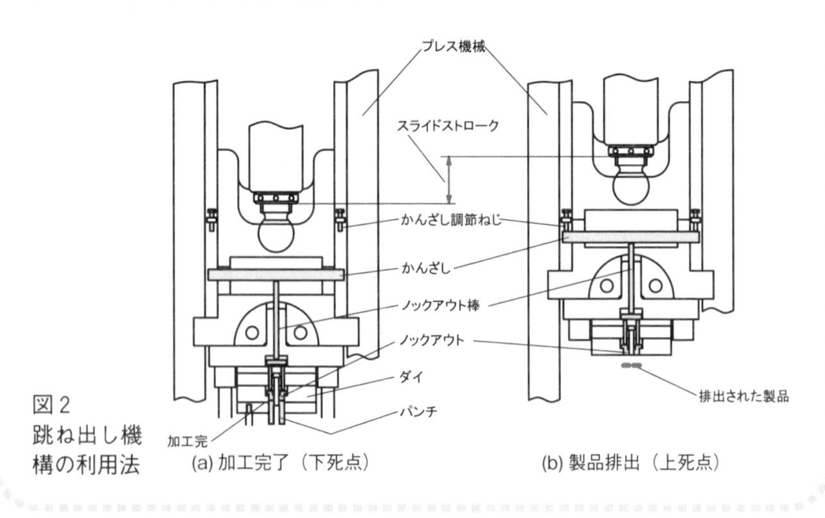

図2
跳ね出し機構の利用法

第5章
複雑な3次元形状を実現する絞り加工の最適化

絞り加工は、ブランクからつなぎ目のない立体形状を作る加工である。基本を円筒（丸）絞りに置き、角絞りへの変化や不具合と原因の関係などを知ることが、絞り加工の工程設計では必要になる。絞りの順送り加工は難しいと言われている。この点についても、設計のポイントと金型構造の特徴について解説する。また、応用編としてバッテリーケースの工程設計を紹介する。

5.1 引張力と圧縮力のバランスを重視する円筒絞り製品の加工

ここでのねらい　絞り加工の基本である円筒絞りで、絞り加工の要点をつかむ

円筒絞りの特徴

円筒絞りは、円形ブランクから円筒容器を作る（**写真5.1.1**）。円筒絞りの材料の動きを示したものが**図5.1.1**である。**図5.1.2**は材料の動きと力の作用の関係を示したものである。材料は中心方向に引張力が働き、その関係で底部分の肩部（パンチ肩部）は板厚減少が起こる。ときには割れる不具合となることもある。

ブランクは中心方向への移動に伴い、ブランク外形寸法は小さくなる。このときに、周方向に圧縮力が働いており、ブランク外周の板厚は増加する。圧縮作用による板厚増加がうまく行われないと、材料は座屈してしわが発生する。

円筒絞り加工は、ブランクを中心方向に引き込む引張力と外周減少に伴う圧縮

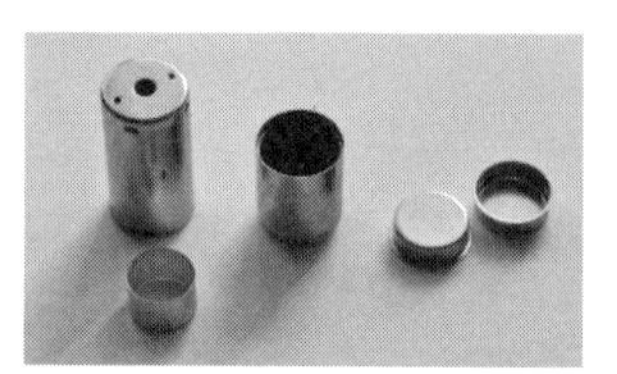

写真5.1.1　円筒絞り製品

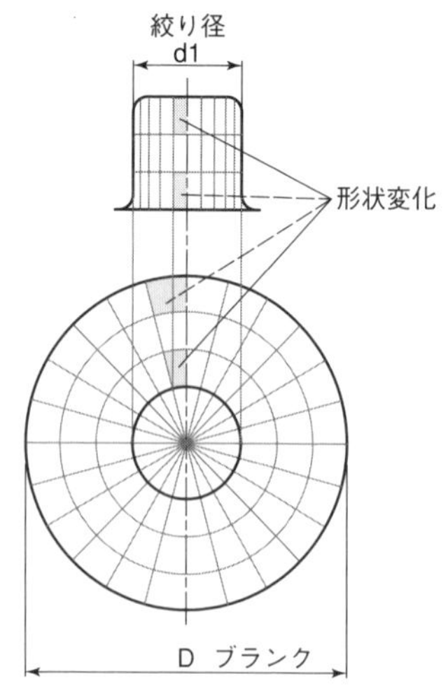

図5.1.1　絞りに伴う材料の動き

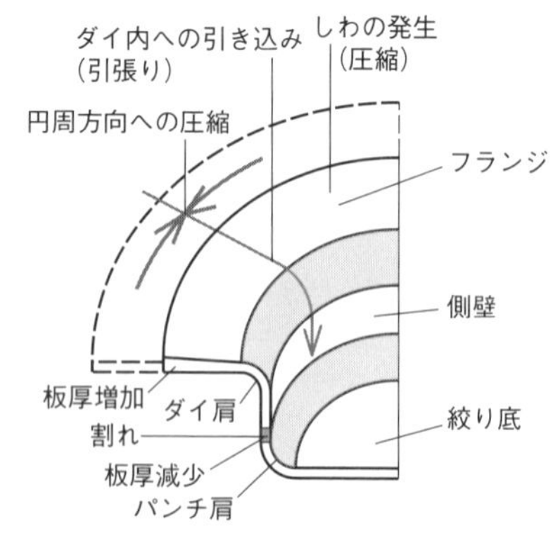

図5.1.2　材料の動きと力の作用

力のバランスを取り、円筒形状を加工する。

写真5.1.2はスクライブドサークルテストを示したものである。底部の形状は加工前とほとんど変化がない。フランジ部は円形が卵形に変化している。これを元の円と比較することで、この部分にかかる圧縮と引張りの状態を知ることができる。フランジの卵形状がフランジ各部で同じであることは、加工力がバランスしていることを示している。

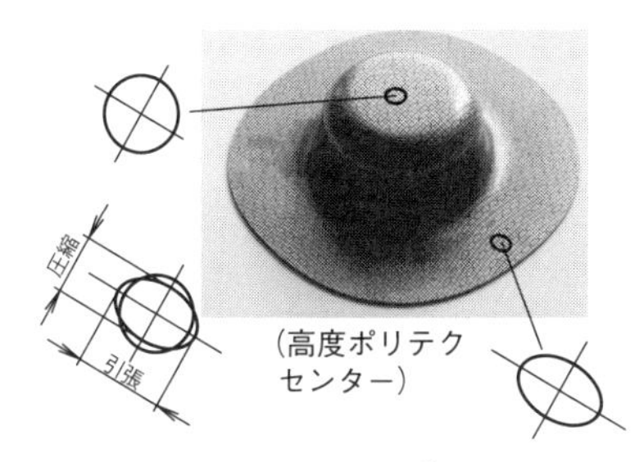

写真5.1.2　スクライブドサークルテスト

円筒絞りの加工

ブランクからの絞り加工には加工限界がある。加工限界は絞り率（または絞り比）で示されている。加工限界は第1絞り、第2絞り、第3絞り以後の3段階におおよそ分けられている。

各段階の絞り率は幅を持っている。それは相対板厚（板厚/ブランク径×100(%)）の関係と絞り製品の材質との関係から変化する。相対板厚が小さいと加工は難しくなり、しわと割れが同時に発生したりする。

多くの製品の相対板厚は0.1～2.0の範囲にある。1.0を標準に置き難易判断をする。加工限界を示す工程ごとの絞り率（m）は次のようになる。

第1絞り　　　：m1＝0.5～0.6
第2絞り　　　：m2＝0.75～0.8
第3絞り以後：m3＝0.8～0.9

このような関係から、絞り製品の加工は**図5.1.3**のような工程になる

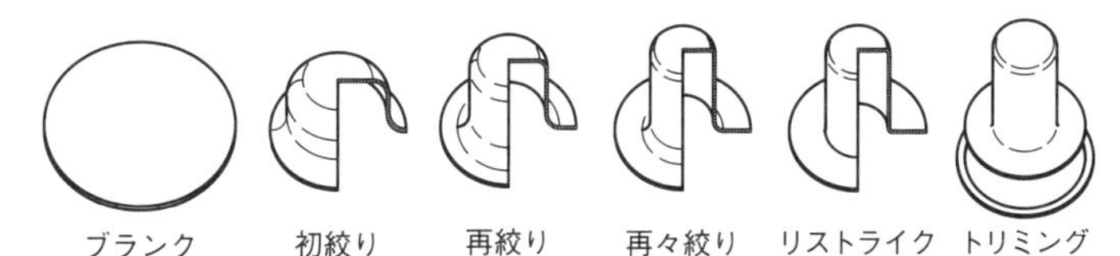

図5.1.3　絞り製品の標準的な加工工程

ことが多い。ここでのリストライク工程とは整形工程で、絞り優先で加工してきた形状を製品図面形状に合わせるように整える工程を言う。トリミング工程は、材料の異方性などによって変形した縁を切り直す工程である。

円筒絞りの生産方法

製品加工に必要な工程を決め、その工程ごとに金型を作り生産する単工程加工（**写真5.1.3**）と、順送り加工（**写真5.1.4**）に大別できる。この区分はどのプレス製品にも該当するものであるが、絞り加工のようにブランク外周が縮み（X,Y 方向変化）、板厚方向（Z 方向変化）にも変化するような加工は順送り加工で扱うのは難しい点が多い。

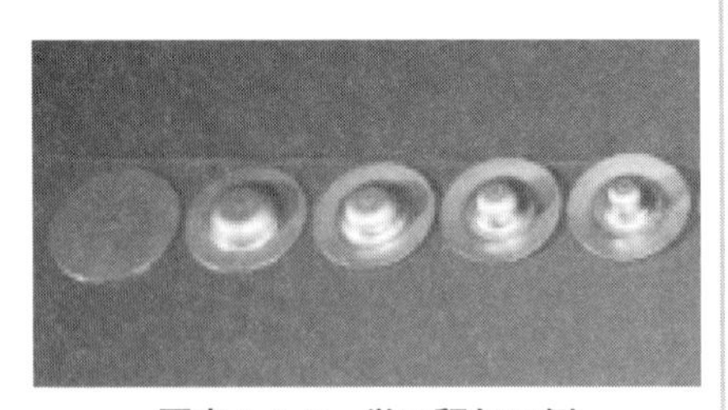

写真 5.1.3　単工程加工例

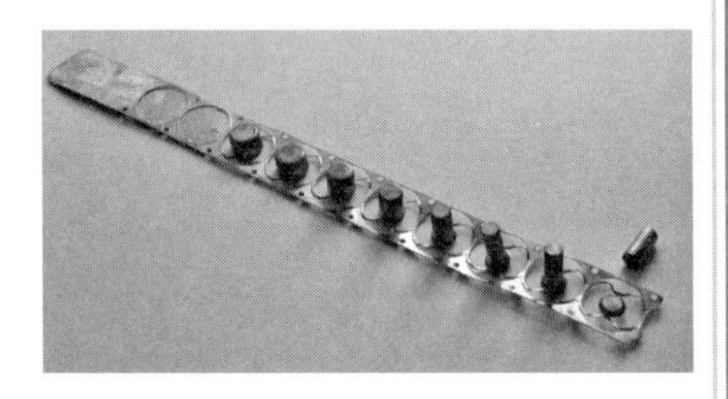

写真 5.1.4　順送り加工例

単工程加工では、加工で材料の XYZ 方向への変化があっても工程内のものであり、順送り加工のように前後の工程に影響を与えることがなく、金型製作も容易で、材料歩留りの点からも優れている。順送り加工はコイル材を使った自動加工を前提に作られることが多いが、単工程加工でもトランスファ加工などの自動化手段はあり、良い点も多い。

加工内容の区分

円筒絞り加工の工程
- Ⓐ第 1 絞り（初絞り）
- Ⓑ第 2 絞り（再絞り）
- Ⓒ第 3 絞り以降（再々絞り）
- Ⓓリストライク（整形絞り）

Ⓐ 第1絞り（初絞り）

ブランクから最初に絞る工程で、フランジしわの発生がないように加工する（図5.1.4）。その対策として、金型構成部品に「しわ押さえ」が使われる。

しわ押さえ力は材質ごとに決まっており、フランジ面積から計算して決められる。しかし、フランジは絞りの進行で板厚が増加する。フランジ端が最も厚くなるので、しわ押さえ力は、厳密にはフランジ面に均一にかかるものではない。

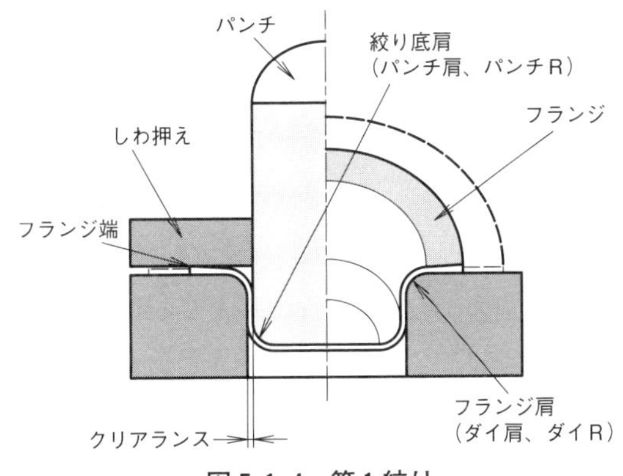

図5.1.4　第1絞り

パンチRは材料をダイ内に引き込む役割を担う。一般的には板厚の4～8倍程度の大きさになることが多い。

ブランク外周のバリは、絞りの進行に伴い中心方向に移動し、落ちて打痕の原因となる場合と、大きなバリでは周方向への圧縮でさらに大きくなり、移動の抵抗となりフランジの変形や底割れの原因になることもある。

ダイRでブランクは曲げ変形を受け、方向を変えダイ内に入り込む。ダイRの大きさは板厚の4～10倍とすることが多い。小さいと底抜けやフランジ部の割れの原因となり、大きくしすぎると、しわ押さえからブランク端が外れた途端にしわが発生する。

クリアランスは板厚増加を見込み、呼び寸法板厚より大きく取る。

Ⓑ 第2絞り（再絞り）

第2絞りでの注意は、絞り側壁に発生するしわ対策が主な注意点となる（図5.1.5）。

第1絞りではしわ押さえでフランジを強く押さえる必要があったが、第2

絞りのしわ押さえは側壁が座屈しないように空間を埋めることでよく、力は必要としない。この側壁にできるしわをボディしわと呼ぶ。

第1絞りと第2絞りの絞り高さバランスは、第2絞りが完了したときにフランジRが滑らかにつながる状態がよく、段差ができたり、大きくフランジが引き込まれるような形はよくない。

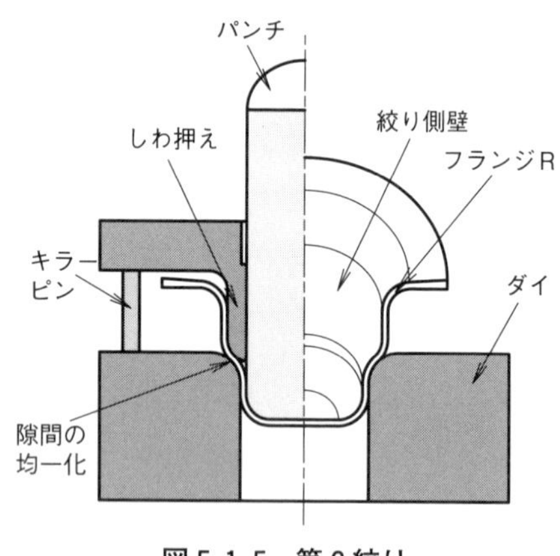

図5.1.5　第2絞り

しわ押さえのスプリング強さは、パンチについた製品を払う強さがあればよい。

しわ押さえ先端の丸みとダイRとで作られるすきまは、均一に保つことが求められる。絞り加工の進行に伴って、しわ押さえのスプリングが働いてしわ押さえが強く材料を押さえないようにするため、キラーピンをダイまたはストリッパに取り付け、すきまを均一に保つ工夫をする。

Ⓒ 第3絞り以降（再々絞り）

第3絞り以後では、フランジ径の変化がなく、フランジRが滑らかにつながる状態の加工終わりとなるように、前工程の絞り高さを取る（**図5.1.6**）。加工前後の径の変化が小さくなるため、しわ押さえは必要なくなる。第2絞りまで、しわ押さえとしてきた金型部品はストリッパとなる。パンチについた材料を払う役割のみとなる。

絞り高さが高くなってくるため、絞り側壁とダイ側壁の摩擦が大きくなり、ダイへの食いつきが強くなるので、通常はダイに逃がしを取り、食いつきを弱める。

加工後の上昇工程でダイとの食いつきが強い、ストリッパのスプリングが強いと、ノックアウトによって絞り底の凹み、側壁のふくらみを発生させ、ダイから製品が外れなくなる。戻り工程の力のバランスを取る必要がある。

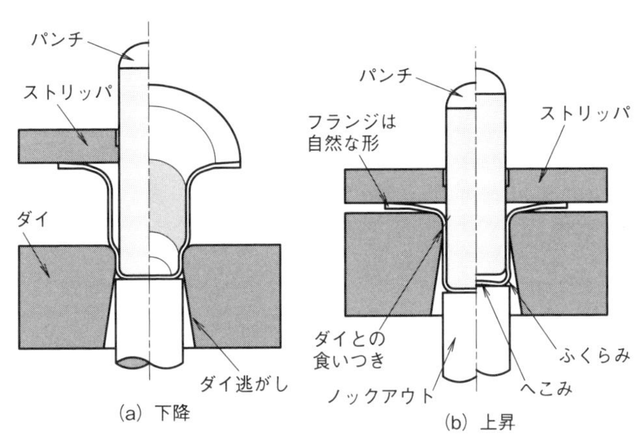

図 5.1.6　第3絞り以後

D リストライク（整形絞り）

リストライクでは、しごきながらわずかに絞り、内径と外形の寸法および均一な板厚を作る（**図 5.1.7**）。絞り側壁部分には引張力が働くようにする。

フランジRは折りたたむように作ると、小さなRを素直に作ることができる。フランジは加工硬化が激しく、板厚増加で均一にはなっていないので、全体の厚さを整えることは大変難しい。必要な部分のみ平坦を作るようにする。

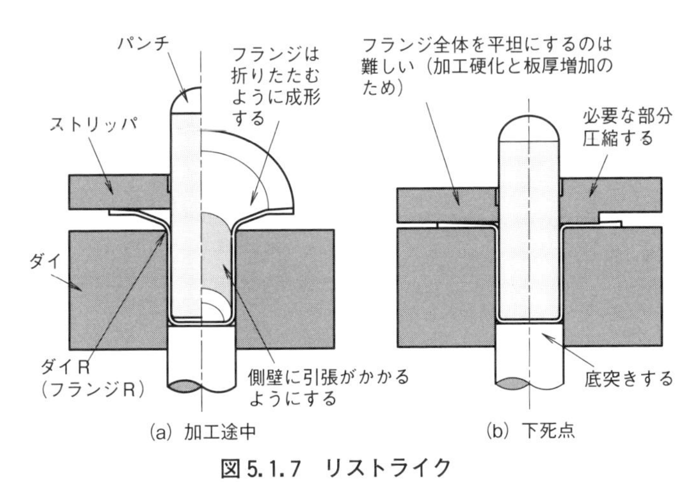

図 5.1.7　リストライク

5.2 しわや割れの原因を見抜く 絞り加工の不具合現象

ここでのねらい　絞り加工の不具合現象を知る

絞りの不具合を把握する

絞り加工の不具合現象は、**写真 5.2.1** に示すような割れやしわで表現されることが多いが、その原因はさまざまである。プレス加工で働く力は圧縮、伸び、曲げおよびせん断である。これらをうまくコントロールして絞り加工を成立させるが、失敗すると不具合となって現れる。

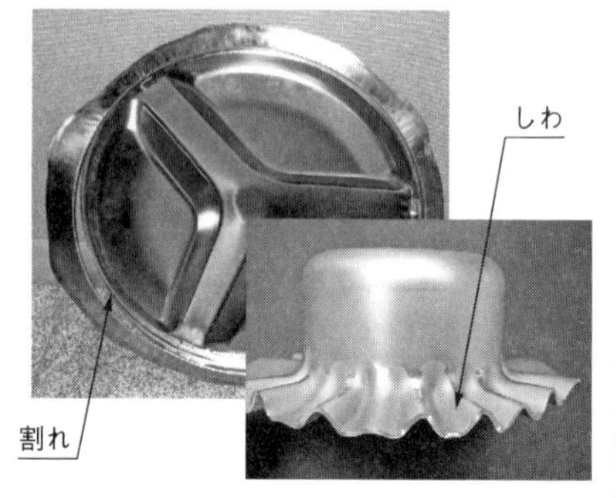

写真 5.2.1　絞りの不具合

不具合にはいろいろな形があり、その形によって原因が異なるケースが多いので、不具合の顔を覚え、失敗箇所がどこにあるかを知ることがうまい絞り加工につながる。

原因の追及

絞り加工の不具合現象
- Ⓐ 絞りの縁
- Ⓑ 底抜け
- Ⓒ フランジしわ
- Ⓓ 口辺しわ、側壁のしわ
- Ⓔ キズ、ひけ
- Ⓕ へこみ、割れ
- Ⓖ 角絞りの割れ、しわ
- Ⓗ 置き割れ

Ⓐ 絞りの縁

ブランクから絞り加工したときの縁の状態を見たものである。**写真 5.2.2** は、ブランクが絞り中心からずれたもので傾いている。このような状態になると、再絞りの材料ボリュームが崩れ、うまい加工ができない。絞り加工では、多少ブランクの位置決めが変動しても加工できてしまうので、縁の傾きには注意する。

写真 5.2.2　縁の傾き

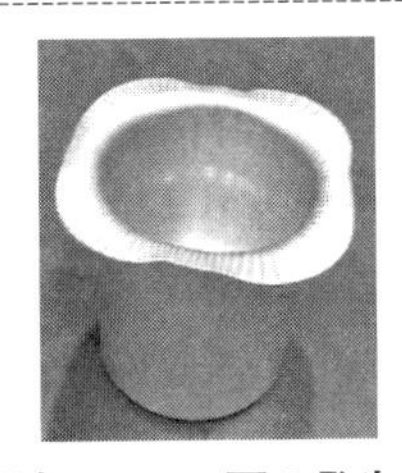

写真 5.2.3　耳の発生①

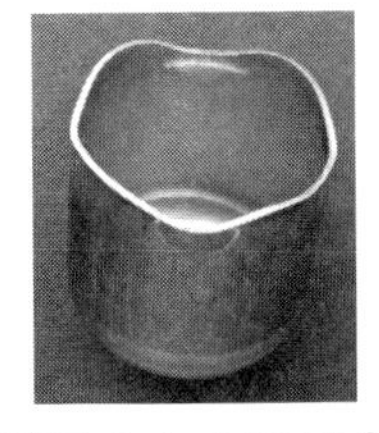

写真 5.2.4　耳の発生②

写真 5.2.5　角絞り直辺部のひけ

写真 5.2.3，5.2.4 は耳の発生により縁が変形したものである。材料の持つ異方性によって、方向による伸び率の違いが発生する。異方性の小さい材料をオーダーすることもできるが、通常は異方性はあるものとして扱い、絞り加工後トリミングで縁を処理する。

写真 5.2.5 は角絞りでの縁の状態である。直辺部とコーナー部での材料流動の違いからの現象である。絞り加工時のフランジ流動のコントロールが、加工の善し悪しを左右する。直辺部は曲げ絞りとなっているため、コーナー部より材料の流動が良い。この部分の材料流動を押さえ、コーナーの材料流動を高める工夫が求められる。

Ⓑ 底抜け

写真 5.2.6 は丸絞りの**写真 5.2.7** は角絞りの底抜けを示している。どちらも底 R（パンチ R）の側壁部側で破断しているのがわかる。この部分が、絞り加工の力を最も大きく受けているためである。ブランクをダイ内に引き込む力は、①材料のダイ面での絞り変形抵抗、②しわ押さえ力、③ダイ肩での

写真 5.2.6　底抜け①

写真 5.2.7　底抜け②

写真 5.2.8　底抜け③

曲げ変形抵抗、④ダイ面としわ押さえ面での摩擦抵抗で構成されている。この力を一手に受けているのが破断した部分である。

破断した部分はパンチＲ終わり位置である。パンチＲ面で加工力を受けて、その端部に最も影響が大きく出ることを示している。パンチＲは、小さくても大きすぎてもよくない。受けることができる最大の強さは、材料の引張強さまでである。実際には板厚減少を考えると、降伏力までである。パンチＲは、この限界強さまで持ち応えられるＲの大きさを見つけて設定する。

写真 5.2.8 はパンチＲが適正で、フランジしわが発生した状態で加工を続けたときの割れである。

写真 5.2.9 は再絞り加工のある製品で、絞り高さバランスの悪さから発生した底抜けである。再絞り加工で作る絞り高さは、次工程で作られる形状に必要なボリュームとなるようにする。

高さが低いとボリューム不足を補うためフランジ部分を引き込むようになるが、フランジ部は加工硬化しており引き込み抵抗が大きくなり、底抜けを起こす。それが写真の３絞りの底抜けである。前工程の高さバランスを取ることである。高さバランスで必要高さが得られないときは、パンチＲが小さい、ダイ側面との摩擦抵抗が大きいなども影響するので、この部分の条件の見直しが必要になることもある。

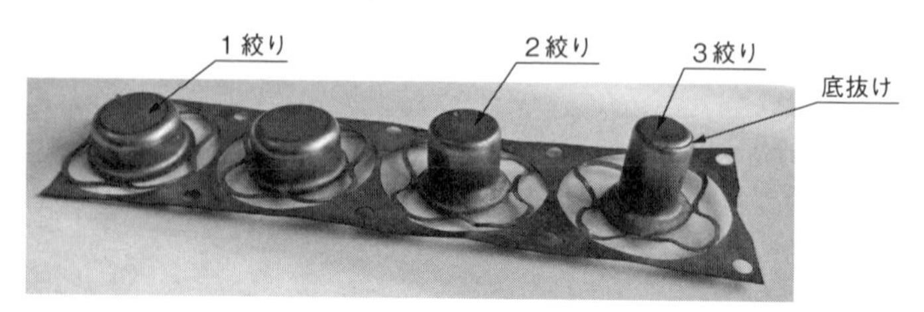

写真 5.2.9　底抜け④

Ⓒ フランジのしわ

円筒絞りでブランクから絞りを開始すると、ブランク外周は中心方向への移動に伴って収縮する。収縮によって材料は座屈を起こしやすくなり、フランジにしわが出やすくなる。**写真5.2.10**はその例である。しわ防止はフランジ部板厚を押さえることである。

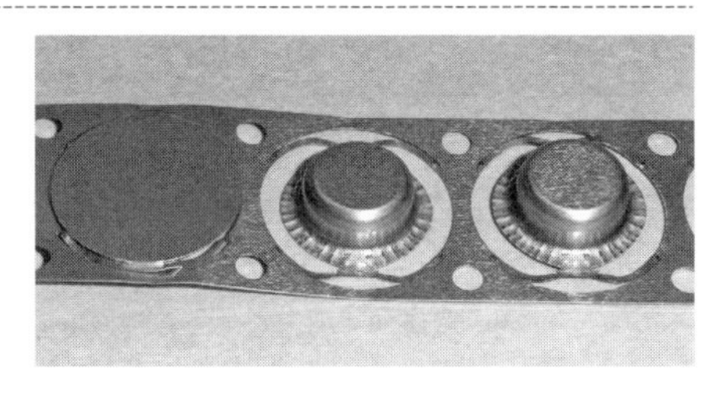

写真5.2.10　フランジしわ①

この押さえをしわ押さえと呼ぶが、材質ごとに適正値がある。フランジ面を均等に押さえることが必要で、全体の押さえが弱いと全体にしわが出る。押さえバランスが悪いと、部分的にしわが出る。

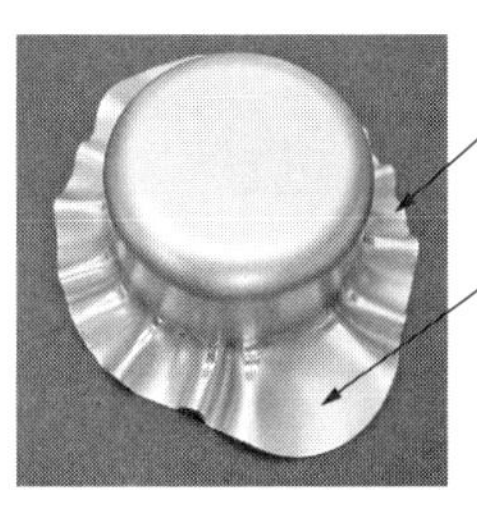

写真5.2.11　フランジしわ②

写真5.2.11は円形でないブランクを用いて円筒絞りをした際のしわである。フランジ状態の違いによってしわ押さえ力に差をつける必要を示している。

Ⓓ 口辺しわ、側壁のしわ

フランジ縁が絞り終段になってダイRにかかると、しわ押さえ力が働かなくなる。このダイR部分で発生するものが**写真5.2.12**の口辺しわである。ダイRが大きすぎたときに起こる。

写真5.2.13は側壁部分にうねりの小さなしわが発生している。これは、

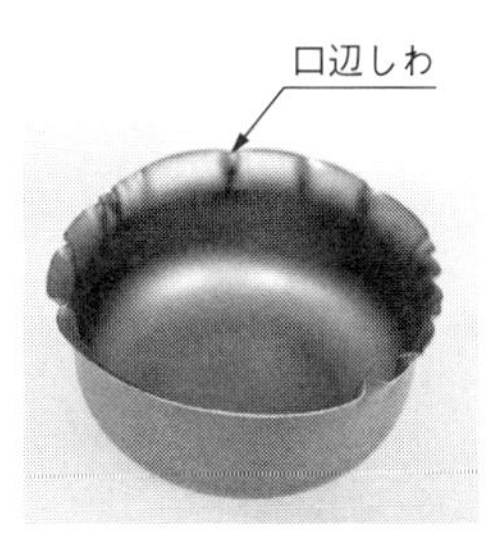

写真5.2.12　口辺しわ

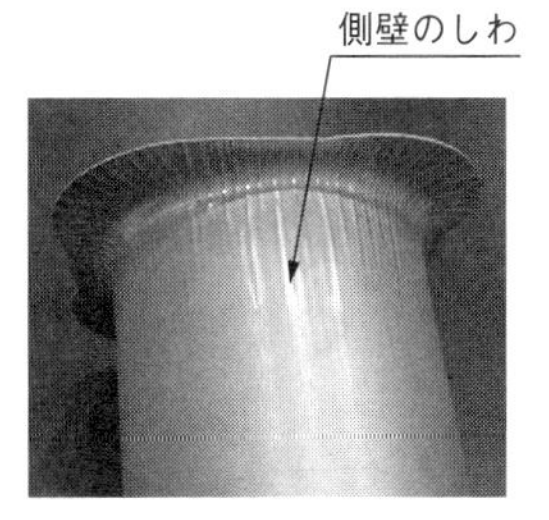

写真5.2.13　側壁のしわ

絞りクリアランスが大きすぎたときに起こるしわである。**写真5.2.14**は、側壁と口辺のしわが同時に発生しているものである。

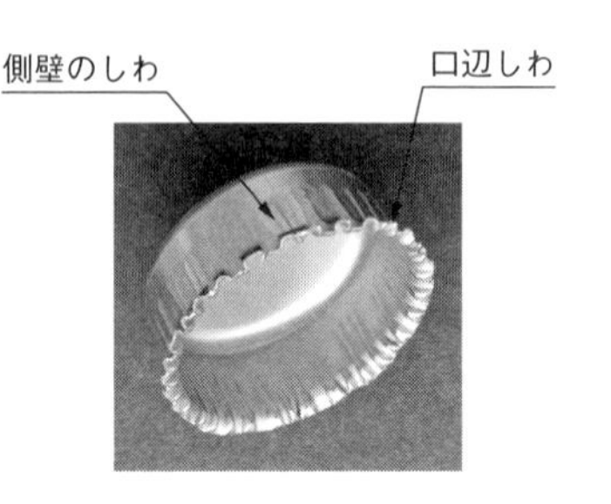

写真5.2.14 複合しわ

Ⓔ キズ、ひけ

絞り加工では材料とダイ面との間に潤滑を行い油膜を作り、材料とダイ面が直接接触しないようにする。金属同士の接触は焼付きを起こしやすくなるからである。**写真5.2.15**は焼付きを起こした例である。潤滑油を使用しても焼付きを起こすことがあるが、それは加工時の面圧によって油膜切れを起こすことが原因している。

写真5.2.15 焼付きキズ

写真5.2.16のキズは材料内部に欠陥があったときのものである。

写真5.2.17は側壁部に発生したリングマークである。再絞りを行ったときに出る。材料をダイ内に絞り込むとき、パンチで材料を引っ張るが、そのときに板厚減少が生じる。この板厚減少部分が再絞りによって側壁部分に移動して、現れてくるものがリングマークである。通常はリストライク（整形絞り）で消えることが多いが、しごき量が少ないときなどに残る。

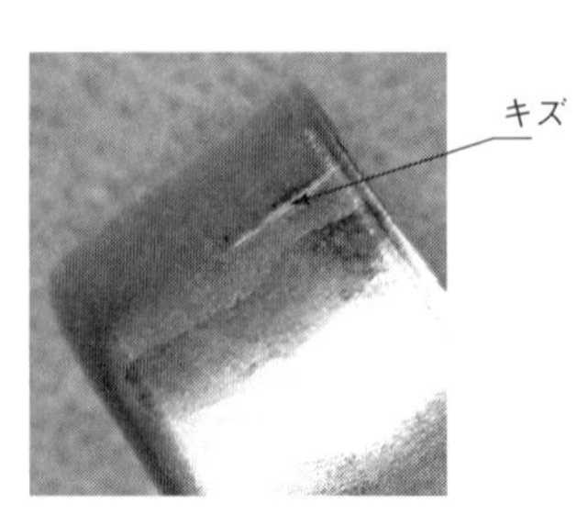

写真5.2.16 材料キズ

写真5.2.17 リングマーク

Ⓕ へこみ、割れ

写真5.2.18、**5.2.19**は底部の凹みの例である。この現象は絞り加工後の戻り工程で、ダイ内より押し出すときに発生するものである。原因はいくつかあり、①ダイ側壁との接触面積が大きく、ダイよりの抜け抵抗が大きい場合(写真5.2.18)、②しわ押さえまたはストリッパの押さえ力が強すぎた場合(写真5.2.19)、③押し戻すノックアウトのばねが強すぎた場合などが原因する。

写真5.2.20は引き込み力に対して、ダイ部分の抵抗が大きく割れを発生したものである。珍しい例である。

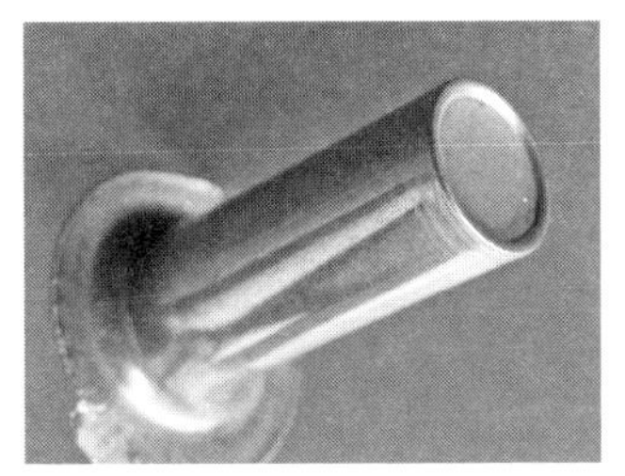

写真5.2.18　底のへこみ①

写真5.2.19　底のへこみ②

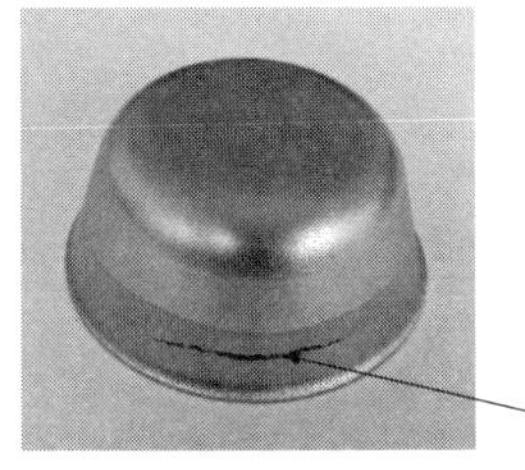

写真5.2.20　フランジの割れ

Ⓖ 角絞りの割れ、しわ

角絞りでは、直線部は曲げ絞りのため圧縮は働かない。そのためコーナー部に比較して材料は容易に変形し、ダイ内に入る。コーナー部は材料余りが生じて周囲に流れ出す。そのときにしわが出やすくなる（**写真5.2.21**）。しわの発生でますます材料流動が悪くなり、割れが発生したものが**写真5.2.22**である。コーナー部のブランクを小さくしたり、しわ押さえを弱くしたり、ダイRを大きくするなどの対策が必要となる。

写真5.2.21　コーナーのしわ

写真5.2.23は直線部での割れである。曲

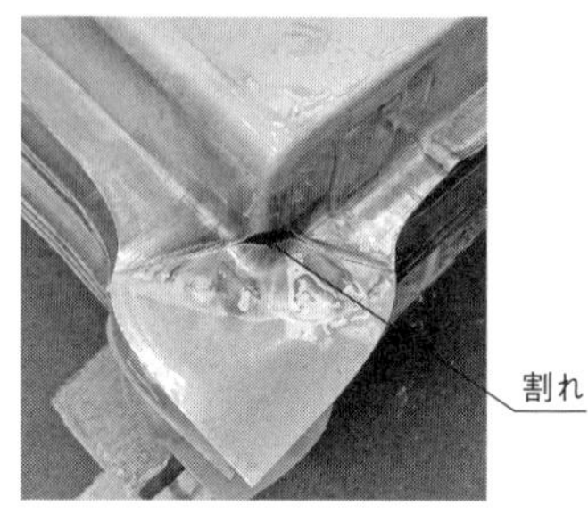

写真 5. 2. 22　コーナー割れ写真

写真 5. 2. 23　直辺部割れ

げ変形がうまくいかなかったために起こる。ブランクが部分的に大きい、絞りビードが部分的に強い、ダイ R が小さいなどが原因する。

H 置き割れ

置き割れは、加工後すぐに発生せず、少し時間が経ってから起こる。加工に伴う内部ひずみが影響して発生する。ステンレスや黄銅材の加工時に出やすい。**写真 5. 2. 24** はステンレスの絞りで、かなり強烈に発生した例である。**写真 5. 2. 25** は順送り加工の中間工程に発生した例である。

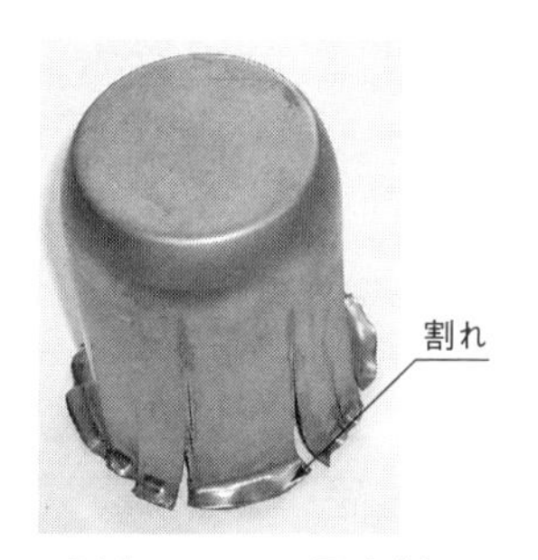

写真 5. 2. 24　置き割れ

対策としては工程負荷を減らすことであるが、工程設計段階で置き割れ発生を予測することは難しい。発生して慌てる場合がほとんどである。加工製品への対策はひずみ取り焼鈍である。

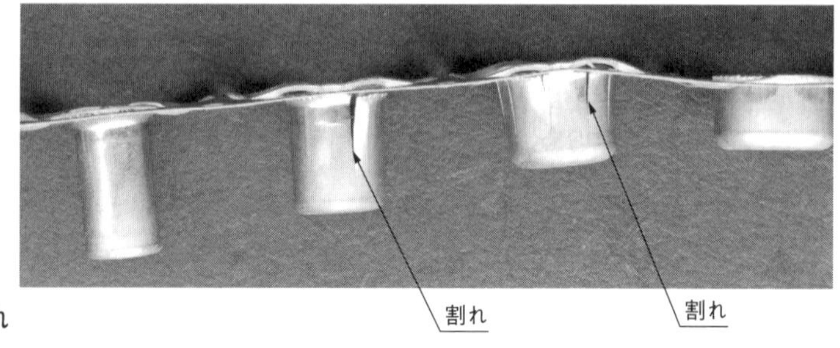

5. 2. 25
中間工程の割れ

5.3 機能特性から絞り工法が要求される小型直流モーターケースの加工

ここでのねらい モーターの構造を知り、モーターケース加工のポイントをつかむ

モーターケースの特徴

小型直流モーターの構造を図5.3.1に示す。ケース内に向き合う極の違う（N極とS極が向き合う）マグネットを置き、その中心にローターを置き、ローターに巻かれたコイルに通電すると、ローター鉄芯が磁化されマグネットと反発し、ローターが回転する。

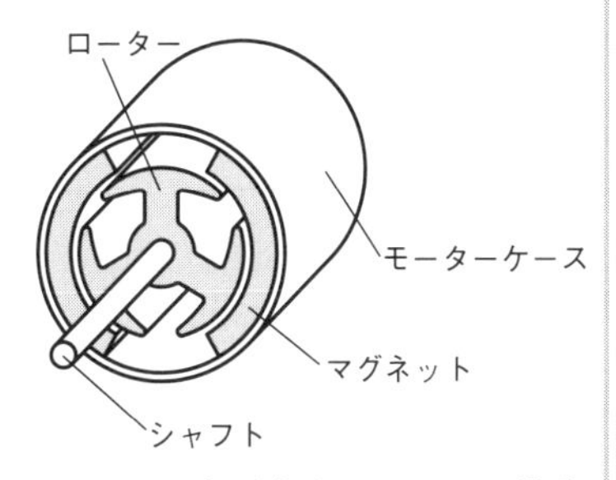

図5.3.1　小型直流モーターの構造

図5.3.2はモーターの主要部品を示しているが、モーターケースはマグネットの保持だけではなく、軸受やエンドベルの取り付けおよびケース自身も磁力線の通り道としての機能も持っている。ケースを板を丸めて作ることも考えられるが、つなぎ目が磁力線通過の障害となり、特性を落とすことから使用例は少ない。

ケースはモーターの機能部品であるとともに、組立筐体の働きを持っている。

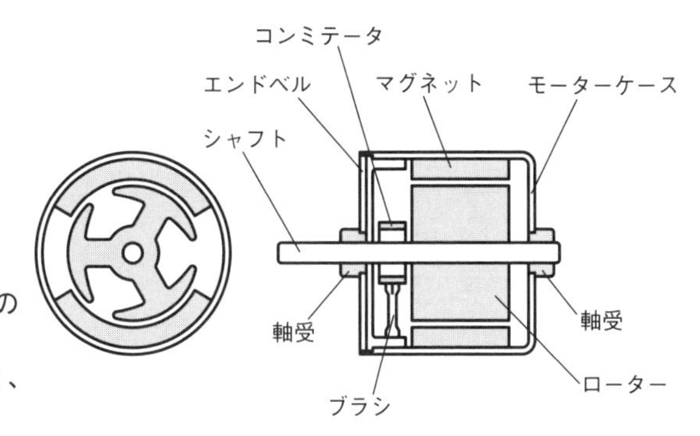

図5.3.2
小型直流モーターの主な構成部品
（図2.6.1、3.5.1、3.8.1再掲）

モーターケースの外観

写真 5.3.1 は小型モーターケースの一例である。ケースは絞り加工で作られ、軸受用の穴および取付用のねじが絞り天面に加工され、側面にはマグネットの位置決め用の凸形状があり、端部は平坦にトリミングされている。

写真 5.3.1 小型モーターケース

工程の検討

モーターケースの加工工程
- Ⓐ絞り加工
- Ⓑトリミング
- Ⓒ天穴加工
- Ⓓ側面加工

Ⓐ 絞り加工

ケースの絞り加工は、通常の絞り加工手順と同じでよく、**図 5.3.3** のような工程となる。工程の詳細については、円筒絞り製品の加工を参照してほしい。

円筒絞りでは絞り側壁の板厚が均一となるように、しごき加工を行う。また、円周の部分で板厚が異なる偏肉（**図 5.3.4**）が発生するが、できる限り小さくなるようにして、側壁の板厚が均一になるようにする。ケースにも磁力線が通るので、このことに対する配慮である。

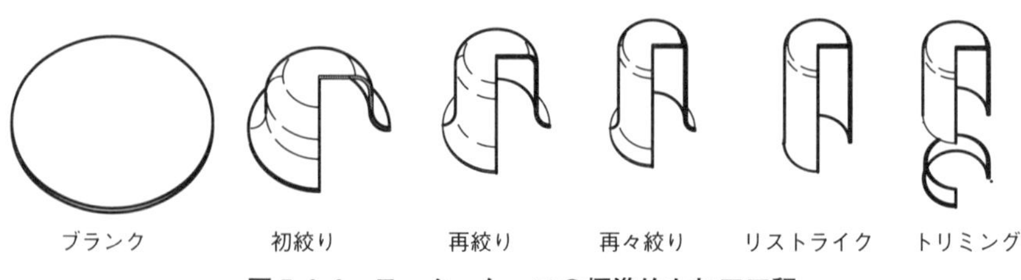

図 5.3.3 モーターケースの標準的な加工工程

図 5.3.4　絞りでの偏肉

写真 5.3.2　内径の段加工

図 5.3.5　絞りながらの段加工

写真 5.3.2 に示す段加工は、ケースの径を仕上げてから行うのは難しい。絞り加工で材料を動かしながら、しごき加工を行うとよい。**図 5.3.5** は加工の様子を示したものである。1回(初回)のしごき量としては材料板厚の 40% 程度までは可能である。それ以上の段差を必要とするときには、再加工が必要となる。

再しごき加工は加工硬化が進んでいることから、しごき量はかなり小さくする必要がある。再しごき加工でも絞りながら行うこととなるので、前工程との段差の位置合わせが難しい。

B トリミング

ケースのトリミングは、**写真 5.3.3** のように縁を切る。**写真 5.3.4** は切り

写真 5.3.3　トリミング

写真 5.3.4　トリミング切り口面

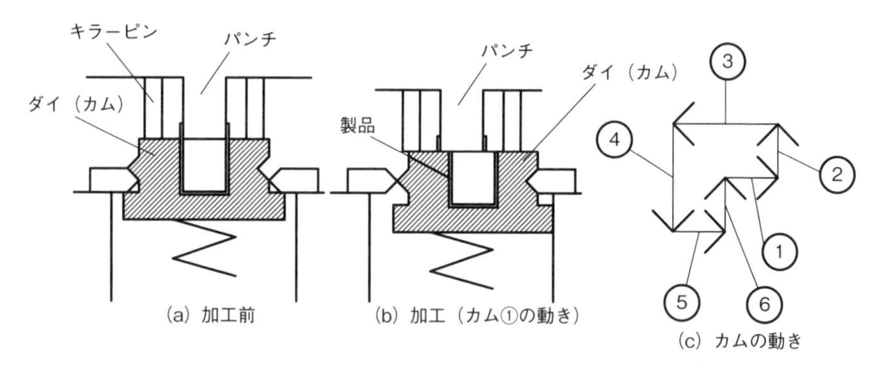

図 5.3.6　シミーダイ（よろめき型）でのトリミング

口面を示している。フランジのないトリミングの方法としてピンチトリミングがあるが、縁に丸みが残るためモーターケースへの利用は意外と少ない。多く利用されている方法はシミートリミング、一般的にはよろめき加工と呼ばれる方法である。

図 5.3.6 は、シミートリミングに用いるシミーダイの原理を説明したものである。ダイの外周（4 面）に図のようなカム（凹凸）を設け、スプリングで保持して可動できるようにしてある。

動作を説明すると、上型が下降してきて、キラーピンがダイに接したとき、パンチ・ダイのクリアランスが設定されるとともに、キラーピンはダイを押し下げる。ダイは下がるときに、側面のカム（凹凸部）が押され、横方向に移動し、パンチとの間でトリミングを行う。図 5.3.6(b)は切り始めた状態で、図 5.3.6(c)の①の動きをしたところである。図 5.3.6 ではカムを 1 段しか示していないが、実際には 4〜5 段作られていて、図 5.3.6(c)の順番で移動してトリミングを行う。

シミートリミングは単発加工以外に、トランスファ加工や順送り加工の中で使われる。トランスファ加工ではスクラップの処理が難しく、型内に残りトラブルを起こすことがある。

シミートリミングは可動ダイを使うこと、切り始めに無理がかかることなどから金型寿命は短く、状態管理に注意する必要がある。

単発加工で生産するときには、シミートリミングを使わずに回転刃を使ってトリミングをすることもある（**図5.3.7**）。シミーダイを作るより簡単に加工できることから、簡単な専用機を持ち、製品に合わせたトリミング用の少数の部品を作って加工している例もある。

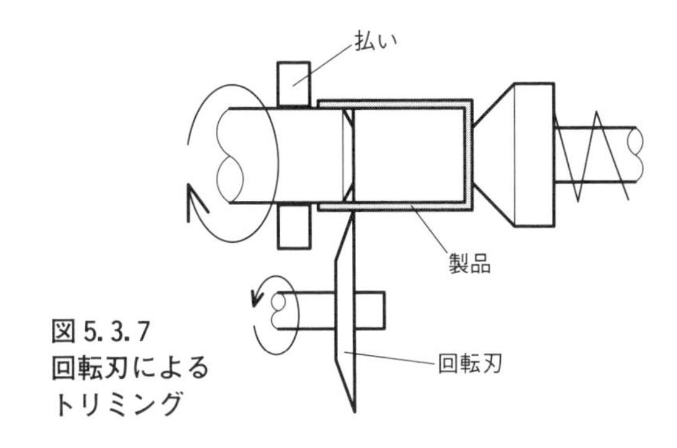

図5.3.7 回転刃によるトリミング

Ⓒ 天穴加工

天穴加工は**写真5.3.5**に示すように、軸受用の穴と取付用の穴が主なものである。

軸受用の穴は写真からわかるように、単に穴抜きしたものと、バーリングで作るものおよび成形で作るものに分かれる。

どの場合も、内径との同軸度が求められる。ケースのトリミング端部に取り付けられるエンドベルの軸受と芯が合わないと、モーターが回転したときに振動や騒音の原因となる。同軸とともにバーリングなどの面を有するものでは、天面との垂直度も求められる。

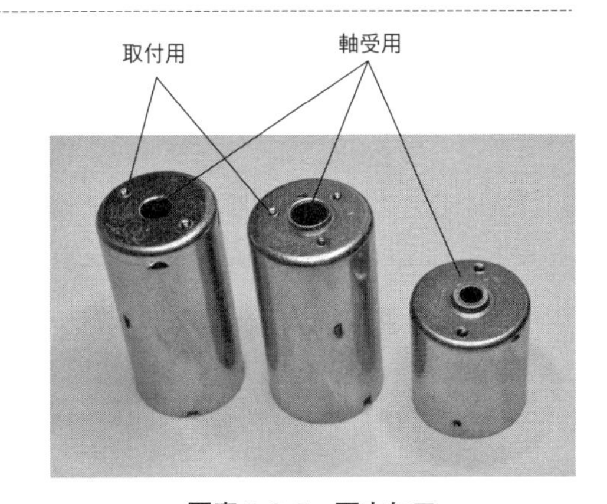

写真5.3.5 天穴加工

取付穴は小径のねじが加工されることが多い。ねじは転造タップで加工するため、下穴の管理が悪いとタップ加工に問題が出たり、ねじの引っ掛かり率が悪くなったりする。ねじ山の関係もあって難しい面を有している。

Ⓓ 側面加工

写真5.3.6　側面加工

側面には、**写真5.3.6**のような形状加工がある。これはマグネットのストッパとなるもので、内向きの凸形状の加工となる。また端部にはエンドベルを固定するための切欠きがあるものもある。

これらの加工は、カムを用いて横方向から加工することとなる（**図5.3.8**）。切欠きでは数カ所を同時に加工したとき、スクラップが内部に詰まらないように大きな穴が求められることと、ダイの強度のバランスを取ることが必要となる。

ストッパの加工では、スクラップは出ないが内側に凸となるので、加工後にダイから外れなくならないようにするため、ダイ側は溝として、パンチ形状のみで形を作る。切ることと成形を行うが、切刃が悪くなると形状が崩れてしまう。

複数の側面加工を行うためのカムの組み込みは、スペースの関係と加工のための製品を型内に入れる、取り出しの関係およびメンテナンスのやりやすさなどを考慮すると金型作りは結構難しいものがある。

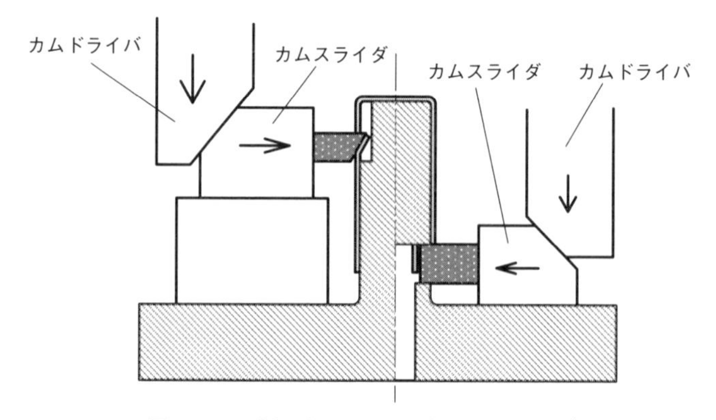

図5.3.8　側面加工のカム構造のイメージ

5.4 多数個取りで効率向上にも期待 絞り順送り加工の注意点

ここでのねらい 絞り順送り加工のレイアウトと注意点を知る

絞り順送り加工の特徴

絞り加工はブランクを収縮させながら形状を作るため、順送り加工に必要なキャリアとブランクのつなぎ部分であるブリッジが受け持つ収縮対策が重要になる（**写真5.4.1**）。そのほか、絞り工程で絞り高さが増すことによる、工程間の上下変動を起因としたキャリアの傾きの影響対策の2つが、絞り順送り加工の重要なポイントとなる。

このようなことへの対策と金型調整が難しいことから、絞り順送り加工を嫌う人も多い。しかし対策を会得すると、1列取りの加工ばかりでなく多列加工も考えられ、効率良く絞り製品を得ることが可能になる。

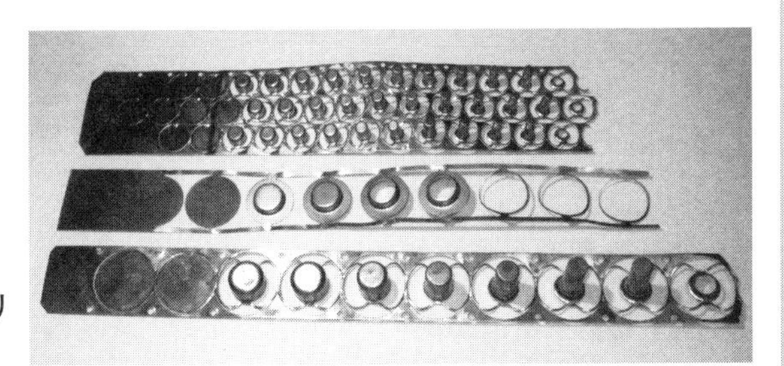

写真5.4.1 主な絞り順送りスタイル

加工法の検討

絞り順送り加工
- Ⓐ順送り絞りのブランク
- Ⓑアワーグラス順送り加工
- Ⓒランスリット順送り加工
- Ⓓシングルランス順送り加工
- Ⓔはと目絞り順送り絞り加工
- Ⓕ張出し絞り順送り加工
- Ⓖ絞り順送り加工の不具合

A 順送り絞りのブランク

順送り加工では、キャリアでブランクをつなぎ、工程間移動を行えるようにしている。絞り順送り加工でも、ブランクを通常の順送り加工の考え方でキャリア設計をすると、**写真 5.4.2** のようになる。このときの抜き形状が砂時計のガラスの形に似ていることから、アワーグラス抜きと呼ばれている。この方法でブランクを作り、絞り加工すると収縮して材料幅が狭くなる。

写真 5.4.3 は切込みを利用してブランクを作る方法である。この切込みを、絞り加工では「ランス」と呼んでいる。ブランク径に作るランスと、その外側に作る2重のランスでブランク加工することが多い。この形をダブルランスと呼び、**写真 5.4.4** のような絞り状態を作り出す。ブランクの収縮になじんで、変形している部分をブリッジと呼ぶ。この変形で材料幅と送り長さの変化を防いでいる。

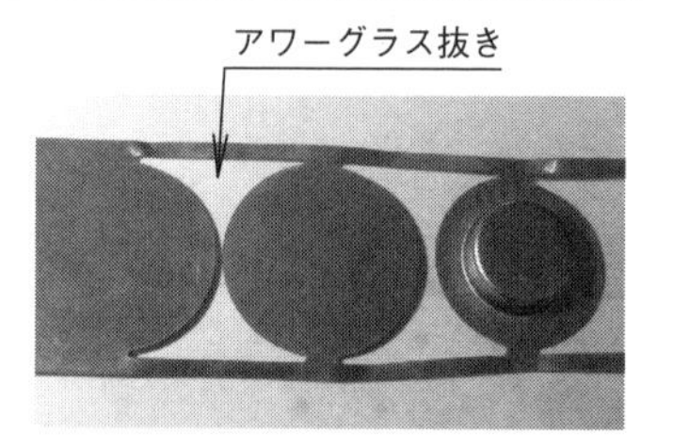

写真 5.4.2　アワーグラス抜き

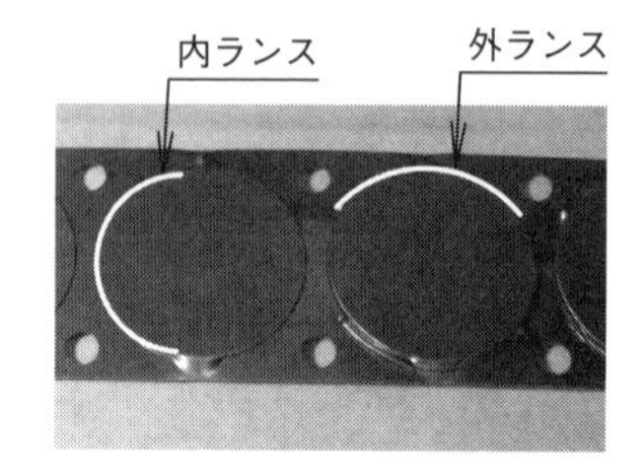

写真 5.4.3　ランス加工

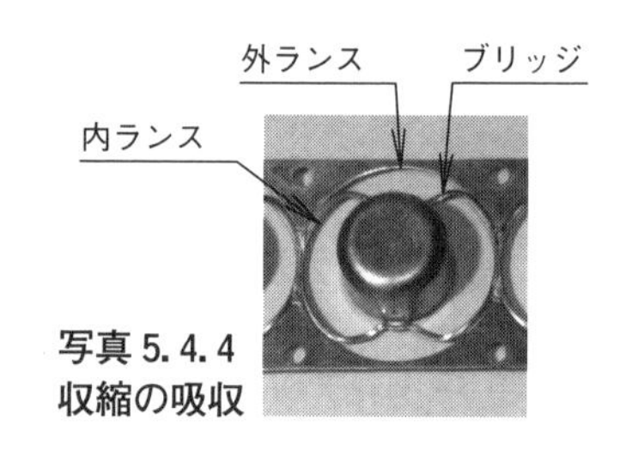

写真 5.4.4 収縮の吸収

B アワーグラス順送り加工

特別なことを考えずに、順送りレイアウトを作るとこの形となる。第1絞りのところで、材料幅および送り長さが変化する。再絞り加工ではフランジ径を変化させないように加工するため、変化後は安定する（**写真 5.4.5**）。

このスタイルでは、絞り径に対して絞り高さが低い写真のような製品の加工に適している。キャリアの幅は、広すぎると収縮について行けず、割れが発生したりする。狭すぎると保持が安定せず、材料送りに支障が出るため、両者のバランスを考えて決める。

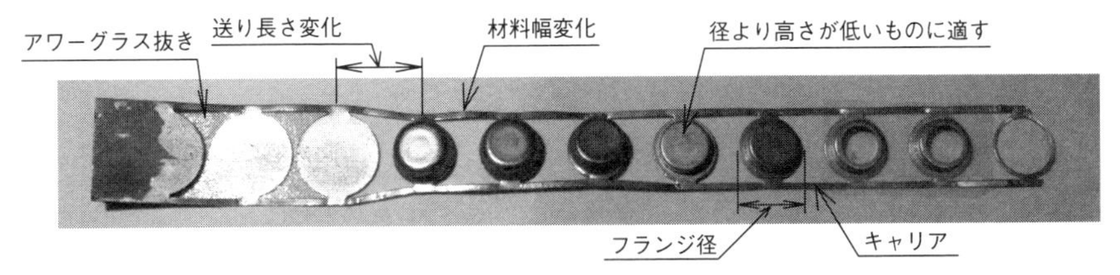

写真 5.4.5 アワーグラス抜き順送り加工

Ⓒ ランスリット順送り加工

写真 5.4.6 は、絞り径より絞り高さが高い製品に多く採用されているダブルランス、2カ所つなぎのレイアウト例である。このスタイルが絞り順送り加工では最も多い。

例に掲げたものは、内外のランスを1工程で加工している。レイアウトを短くするための工夫であるが、金型構造が弱くなるのが欠点である。

ブリッジによってブランクの収縮を吸収し、材料幅の変化をなくすことで材料ガイドを安定させることができる。ただし、絞り製品が元の中心位置に正しく保たれているとは限らないので、パイロットは機能しなくなる。絞り加工でのパイロットはランス抜き工程までで、絞り工程では使っても意味はない。

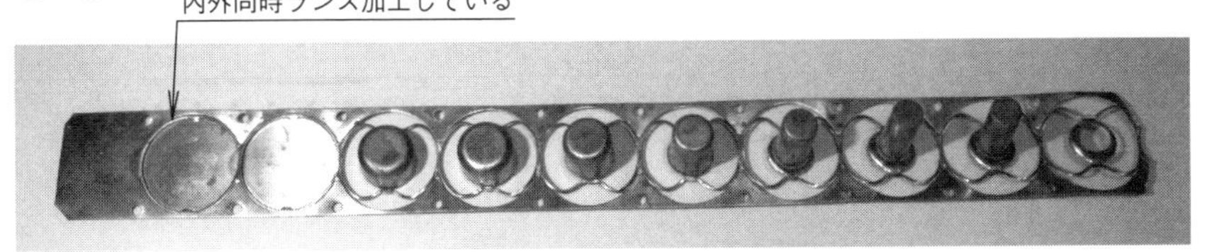

写真 5.4.6 ダブルランスの絞り順送り加工レイアウト

Ⓓ シングルランスの順送り加工

絞り高さが低いときは、ブランクの収縮が小さいので**図 5.4.1** のようにブランク径のランスのみで加工することもある。その際には、ブリッジでつながっている材料幅部分が変形を起こす。

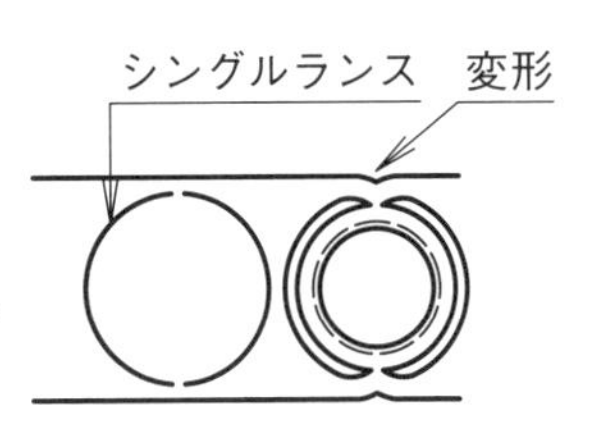

図 5.4.1 シングルランス

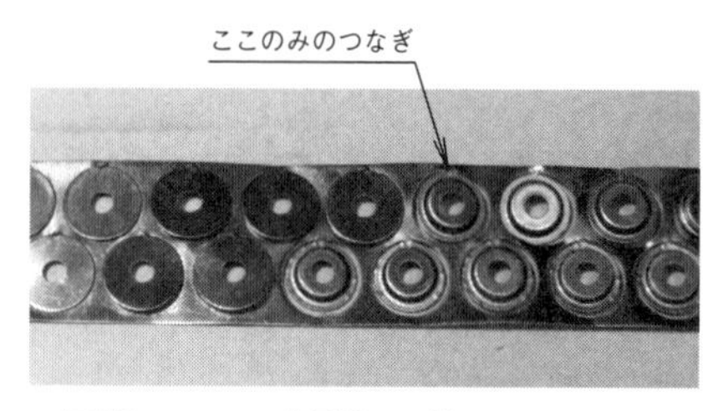

写真 5.4.7　変則シングルランス 1

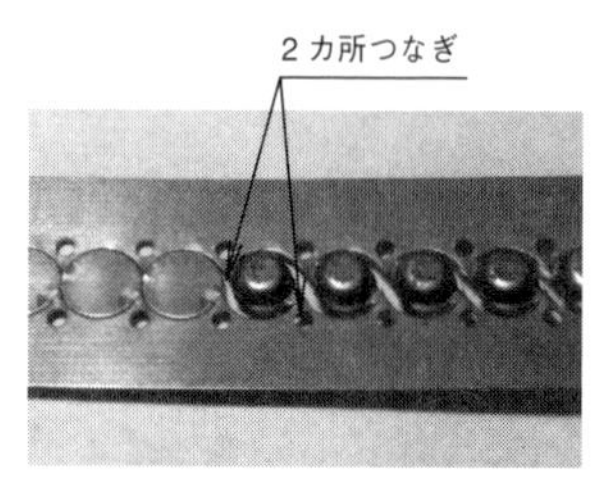

写真 5.4.8　変則シングルランス 2

①変則シングルランスその 1

写真 5.4.7 は浅い絞りに用いた 1 カ所つなぎのシングルランスである。2 個取りとしたため通常のシングルランスでは収縮対応が難しく、このような形になった。中央に穴もあることで、絞り時の穴広がりも期待してのレイアウトである。

②変則シングルランスその 2

写真 5.4.8 は、実験的に行ってみた幅広材の中の変則シングルランス例である。浅い絞りであれば、このような形でも加工が可能な例として示した。

浅い絞りであれば相当無理な状態でも加工はできるが、芯ずれやバリの発生による打痕などの問題もあり、加工例の参考として示した。

Ⓔ はと目絞り順送り加工

はと目加工に多く採用されていたことから呼ばれるレイアウトスタイルである（**写真 5.4.9**）。

ブランク径を材料幅にとり、ブランクを作らずに絞り加工するものである。通常の絞り加工では、第 1 絞りと第 2 絞りの間にアイドルステージを設けて傾き対策とするが、この方法ではアイドルステージを設けず連続して絞り加工を行うのが特徴である。

写真 5.4.9
はと目絞り

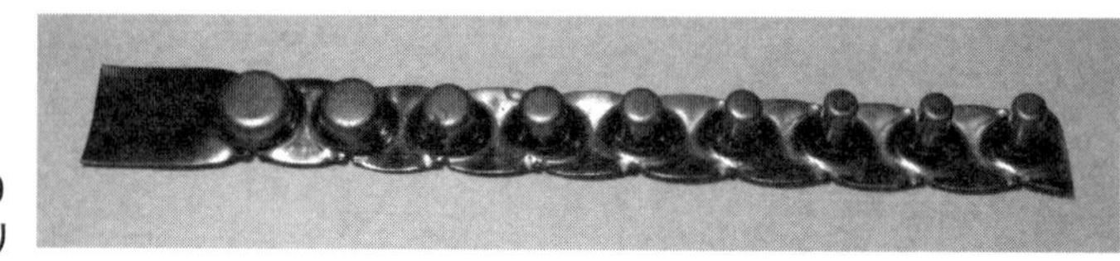

F 張出し絞り順送り加工

大きなフランジを持つものや、**写真5.4.10**に示すような材料の中の方に絞り形状を求める製品の場合、通常の絞り加工では対応が難しい。

このようなときには、材料の伸びを利用した張出し絞りを採用して形状を作る。第1絞りで材料を均一に伸ばして表面積を広げ、絞り形状に必要なボリュームを作り、その後にボリュームを変化させて製品形状を作る。

この方法では、フランジ面に工程数のリング模様が残る。消すことはできない。

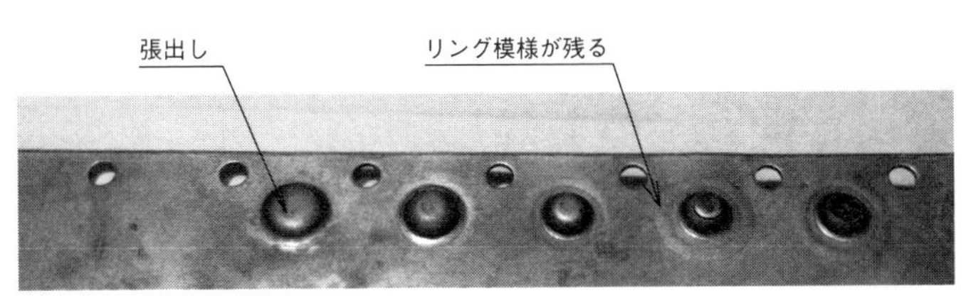

写真5.4.10 張出し加工を利用した絞り

G 絞り順送り加工の不具合

絞り順送り加工での不具合例を以下に示す。

①発生したしわを途中で消そうとしても消えない（**写真5.4.11**）

②しわ押さえとノックアウトの圧力バランス（**写真5.4.12**）と戻り工程での変形

③絞り高さバランスによる変形（**写真5.4.13**）。整形前工程の高さが高いことと、薄板材や軟質材の加工では特に注意が必要

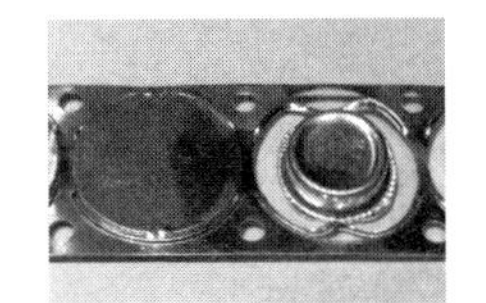

写真5.4.12 底の凹み

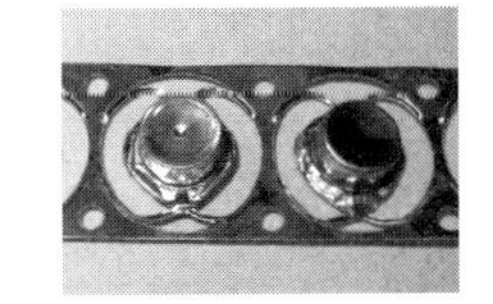

写真5.4.13 エアー穴なし

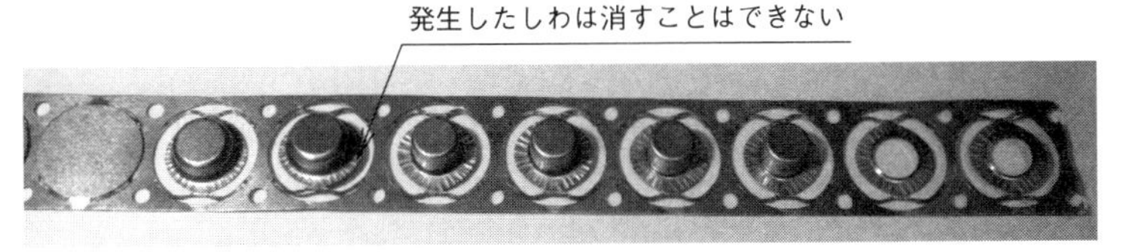

写真5.4.11 フランジしわ

5.5 製品の傾きをきちんと制御 絞り順送り金型の構造（下向き絞り加工）

ここでのねらい　絞り順送り金型の基本的構造の特徴を知る

絞り順送り金型の特徴

絞り加工は、加工によってブランクが収縮する。絞り、再絞りを行うことで、工程ごとに高さが変化する。絞り順送り加工ではブランクをブリッジとキャリアでつなぎ、搬送と加工が行えるようにしている（**図5.5.1**）。

ブランクが収縮することは、パイロットが途中から役に立たないことを意味している。工程での高さの違いは加工時に上下変動があることで、それによって製品の傾きが起きる。傾きを修正して正しく加工できる状態にすることが必要で、絞り順送り金型ではこの点に対する工夫が求められる。

図5.5.2は下向き絞りの順送り金型の構造を示している。これらの特徴をつかむことで、絞り順送り金型の特徴を知ることができる。

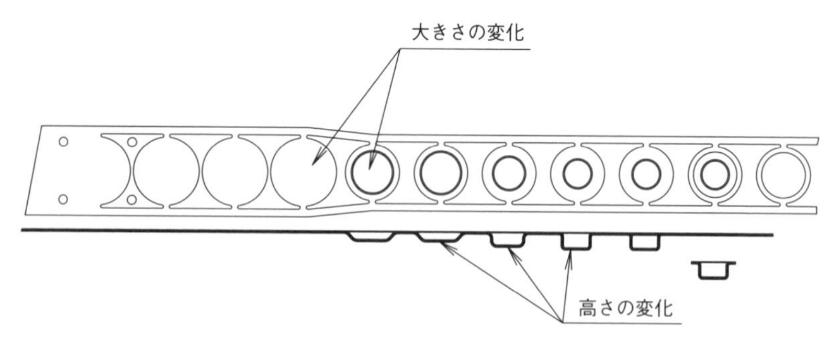

図5.5.1　ストリップレイアウト

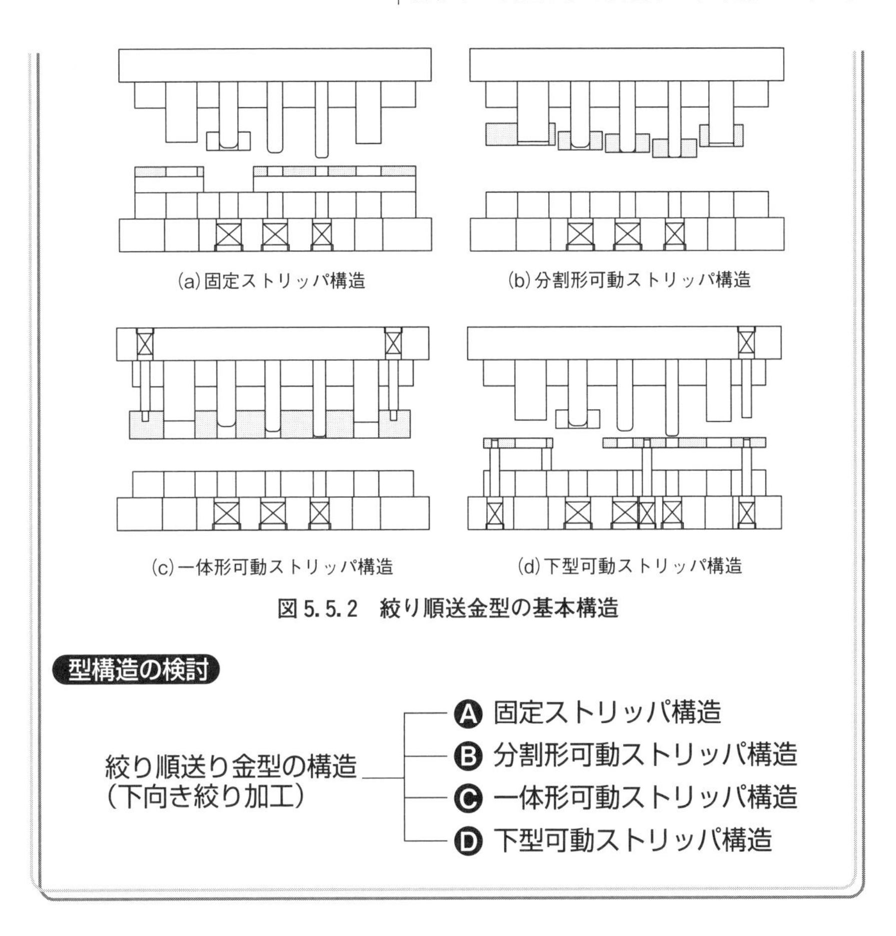

図 5.5.2　絞り順送金型の基本構造

A 固定ストリッパ構造

固定ストリッパ構造は、**写真 5.5.1** に示すような絞り径に対して絞り高さの低い製品の加工に適している（**図 5.5.3**）。

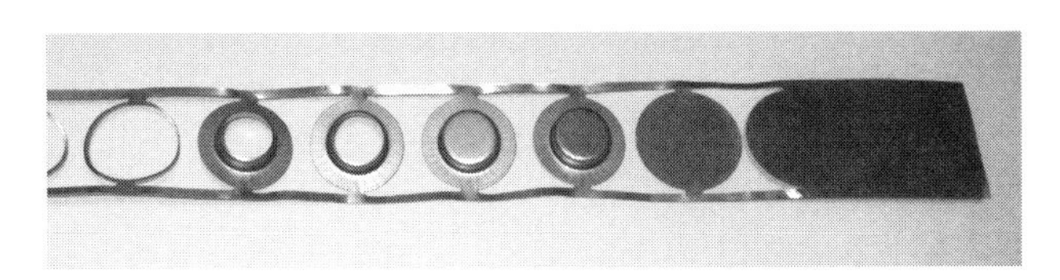

写真 5.5.1　背の低い加工製品例

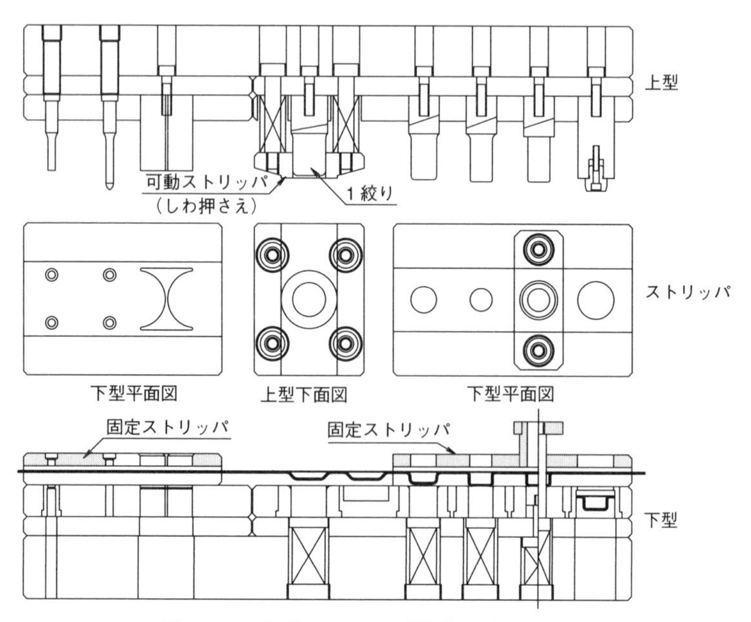

図 5.5.3　固定ストリッパ構造の絞り順送型

固定ストリッパのトンネル状の中を製品は通過するので、絞り高さが高くなると固定ストリッパの高さが高くなり、比例してパンチを長くしなければならず構造バランスが悪くなる。また、製品の傾きなどが起こりやすくなり、問題点が多くなる。

絞り高さが低くなると全体に安定する。固定ストリッパ内の材料は押さえられるものがなく、パンチによる位置修正が容易にできる。

絞り順送り加工では、**図 5.5.4** のような上下方向の傾きが発生する。その

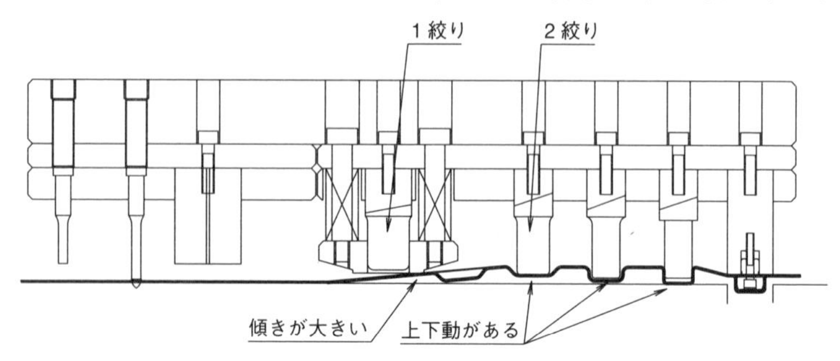

図 5.5.4　絞り加工の加工開始前の材料上下変動

ときに製品が傾くが、それをうまく修正して加工につなげる。修正から加工までの間、材料は何らかの形（たとえば可動ストリッパ）で押さえつけられていると、スムーズな修正ができず傾いたまま絞ってしまうことが起きる。そのため、できるだけ材料を自由にすることが構造設計のポイントとなる。

B 分割形可動ストリッパ構造

この形は、**写真5.5.2**のような絞り径に対して、絞り高さが径の2倍程度までの製品に適している構造である。

図5.5.5に示すように、ブランク加工部は通常の可動ストリッパである。第1絞りも構造としては可動ストリッパであるが、主な用途は材料のしわ押さえである。再絞り工程のストリッパは各工程ごとに設けている。

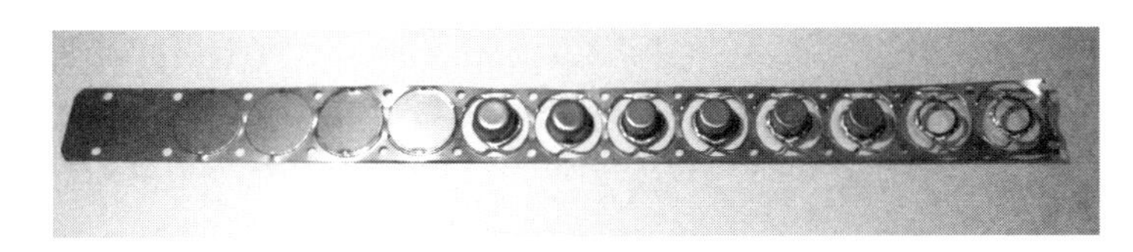

写真5.5.2 中程度の高さの順送り絞り例

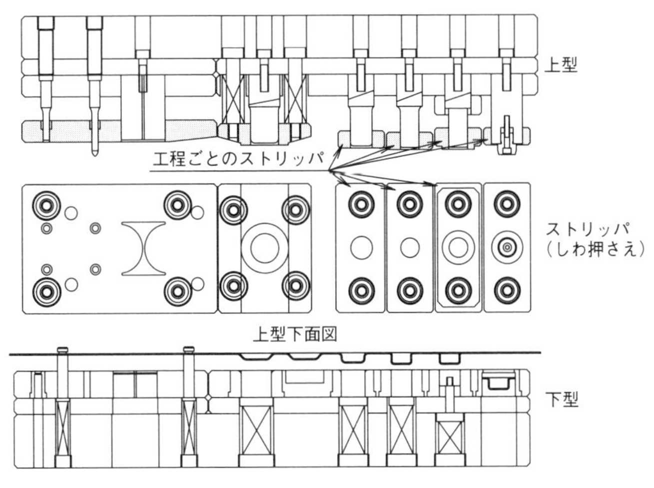

図5.5.5 可動ストリッパ構造の絞り順送型

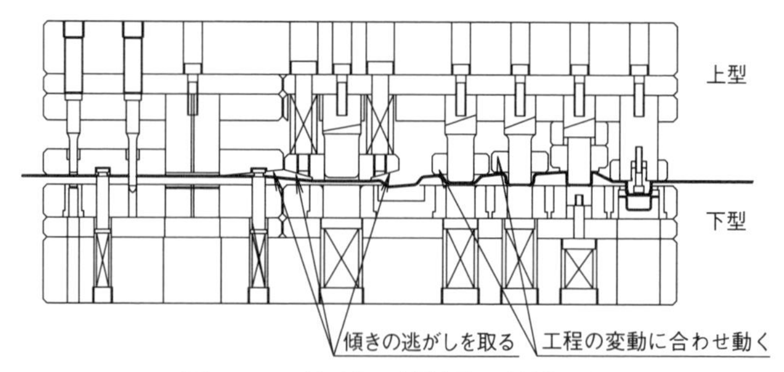

図 5.5.6　絞り加工開始前の材料の動き

このストリッパはしわ押さえ機能は小さく、パンチについた製品を払う本来のストリッパ機能となる。各工程の製品高さが違うので、その動きに合わせるために分割している。ストリッパスプリングの強さは極力弱くして、加工開始前の製品押さえが弱くなるようにする。

絞り加工では、背の高いものから加工が開始される。つまり、絞りの最終工程から加工が始まる。そのためダイ上の材料はストリッパによって押され、傾くストリッパのスプリングがたわんでパンチがこれから加工する形状の中に入り、傾きを修正して加工が始まる（**図 5.5.6**）。このとき、ストリッパのスプリングが強いとパンチが傾きを修正できずに、傾いたまま絞ってしまい、偏肉が発生する。このようなことにならないように、スプリングは極力弱くする。

Ⓒ 一体形可動ストリッパ構造

図 5.5.7 に示すように、抜きや曲げを含む順送りで最も多く使用されているこの構造は、順送り絞り加工で使われることは少ない。その理由は、絞り加工前の段階で材料をストリッパ全体で押さえるが、絞りの場合では最も背の高いものを集中して押さえることになり、時にはストリッパでつぶしてしまうことがある。このことから、利用頻度が少ない。利用する場合はストッパを働かせ、材料を押さえつけない工夫をしているケースが多い。この目的で使用するストッパをキラーピンと呼ぶ。

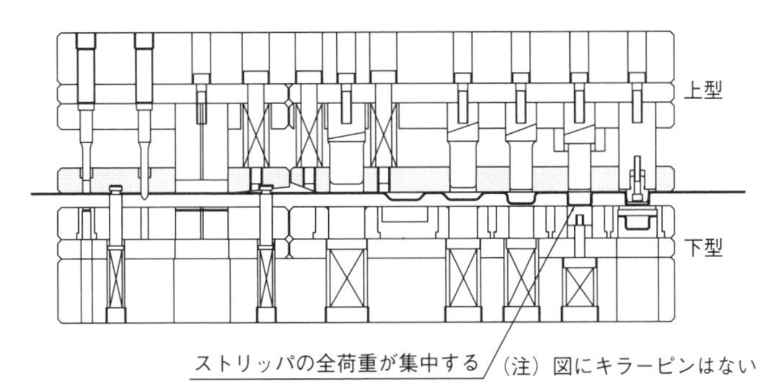

図 5.5.7　一体形可動ストリッパの問題点

D 下型可動ストリッパ構造

絞り高さが高くなると、傾き対策に重点を置く（**写真 5.5.3**）。

図 5.5.8 の下型可動ストリッパは、絞り加工独特の構造と言える。

固定ストリッパ構造の利点は、可動ストリッパのように材料を押さえるこ

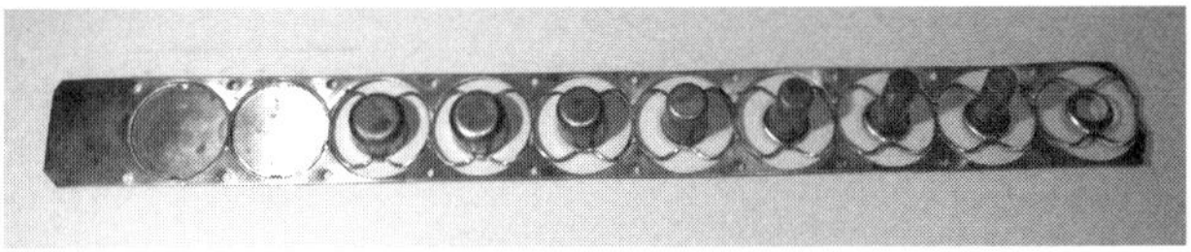

写真 5.5.3 背の高い絞り加工製品例

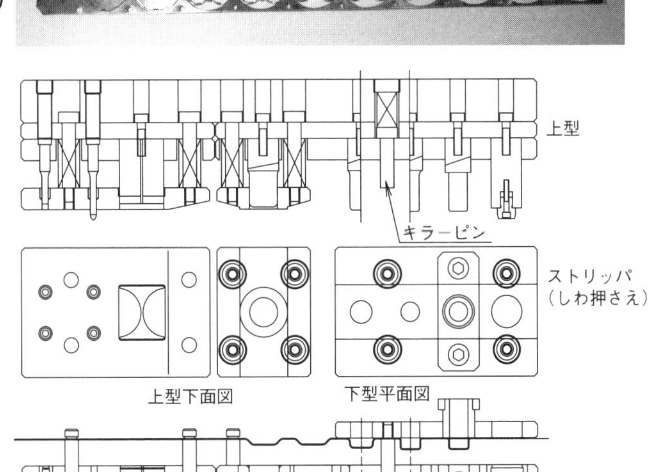

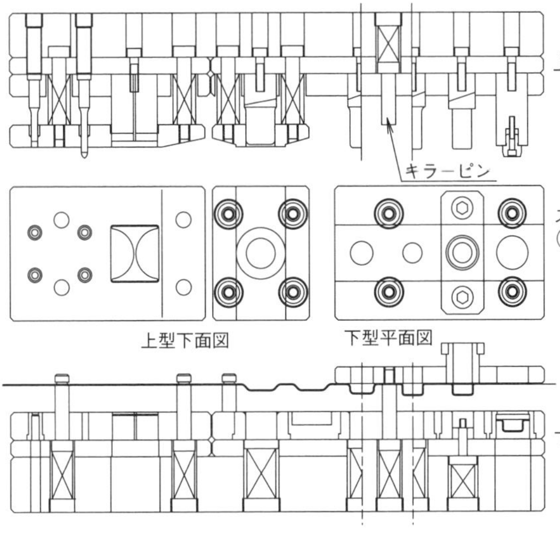

図 5.5.8 下型可動ストリッパ構造の絞り順送型

となく、自由な状態の材料の加工形状の中にパンチが入り、姿勢を修正できるところにあった。欠点は、絞り高さが高くなるとストリッパが厚くなり、パンチも長くなるところであった。この固定ストリッパ構造の欠点を改善したものが、下型可動ストリッパ構造である。

図 5.5.9 で動作を説明する。

材料は、ストリッパに設けられたガイドで吊り下げられている。上型が下降して、パンチが材料の加工形状の中に入り、材料底に接するタイミングに合わせて、キラーピンがストリッパに接する。以後、パンチの下降に合わせて、ストリッパもキラーピンで押し下げられる。

材料がダイに接すると、**図 5.5.10** に示すようにダイ R が製品形状を拾い、自動調芯する。このとき、ノックアウトが下がっていて、材料を押さえないようになっていることが大事である。

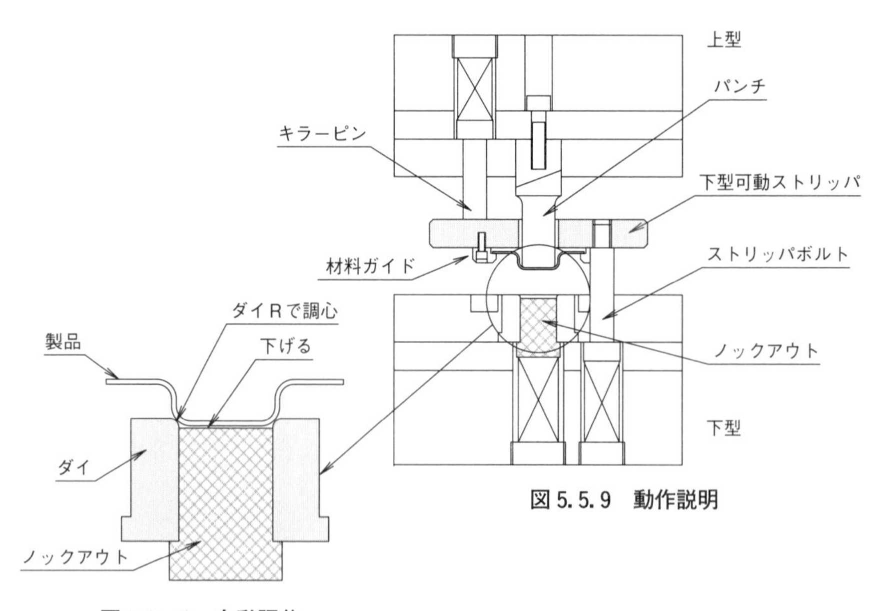

図 5.5.9　動作説明

図 5.5.10　自動調芯

参考文献：プレス順送金型の設計－基礎から応用まで－山口文雄著　日刊工業新聞社刊

5.6 短辺と長辺の差、絞り高さなどが作用 角絞り形状からの加工難易判断

ここでのねらい 角絞り製品の形状から加工の難易を判断する

角絞り加工の特徴

絞り加工は板からつなぎ目のない容器状製品を作る加工で、円筒形状の加工（円筒絞り）を基本として、角形状に変化したものが角絞りである（**写真5.6.1**）。形状としては丸と角の違いであるが、加工時の材料の動きは大きく異なる。

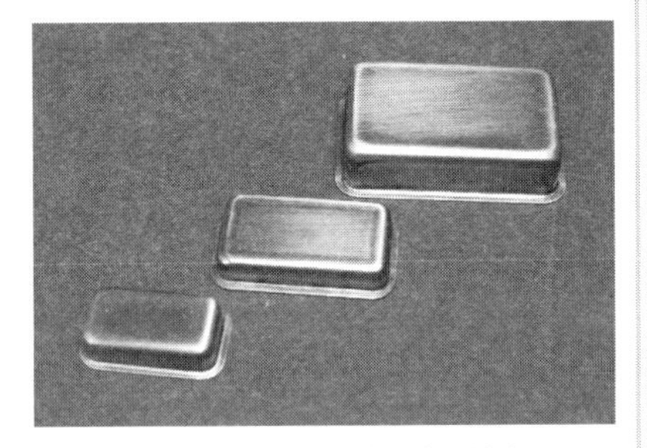

写真5.6.1 角絞り製品例

写真5.6.2は、正方形の板から加工された角絞り製品である。円筒絞りでは板はほぼ均等に収縮するが、写真5.6.2からわかるように角絞りでは、コーナー部と直辺部で材料の動きは大きく異なる。このことが角絞りを難しいものにしている。

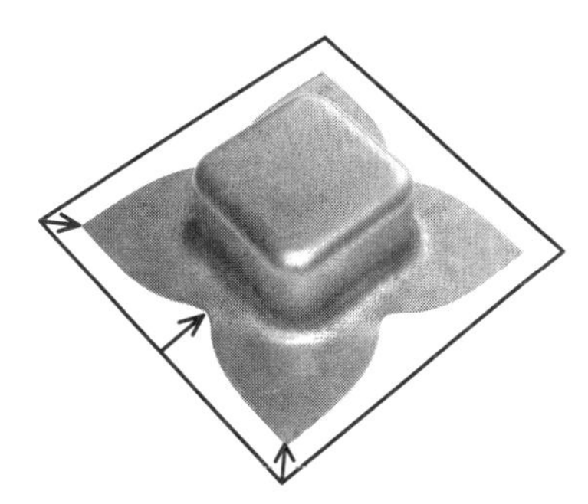

写真5.6.2 角絞りの材料の動き

写真5.6.3に角絞り製品の各部名称を示す。角絞りは、正方形が基本形状と言え、長方形になると直辺部は短辺と長辺とに区別されるようになる。

角絞り製品の加工は短辺を基準として考えられ、短辺と長辺の差、絞り高さおよびコーナーRが主な加工難易判断の要因に挙げられる。製品の大きさと板厚の関係はもちろん大きな要因となる。

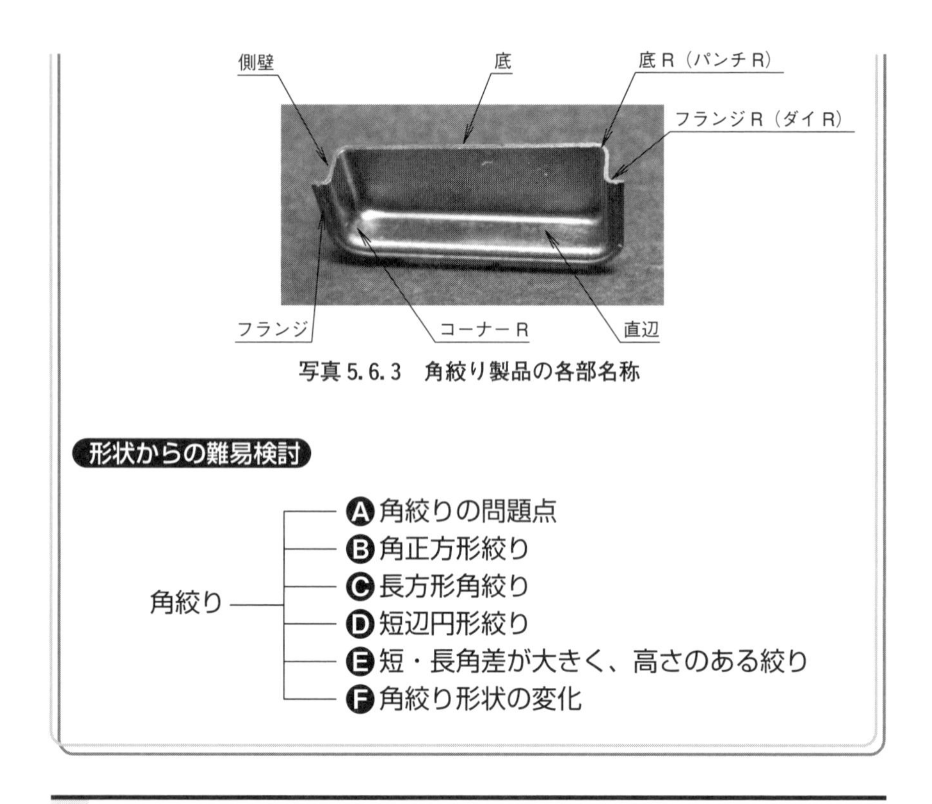

写真5.6.3　角絞り製品の各部名称

Ⓐ 角絞りの問題点

角絞りも円筒絞り同様にダイに材料が引き込まれ、ダイ形状に製品は仕上がる。その際、底抜けやフランジしわなどの問題が発生するのは円筒絞りと同じである。

角絞りの特徴的な問題点は、**写真5.6.4**に示すような直辺部側壁に現れるたるみによるしわやキズである。これは、コーナー部は材料が収縮しながら側壁部へ移動するため、余った材料の直辺部への流れ出しと、直辺部は曲げ変形のみで収縮要素がないので容易に材料はダイ内に移動することに起因する。

写真5.6.4　直辺側壁にでるたるみ

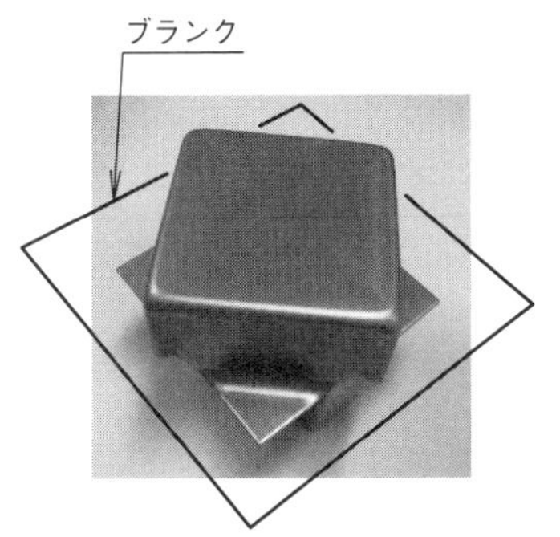

写真 5.6.5 流入バランス対策例

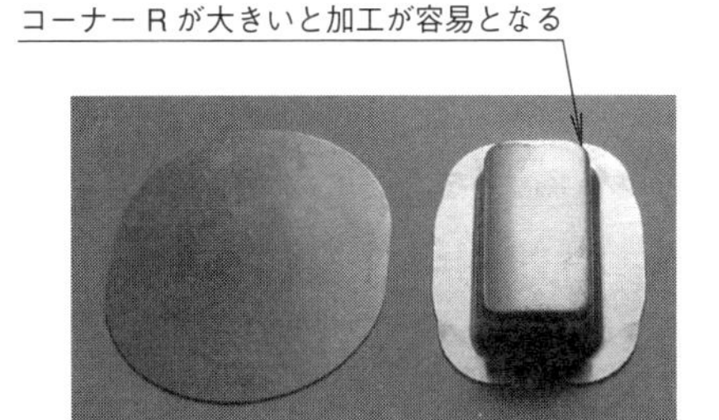

写真 5.6.6 角絞りのコーナーRと加工の関係

この対策としては、直辺部の材料流入を抑えることである。たとえば、**写真 5.6.5** のように正方形絞りであれば、ブランクを45度ひねり、直辺部のしわ押さえ面積を増やしてコーナー部の面積を減らす簡単な方法もある。

コーナーRが大きくなれば材料流入も容易になるため、絞りを容易にする。**写真 5.6.6** のようなコーナーRが大きい製品であれば、おおよそコーナーRの5倍までは1回の絞りで加工できると言われている。

B 正方形絞り

正方形絞りは角絞りの基本形と言える（**写真 5.6.7**）。正方形絞りは正方形ブランクから写真5.6.2、写真5.6.5のような方法で加工される。**写真 5.6.8** のような浅くコーナーRが大きな製品は、最も容易に加工できる。コーナーRが小さく、高さのある製品では複数工程で加工することになるが、この際のブランクは円形になることが多く、初絞りから再絞り途中までは円筒絞りで加工することができる。このことは加工が容易なことを意味している。

写真 5.6.7 正方形絞り

写真 5.6.8 浅い正方形絞り

Ⓒ 長方形絞り

写真 5.6.9 のような長方形の絞りでは、短辺を１辺とする正方形に見立てて加工を検討する。比較的多い長方形絞りは短辺 1、長辺 2 程度の割合のものである。短・長辺の比が大きくなるほど加工は難しくなる。コーナーRが大きいほど加工は容易になる。

同じような形状で、**写真 5.6.10** のように高さが高くなると加工は難しくなり、複数工程での加工となり、側壁への影響が出やすくなる。**写真 5.6.11** のようなフランジのある製品では、絞りに必要なダイＲと製品のフランジＲが一致しないことが多いことから、フランジＲの成形が必要となる。このような場合、絞り高さが低いと加工が難しくなることがある。

写真 5.6.9　長方形絞り

写真 5.6.10　高さのある角絞り

写真 5.6.11　フランジのある角絞り

Ⓓ 短辺円形絞り

写真 5.6.12、5.6.13 のような短辺が円形の形状は、高さが高くなっても容易に加工することができる。用途として許されるなら、このような形状にすることが加工上の問題の少ない製品が得られる。短辺部を円筒絞りとして扱うことができ、コーナー部への材料流入の悪さが改善されるためである。

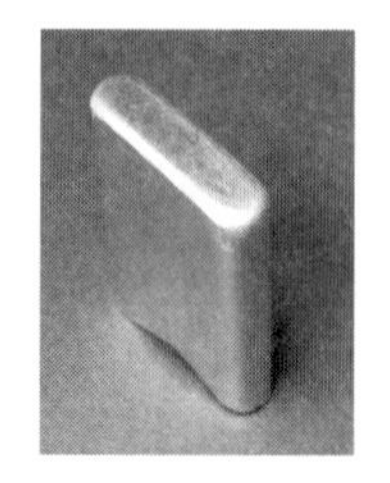

写真 5.6.12　短辺円形の絞り

写真 5.6.13　短辺円形の絞り（フランジあり）

Ⓔ 短・長辺差が大きく、高さが高い絞り

写真5.6.14、**5.6.15**のようなイメージの製品である。円筒絞りで考えると、径に対して高さがある絞りのイメージとなる。円筒絞りでも難しくなるが、角絞りの場合は直辺部の側壁への材料の流れ出しの影響も対策する必要があり、かなり難しい絞りとなる。

写真5.6.14
短・長辺差大きく、高さがある絞り

写真5.6.15
高さが増すほど難しくなる

Ⓕ 角絞り形状の変化

写真5.6.16は、短辺部が直線から凹形状に変化したものである。凸への変化であれば、円筒絞りに近づくので加工は容易になるが、凹への変化ではこの部分の伸び要素が働くため、加工を難しくすることがある。凹形状が深くなるほど、難しさは増す。

写真5.6.17は角絞りでなくなり、異形絞りとなる。角部に凹形状が持ち込まれた形で、縮みと伸び要素が混同する形となるため、加工時の材料移動の見極めが難しくなり、加工の難易度が増すことになる。

写真5.6.18は角絞りに円筒が乗った形となっているが、円筒部分は張出し要素で形状を作っていく必要があり、角絞りと組み合わせて加工する工程作りが難しいものとなる。

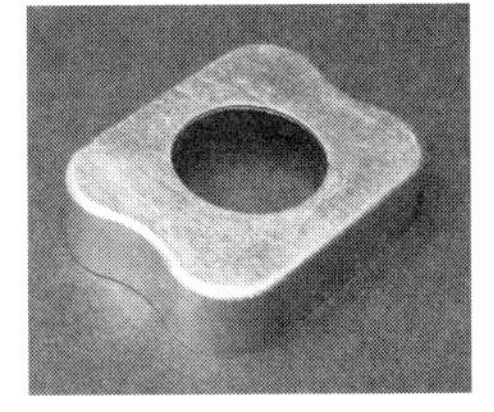

写真5.6.16　凹形状のある角絞り

写真5.6.17　角の異形絞り

写真5.6.18　頭部に変化のある絞り

5.7 コーナーRの小さいバッテリーケースの絞り

ここでのねらい　角バッテリーケースの絞り加工のポイントを知る

バッテリーケースの特徴

バッテリーケースは**写真5.7.1**からわかるように、絞り短辺（W）に対して長辺(L)が大きく、絞り高さ(H)が高い。そして、コーナーRが小さい形状をしている。この形は、角絞り加工では難易度の高い形状である。

写真5.7.1　バッテリーケース

角絞りでは、コーナーRが大きいほど加工は容易になる。この製品のように、小さなコーナーRで高さのある製品では、再絞り工程数が多くなる。再絞り工程では直辺部の材料余りによる形状不良、割れなどの問題が再絞り工程の設計ポイントとなる。角絞りの基本を正方形絞りに置き、短辺（W）を1辺とする正方形として考え、直辺部は曲げ絞りとして材料の動きを想定した工程設計の方法を紹介する。

加工法の検討

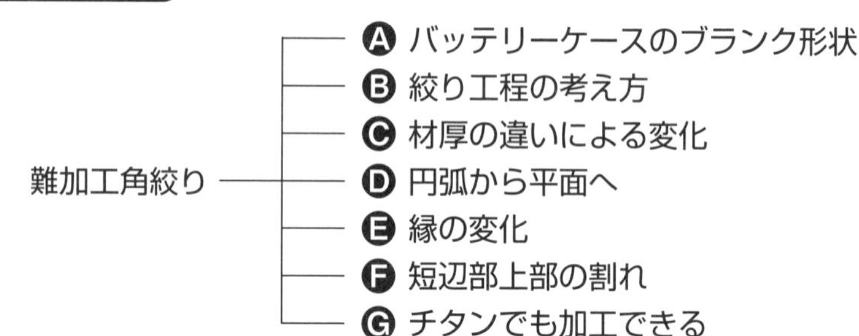

A バッテリーケースのブランク形状

角絞りは、短辺（W）を正方形とした形状が両端にあり、長辺（L）の部分は直線形状であることから曲げ絞りと解釈して、正方形絞りのブランクと曲げ絞りのブランクを求める（**写真 5.7.2**）。正方形絞りブランクがは円形のブランク、曲げ絞り部分は長方形のブランクが得られる。これを表したものが**図 5.7.1** である。この2つのブランクを合成したものがバッテリーケースのブランクであるが、ほぼ円形に近いものが得られることが多い。

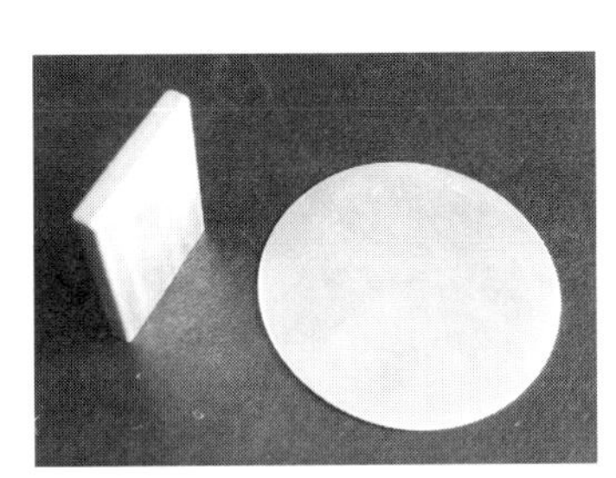

写真 5.7.2　ケースとブランク

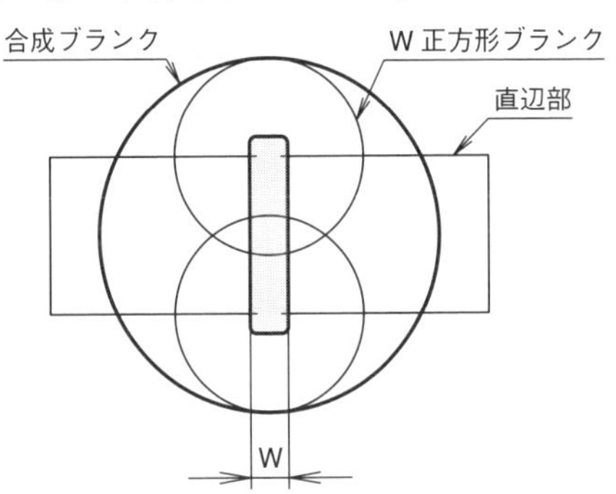

図 5.7.1　ブランクの作り方

B 絞り工程の考え方

両端を短辺（W）の正方形と考えると、**図 5.7.2** のように中間工程を円筒絞りとして作ることができる（条件は円筒絞りよりゆるくする）。円筒絞りが難しくなったところで、角絞りに移行する。ここで作られた形状を**図 5.7.3** のように角絞りの短辺(W)部分に置く。

両端の形状が決まり、直辺部分の形状を作るが、直線で結ぶとこ

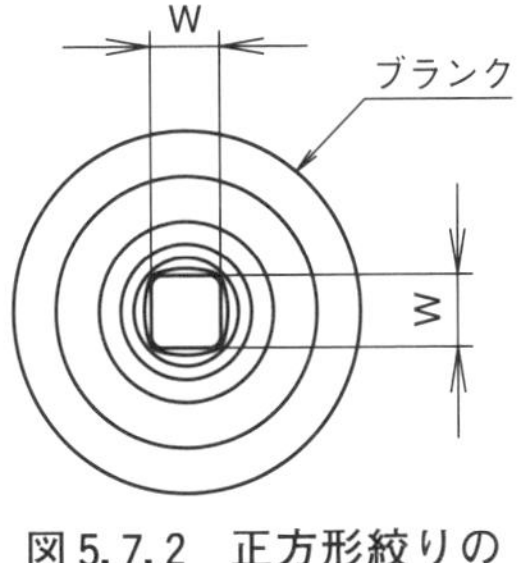

図 5.7.2　正方形絞りの工程

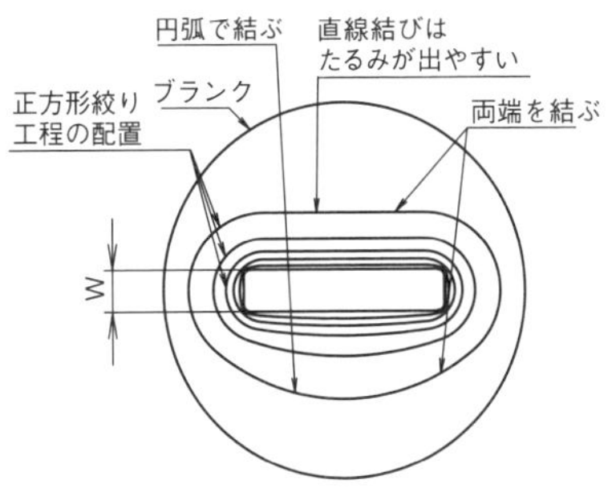

図 5.7.3　角絞り工程の作り方

の部分に材料溜りができてしわや面の荒れとなり、うまくいかないことが多い。円弧で結ぶことでこの部分の材料も動かされるようになり、材料たるみを解消できる。円弧の適正条件の割り出しは課題であるが、筆者はバランス感覚で作図している。

写真5.7.3は工程設計された形状例である。写真の1から3絞り工程は、もう少し短縮が可能に見える。

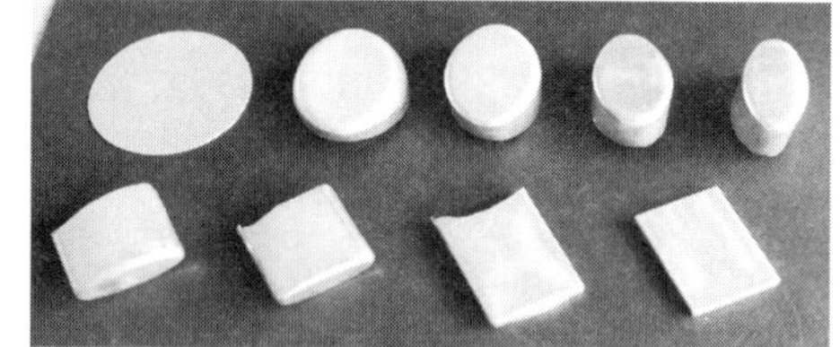
写真5.7.3　絞り工程のイメージ

C 材厚の違いによる変化

ケース加工の中間工程の形状について、板厚による変化を示したものが、**写真5.7.4**と**写真5.7.5**である。

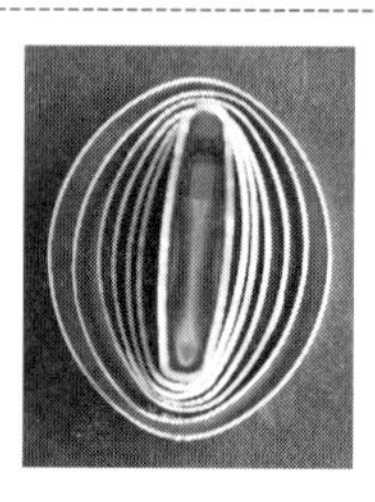
写真5.7.4
薄板の工程

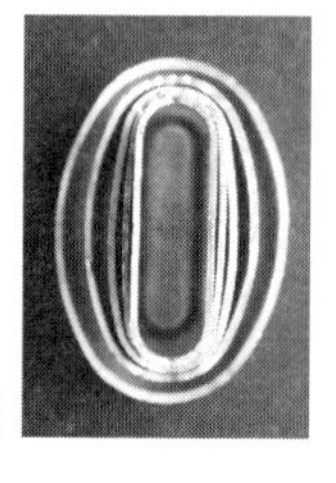
写真5.7.5
厚板の工程

写真5.7.4は試作品の工程で少し工程数が多くなっているが、ブランク径と板厚の関係から直辺部の円弧を大きくして、直材料溜りに注意している。比較して、写真5.7.5は板厚があり、直辺部の座屈強度がかなりあることから直辺部の円弧を小さくでき、早い段階から直辺部を直線として加工しても問題なかった。写真5.7.5はさらに先の工程が数工程ある。

円筒絞りでも、ブランクと板厚の比からの相対板厚によって絞りの難易度を判断し、絞り率を選択して加工の難易に対応しているが、同様のことが角絞りにも当てはまる。しかし、その判断基準に明確なものはなく、経験で決めている。新たな製品では、常に迷いながら決めている形状と言える。

D 円弧から平面へ

初絞りから中間工程のところでは、形状を小さくして高さを作るが、最終工程近くで円弧形状から角形状に変化させていく。この工程が悪いと、直辺部にしわやキズとともに、へこみなどの形状不具合が表れる。**写真5.7.6**のようなイメージ部分である。形状の作り方の例を示したものが**図5.7.4**である。

写真5.7.6　円弧から角形状への変化

図(a)は短辺（W）を1辺とした正方形と考え、円筒絞りとして形状を決めてきて、製品形状に円筒絞りが重なった状態を示している。この段階から、角に変化させていくこととなる。

図(b)は角に変化させる考え方を示している。円筒絞り形状まで加工が可能と判断して、製品のコーナーRとの関係を考えてコーナーR形状を決め、その形状と円筒絞り形状を円弧で結んで角への変化の中間形状とする。長辺部も決めたコーナーRと接する円弧を決め、中間形状とする。

図(c)は円筒絞り、中間形状絞り、製品形状を示している。中間形状は複数回必要となる場合もある。

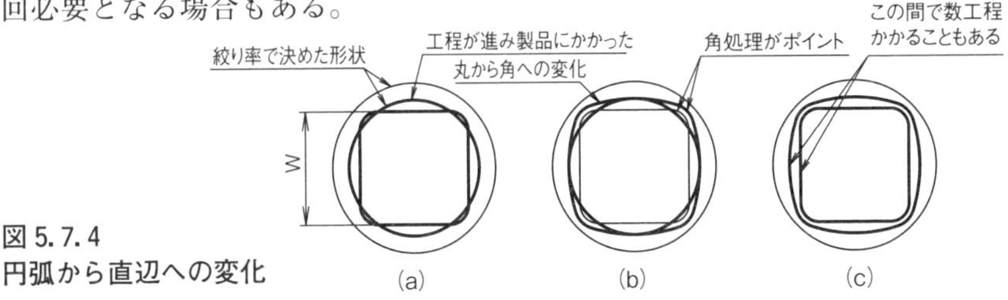

**図5.7.4
円弧から直辺への変化**

Ⓔ 縁の変化

高さを求めていくとき、縁の状態に注意が必要である。**写真5.7.7**は中間工程の縁の状態を示した例である。平らにすることが理想であるが、なかなか難しい。工程が進むと、長辺から短辺に高い部分が移っていく（**写真5.7.8**）。高くな

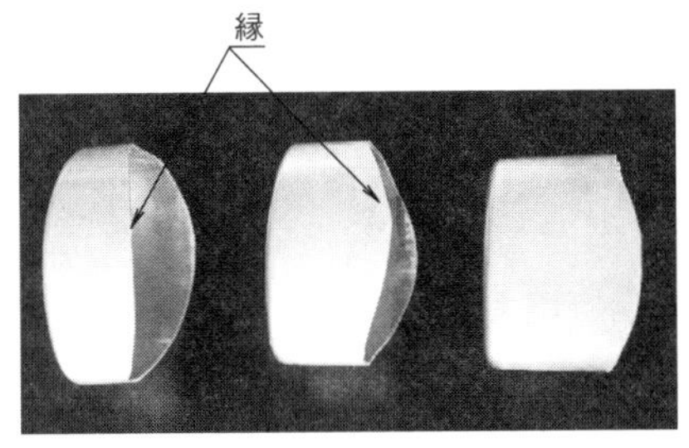

写真5.7.7　中間絞りの縁（例）

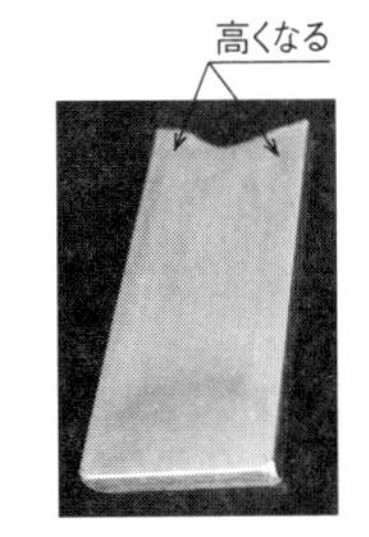

写真5.7.8　短辺部が高くなる

りすぎると、中間工程でトリミングが必要になることもある。直辺部の円弧形状の大きさが関係しているため、この部分のことも考慮して中間工程の形状を決める。

Ⓕ 短辺部上部の割れ

加工が進んでいくと、短辺の上部に**写真5.7.9**に示すようなくびれと割れができることがある。短辺部加工の中間工程の形状が大きく、材料余りがこの部分に集まって、起こる現象と考えている。この現象が起きると、パンチから製品を外す際に割れが大きくなったり、外すこと自体がうまくいかなくなることもある。トリミング後の製品に割れが残り、不具合となることもある。

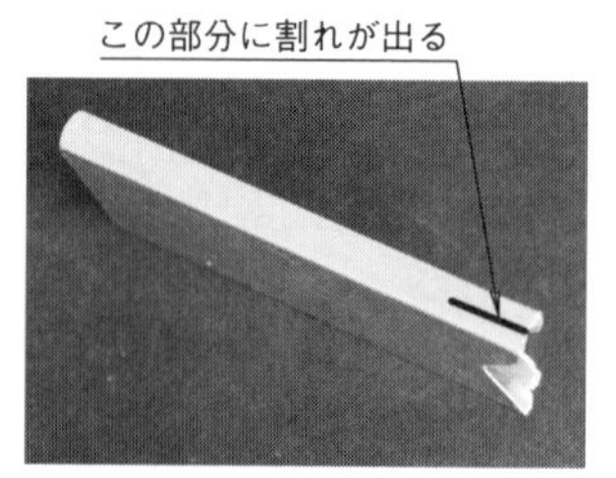

写真5.7.9　短辺の上部の割れ

絞り加工の縁は、平均した高さとなるようにすることがよい。難しい場合には中間でのトリミングを行い、縁を揃えるとともに加工硬化部分を取り除くことも検討する。

Ⓖ チタンでも加工できる

バッテリーケースはアルミニウム合金材で作られることが多いが、工程さえ整えば材質が変化しても加工できる。**写真5.7.10**は純チタンを使ってテスト加工したときの中間工程のものを示している。加工が難しいと言われるチタンでも、加工できるか行ってみたときのものである。

焼付き対策に苦労したが、焼付きを起こさなければアルミ材より容易に絞ることができた。バッテリーケースの加工は難しい内容を多く含んでいるが、ポイントをつかむと他の角絞りにも応用ができ、いい教材となる。

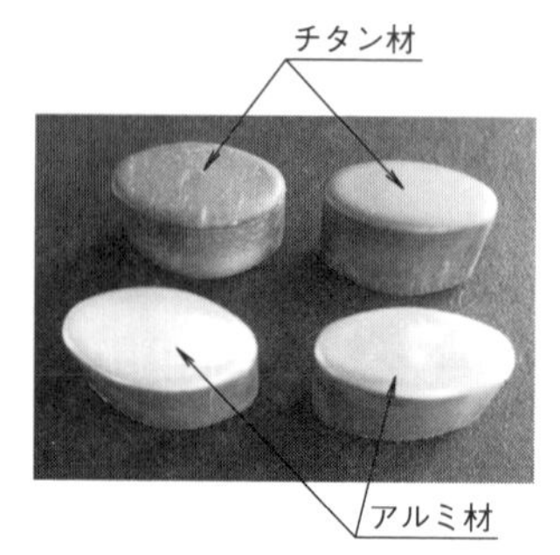

写真5.7.10　材料変化

第6章
塑性理論を応用したその他の加工

ここでは、板鍛造と接合加工を紹介している。板鍛造の基本事項と注意点、および活用事例について取り上げる。接合加工では、端部の接合と型内組立を紹介する。プレス加工で材料から部品を加工し、その後に組み立てる加工の接合方法を中心に解説する。

6.1 材料流動を積極的に活用 板鍛造でプレス加工を高度化

ここでのねらい 材料をつぶす、伸ばすことで形状を作る板鍛造加工の基本と考え方をつかむ

板鍛造の特徴

板鍛造はプレス加工による成形加工に、鍛造要素を追加して製品を加工する方法である。新しい工法もあれば、従来から無意識に使われていた工法もある。内容としては、材料に圧縮力を働かせて材料流動を起こし、形状を作る加工である。据込み加工や押出し加工が代表的な加工法である。

写真 6.1.1 は板鍛造要素が使われている製品の例である。従来のプレス加工では得ることが難しかった形状や品質を作り出すことができることから、一般的には製品の付加価値を高められる。

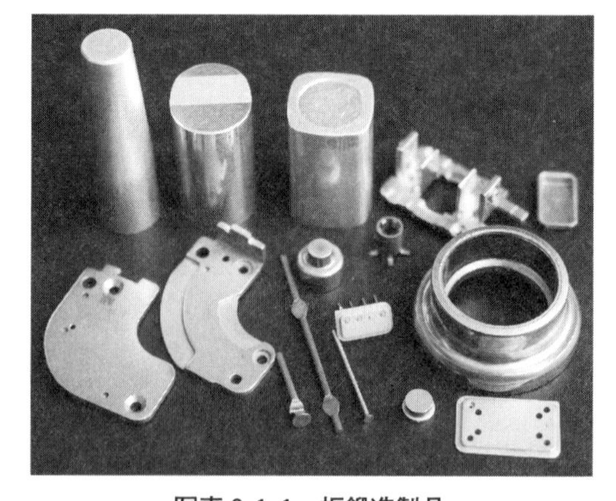

写真 6.1.1　板鍛造製品

加工法の検討

板鍛造加工
- Ⓐ 据込み加工
- Ⓑ エンボス加工
- Ⓒ 押出し加工
- Ⓓ しごき加工
- Ⓔ 増肉加工

Ⓐ 据込み加工

据込み加工は材料を加圧してつぶし、加圧力と直角の方向に材料を移動させ、形状を作る加工法である（**図 6.1.1**）。板鍛造加工の中で最も多く利用されている加工法である。

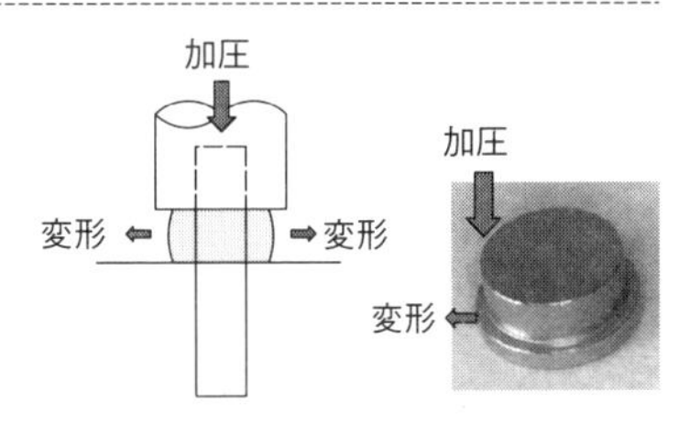

図 6.1.1 据込み加工

写真 6.1.2(a)は、外形の縁全部または一部をつぶして形状を作るものである。(b)は穴の周囲をつぶし、段を加工するものである。(c)つぶし面は水平とは限らず、斜面を持った皿ビスの座面加工も据込み加工である。

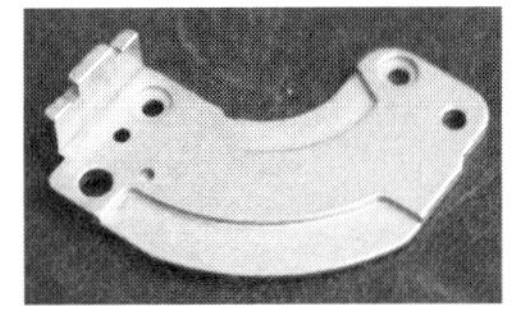

(a) 外形への加工

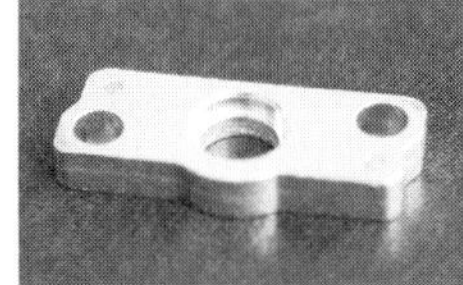
(b) 穴への加工

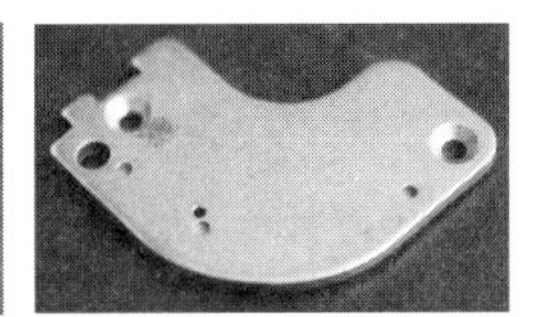
(c) ビス座面加工

写真 6.1.2 据込み加工の基本形

①金属容器への利用例

写真 6.1.3 は板材をつぶして作るステムと、絞り容器キャンとの組合せで作る金属封止容器である。ステムは外周を据え込み、キャンとの勘合を容易にしている。ステムのつぶされた面（**写真 6.1.4**）、またはキャン（**写真 6.1.5**）の面にＶの突起（プロジェクション）を作り、溶接によってこの突起を溶かして接合、密封するものである。これらの加工の主は据込みであるが、部分的には押込み

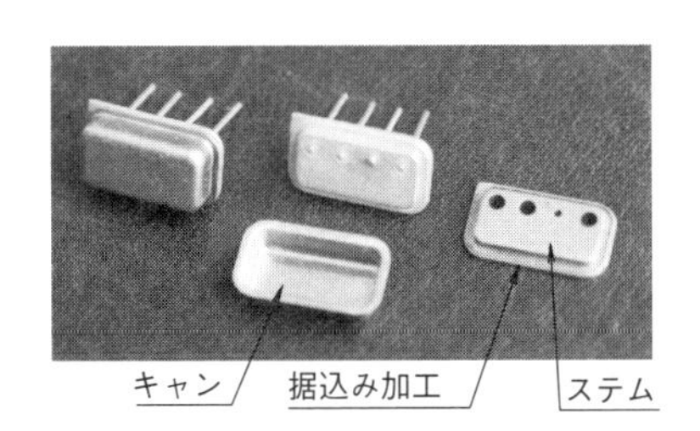

写真 6.1.3 金属封止容器

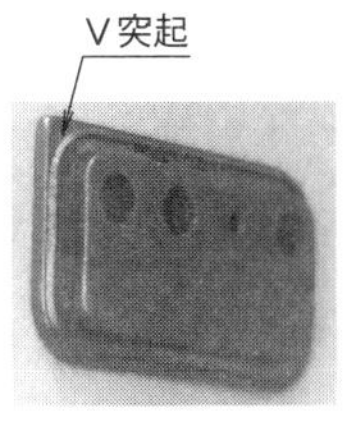

写真 6.1.4 ステム

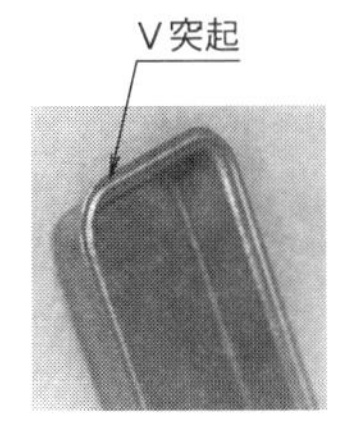

写真 6.1.5 キャン

などの加工を組み合わせて形状を作っている。

②曲げとの組合せ加工

写真 6.1.6 はモーター部品である。リング状に曲げ成形された金具を熱硬化樹脂で固め、分割して完成する。分割することで金具と樹脂が剥がれるのを防ぐため、爪が金属リングに加工されている。この部分は曲げで作られるが、外周より凸となるためつぶして凸を解消するとともに、だれの影響も解消している（**写真 6.1.7**）。

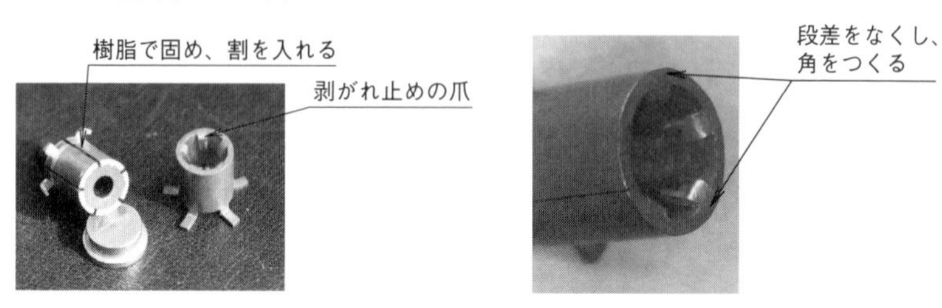

写真 6.1.6　モーター部品　　写真 6.1.7　爪部拡大

③絞りとの組合せ加工

絞り加工では、底面の角には大きな丸みがつく。これを嫌う製品では、絞り加工後に圧縮して必要な形状を作る。

写真 6.1.8 は化粧品の口紅のケースである。外観が求められるため、さまざまな肩形状が作られている。

写真 6.1.9 はブラウン管に使われた電子銃部品である。この先端も圧縮され、平面と丸みの小さい肩が作られている。

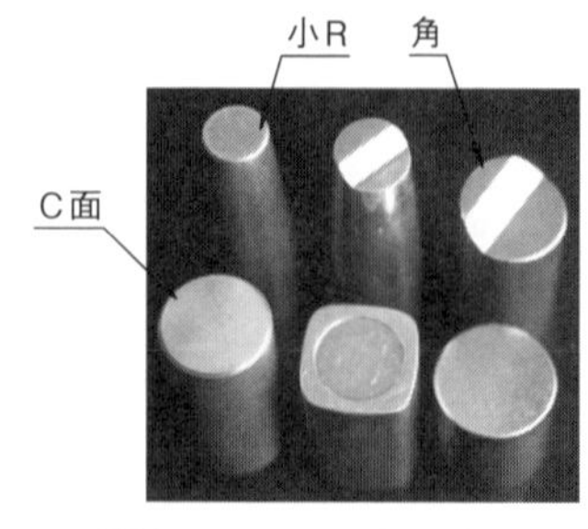

写真 6.1.8　口紅のケース

写真 6.1.9　電子銃部品

④線材の据込み加工

ヘッダーマシンでの加工例である。**写真 6.1.10** は先行して線材をつぶし、その後に軸方向から圧縮してヘッド部分を作るとともに、先行してつぶした部分を成形し、切断して完成させている。

写真 6.1.11 は金属容器のリード線を先行してヘッダーで頭を作り、その部分を金属容器に溶接して完成させるものである。このように線材をつぶして頭を作るものを、据込み加工の中ではヘッダー加工と呼ぶことがある。

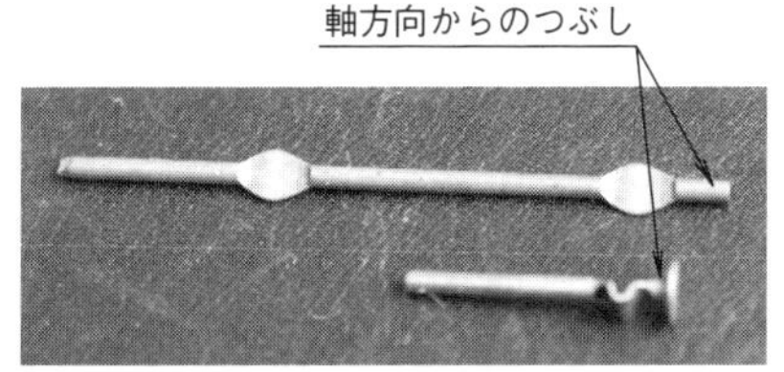

写真 6.1.10 線材端子の加工

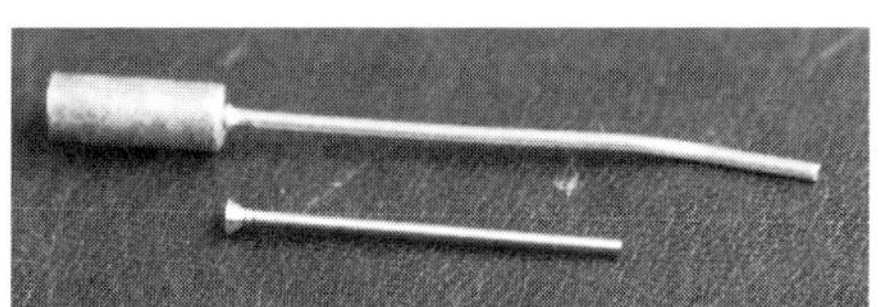

写真 6.1.11 金属容器のリード線加工

B エンボス加工

写真 6.1.12 は成形加工でのエンボス加工の例である。成形では主に伸びを利用し、浅い凹凸形状を作ることをエンボス加工と総称する。エンボス加工を鍛造加工として呼ばれることもある。それが**写真 6.1.13** である。きれいな凹凸形状を求める場合、パンチ・ダイの形状を合わせ圧縮することで材料を動かし、成形している。このときの微細な部分の材料の動きを見ると、据込みとなっている。板材の各部を均等に合わせ、つぶすことは非常に大きな加工力を必要とする。

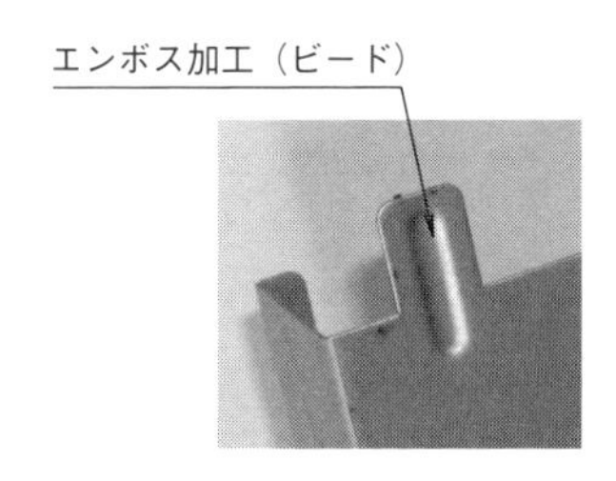

写真 6.1.12 成形のエンボス加工

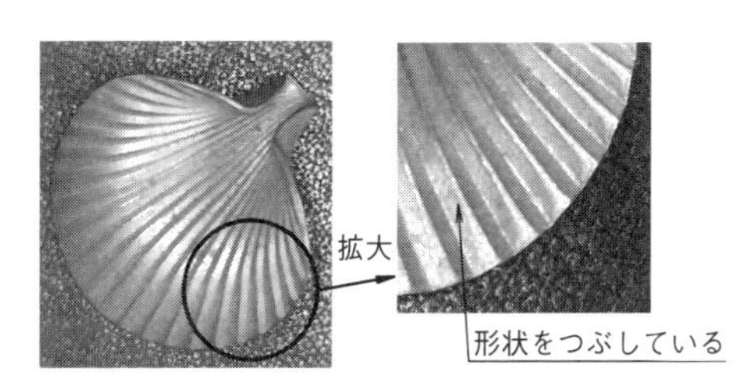

写真 6.1.13 板鍛造のエンボス加工

C 押出し加工の利用

図6.1.2は押出し加工を示している。押出し加工は、加圧力に対して材料が平行な方向に動く加工である。加圧方向と同じ方向に材料が動くものを前方押出し、平行な動きではあるが逆方向に動くものを後方押出しと呼ぶ。

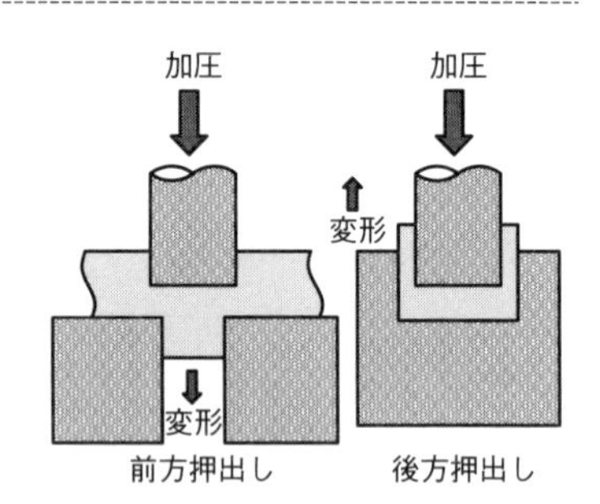

図6.1.2 押出し加工

写真6.1.14はダボ出し、または突出しと呼ばれる加工であるが、材料の動きとしては前方押出しである。**写真6.1.15**のリングは、前方押出しとしごき加工の組合せで加工されたものである。**写真6.1.16**は前方・後方押出しと据込み加工の組合せで加工されているものである。

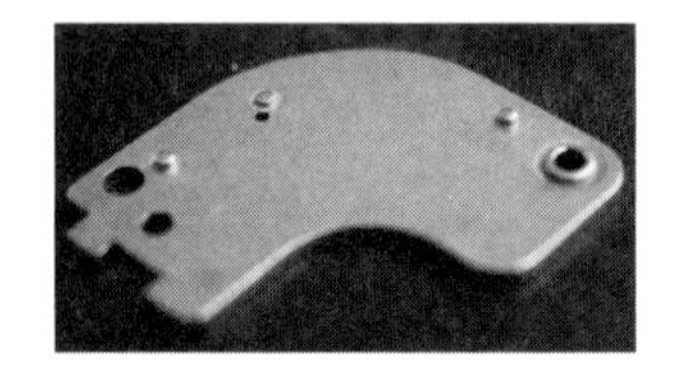
写真6.1.14 ダボ出し加工

写真6.1.15 リング加工

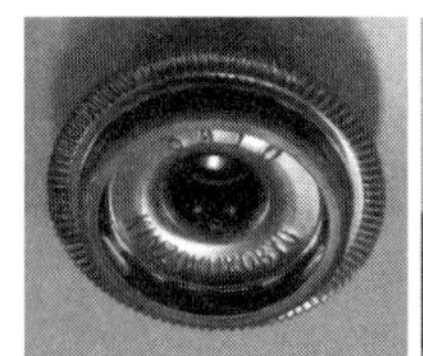

写真6.1.16 複合加工（佐藤金属工業）

D しごき加工

しごき加工は、材料をこすり上げることで面の改善を行ったり、均一な板厚を確保したりするなどの目的で使用される。絞り加工では、しごき加工と複合した加工が大変よく使われている（**図6.1.3**）。さらに、**写真6.1.17**に示すような段付け加工も行われている。

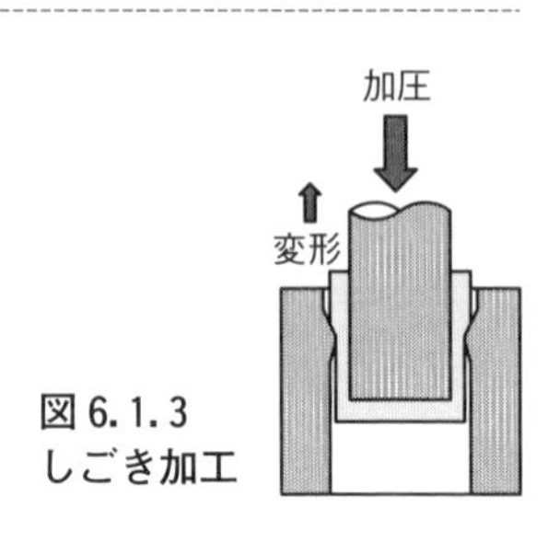

図6.1.3 しごき加工

写真 6.1.17　段付け加工

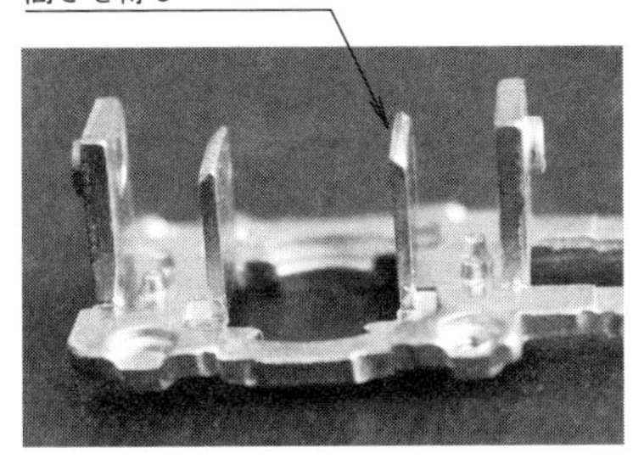

写真 6.1.18　フランジ加工

しごき加工は単独で加工するより、絞り加工で材料を動かしながら加工する方がよく加工できるようである。**写真 6.1.18** は、狭い部分に高さのあるフランジを作ったものである。曲げだけでは高さを得ることができないので、しごきを組み合わせることで高さを得ている。

E 増肉加工

元の板厚より厚いものが得られることは、いろいろな面でメリットがある。しかし、簡単な方法ではない。**図 6.1.4** は張出しを行ってある面積を作り、それを絞りを使って径を小さくすることで増肉する方法である。**図 6.1.5** は絞りやバーリングでフランジを作り、それを圧縮することで増肉する方法である。絞り製品の底の丸みを圧縮して角を作るようなことも、増肉の仲間である。

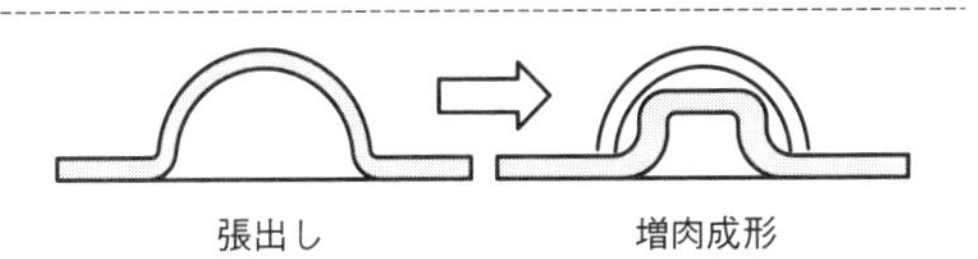

図 6.1.4　張出し利用の増肉

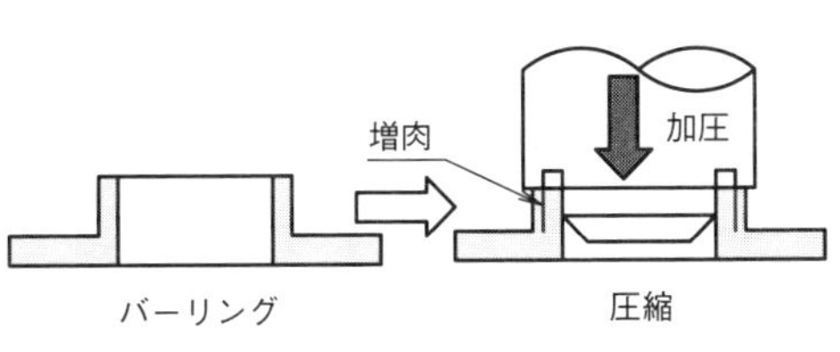

図 6.1.5　絞りやバーリング利用の増肉

6.2 部品組立に付加価値をつける プレスによる接合加工

ここでのねらい　プレス加工での接合の主な方法と特徴を知る

プレス接合の特徴

プレス加工は主に板材から板金部品を作るが、作られた部品をさらに接合加工を用いて組み立てることも多く行われている。

その方法としては、プレス部品を作り、次工程で組み立てる普通のイメージの組立加工と、順送り加工で材料から部品加工を行いながら組立まで行う方法とがある。

この方法は、型内複合加工とか型内組立加工と呼ばれている。型内組立ではピンや接点となる部品を型内に供給して、順送り加工途中で接合して完成させるものと、複数の順送り加工をクロスするように加工を進め、クロスした部分で副部品となるものを接合、切り離しを行い、主部品と一体化していく方法がある。

このときの接合の仕方がいくつかあり、その方法をここでは紹介する。**写真 6.2.1** はモーター部品の積層加工と呼ばれるもので、形状加工と同時に積み重ねて一体化する代表的な接合加工部品である。

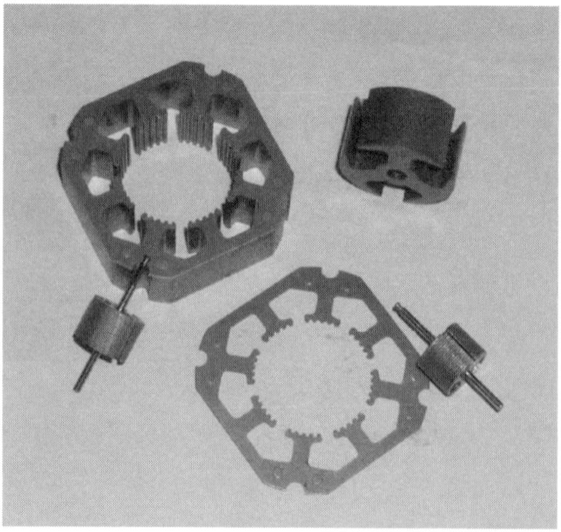

写真 6.2.1 モーター部品の積層加工

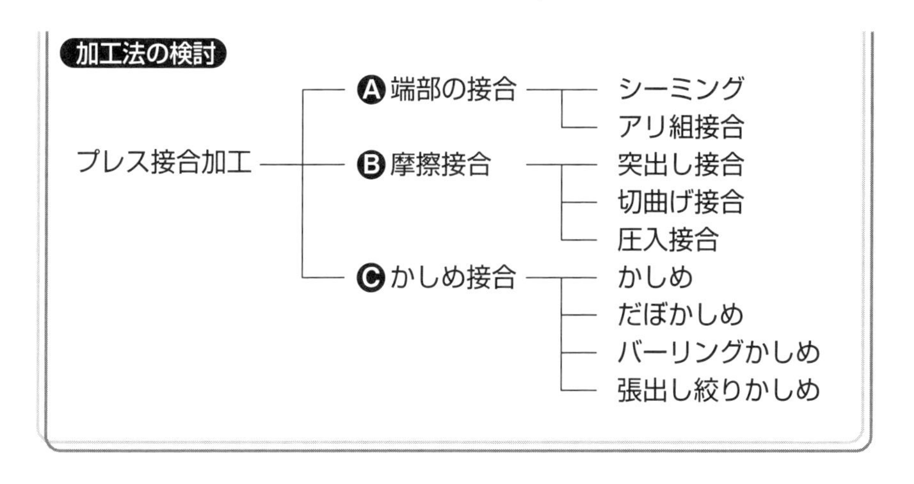

Ⓐ 端部の接合

曲げ加工で、**写真 6.2.2** のような形状を作ったとき、合わせ目が開いては困るような製品もある。このような製品への対策としての接合加工について理解する。

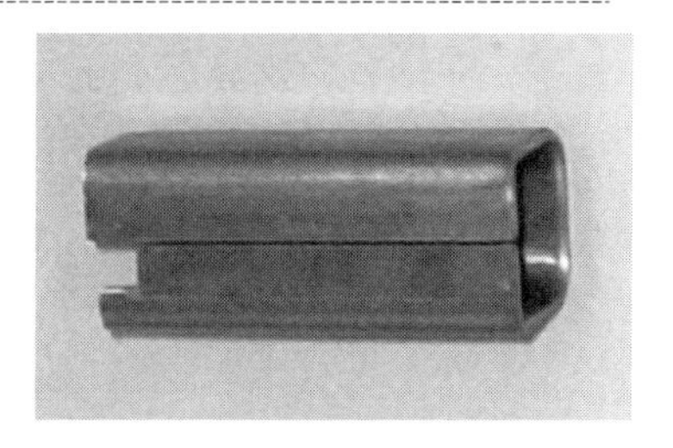

写真 6.2.2　曲げ製品の合わせ目

①シーミング（はぜ折り）

シーミングは、はぜ折りとも呼ばれる。板の両端を折り曲げて、**図 6.2.1** のようにつなぎ合わせる加工方法である。飲料缶や食用缶（**写真 6.2.3**）での液漏れが起きないようにするときなどに使われているが、自動車のボディにも多用されている。シーミングの折り曲げ形状はいろいろあり、用途に合わせて使い分けられている。

図 6.2.1
シーミング
形状例

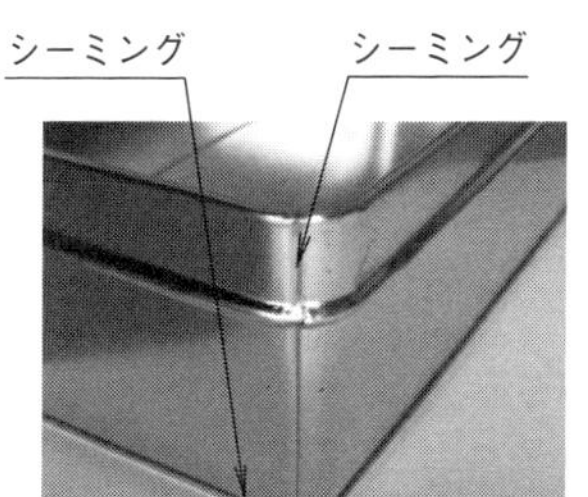

写真 6.2.3
缶のシーミング

②アリ組

曲げ端部に凹凸を作り、その凹凸を合わせることでかみ合い、接合する方法である（図6.2.2）。写真6.2.4のような合わせ目となる。

実際には、同じ形状で凹凸を作るとうまくいかない。形状に逃がしを取り、角などの不要な部分の干渉がないようにして、しっかりと合わせ目が密着するように、圧縮力が凹凸部分に働くようにすることがポイントである。

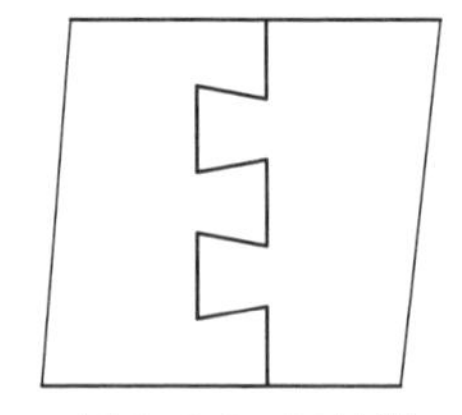
図6.2.2　アリ組

角筒では順に折り曲げを進めて接合するが、円筒では**写真6.2.5**のようなホーン型を用いた丸め加工と同時に行うような方法や、**写真6.2.6**ような特殊な方法もある。**写真6.2.7**のような大きな円筒になると、金型での加工が難しくなり、曲げロールを用いて加工することもある。

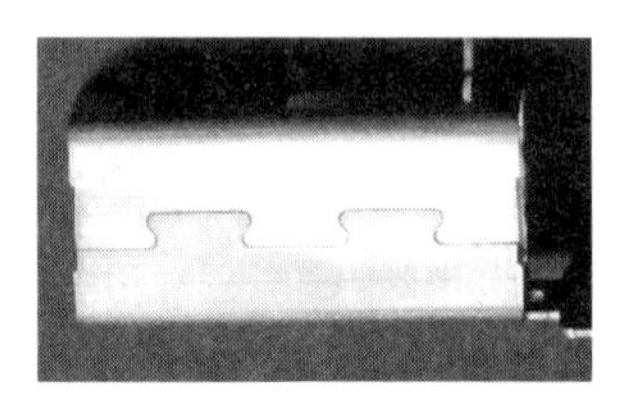
写真6.2.4　角筒のアリ組接合

写真6.2.5　丸め型①

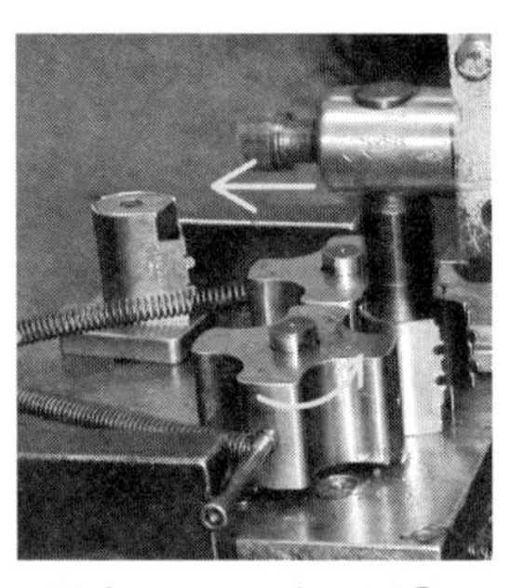
写真6.2.6　丸め型②

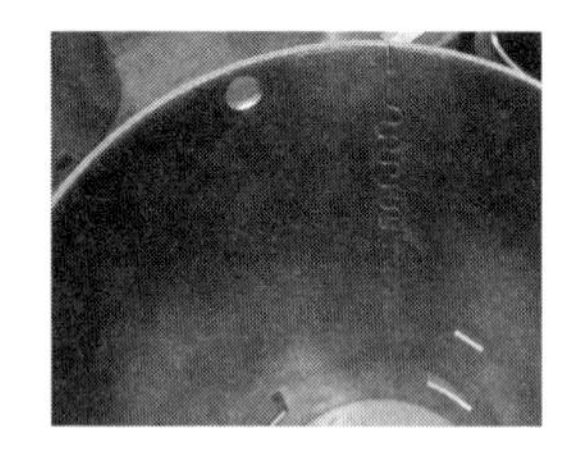
写真6.2.7　円筒のアリ組部品

Ⓑ 摩擦接合

①突出し接合

基本は、板に突出し（だぼ）を設け、相手側はだぼに対応した大きさの穴をあけ、**図6.2.3**のように合わせて接合する方法である。

実際には、だぼを出した凹形状を利用して**写真6.2.8**のように接合する。このとき、最初の凹形状だけは穴抜きを行う必要がある。

写真 6.2.9 は、モーター部品をこの方法で接合した製品例である。

わずかだが、板厚には誤差がある。**写真 6.2.10** のように積層数が多くなると、わずかな板厚差でも累積すると左右で厚さが異なってくる。この現象の対策として、各回ごとに抜かれた製品を一定角度回転させ、板厚誤差を分散させて積層厚さの均一化を図る方法が取られるものもある。この方法を「スキュー」と呼んでいる。

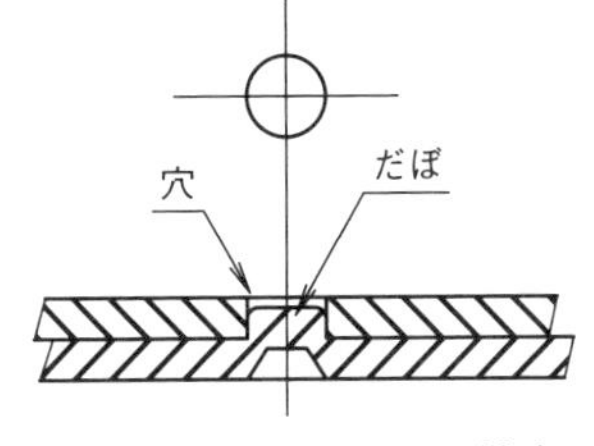

図 6.2.3　だぼによる接合

写真 6.2.8　だぼ接合例

写真 6.2.9　モーター部品の接合例①

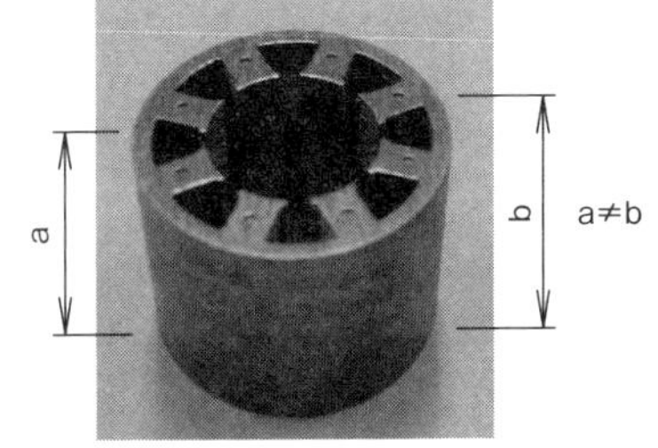

写真 6.2.10　モーター部品の接合例②

②切曲げ接合

だぼの代わりに、切曲げを利用して接合するものである（**図 6.2.4**）。形状が大きくなると、だぼより強固に接合できるので採用されることがある（**写真 6.2.11**）。

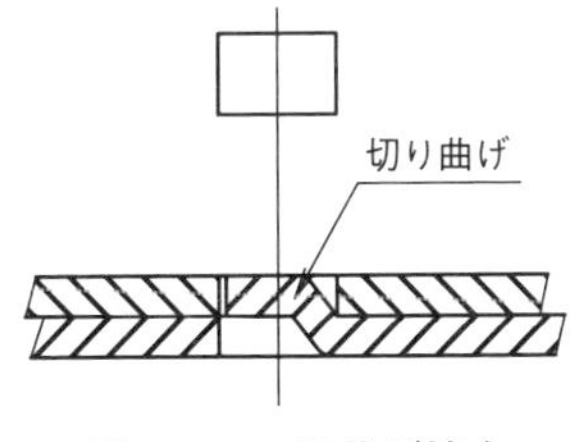

図 6.2.4　切曲げ接合

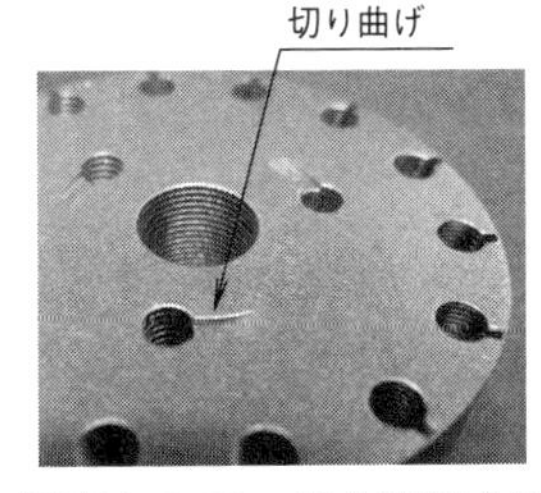

写真 6.2.11　切曲げ接合例

③圧入接合

ローターの形状が小さくなると、だぼ接合が行えなくなってくる。この対策として考えられるものが、ピンに圧入する方法である（**図 6.2.5**）。

型内にピンを供給し、抜かれた製品を圧入して積層する方法である。**写真6.2.12**は加工例である。この方法は、積層以外に穴をバーリングしてフランジを設けて、その部分にピンを圧入する使い方もある。

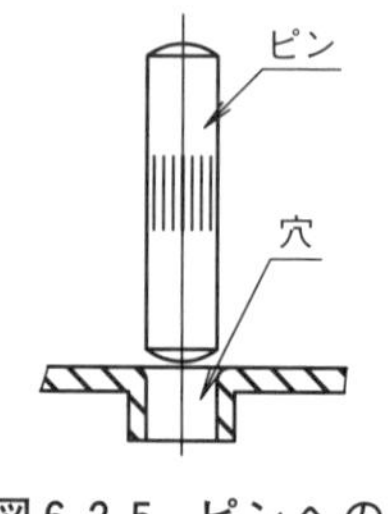

図6.2.5　ピンへの圧入接合

写真6.2.12　ピン圧入例

Ⓒ かしめ接合

①かしめ

2部品を組み合わせて、接合部分をつぶし（かしめ）て接合する。**写真6.2.13**のようなイメージのものである。コインなどに見られることが多いが、機能部品としては意外と利用は少ない。

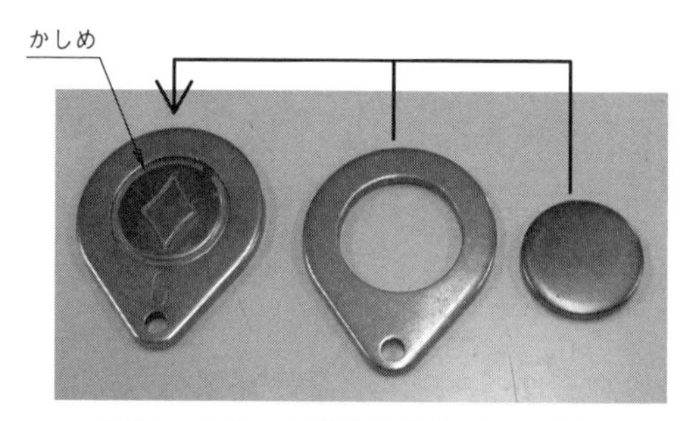

写真6.2.13　2部品の接合（かしめ）

②だぼかしめ

板に突出し（だぼ出し）によって凸形状を作り、**図6.2.6**のように接合する。**写真6.2.14**は加工例である。だぼの高さは、板厚の60%程度が普通に

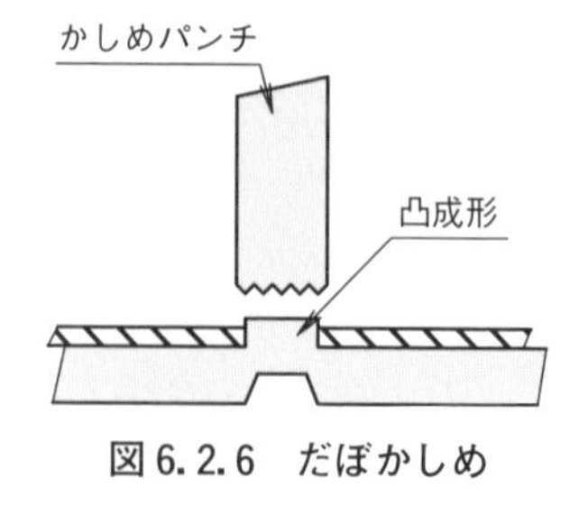

図6.2.6　だぼかしめ

写真6.2.14
かしめ例

加工できる目安となるため、厚さのあるものへの適用は難しい。

③バーリングかしめ

しごきバーリングによって高さのある凸形状を作り、接合する。しごきバーリングは外形精度が良いので、位置決めも良好に行える。バーリングの縁を**図 6.2.7** のように広げて接合する。

バーリングの縁を均一にすることがポイントである。**写真 6.2.15** は加工例である。バーリングかしめの利用は増えている。

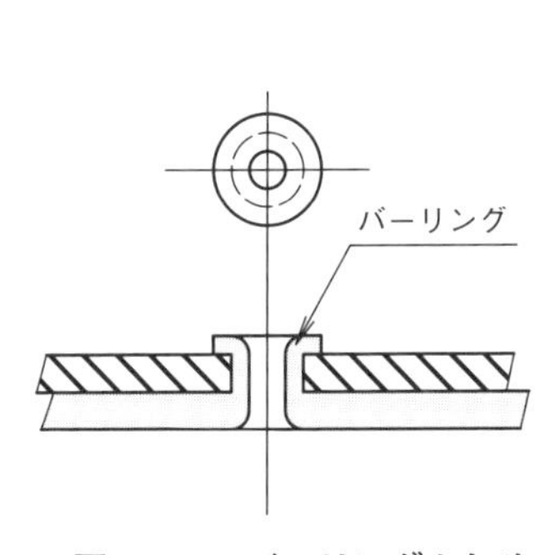

図 6.2.7 バーリングかしめ

写真 6.2.15 バーリングかしめ例

④張出し絞りかしめ

気密性を必要とする製品へ対応する。材料を張出しによって凸形状を作り、**図 6.2.8** のように接合する。**写真 6.2.16** は飲料缶の蓋に適用された例である。

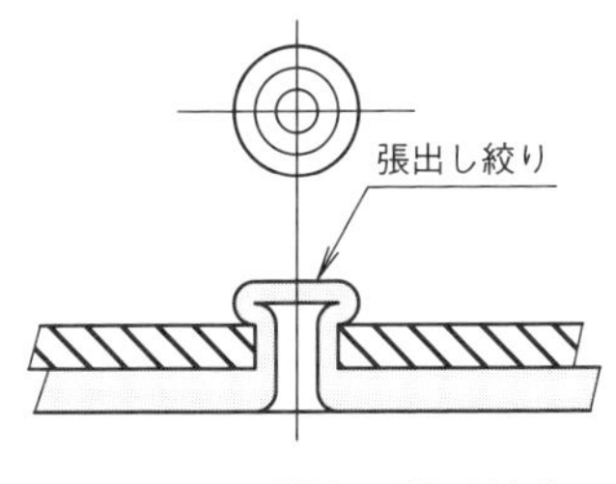

図 6.2.8 張出し絞り接合

写真 6.2.16 張出し絞り接合例

索　引

英数

あ

か

さ

た

な

は

ま

や

ら

〈著者紹介〉

山口 文雄（やまぐち ふみお）

1946年、埼玉県生まれ。松原工業㈱、型研精工㈱を経て1982年、山口設計事務所設立。現在に至る。すみだ中小企業センター技術相談員。この間、日本金属プレス工業協会「金型設計標準化委員会」「金型製作標準化委員会」などの委員を兼務する。

著書：「金属設計標準マニュアル」（共著）新技術センター、「プレス加工のトラブル対策」（共著）、「プレス成形技術・用語ハンドブック」（共著）、「小物プレス金型設計」、「基本プレス金型実習テキスト」（共著）、「プレス順送金型の設計」、「プレス金型設計・製造のトラブル対策」（共著）、「図解 プレス金型設計―単工程加工用金型編」、「絵とき　プレス加工用語事典」
以上　日刊工業新聞社

部品形状の急所を見抜いて最適化
プレス工法選択アイデア集　　NDC566.5

2016年6月29日　初版1刷発行　　定価はカバーに表示されております。

©著　者　山口文雄
発行者　井水治博
発行所　日刊工業新聞社
〒103-8548　東京都中央区日本橋小網町14-1
電話　書籍編集部　03-5644-7490
販売・管理部　03-5644-7410
FAX　03-5644-7400
振替口座　00190-2-186076
URL　http://pub.nikkan.co.jp/
email　info@media.nikkan.co.jp
印刷・製本　新日本印刷

落丁・乱丁本はお取り替えいたします。　2016　Printed in Japan
ISBN 978-4-526-07575-9　C3053